人工酵素と生体膜

Design Concept for Artificial Enzymes and Bio Membrane

編集／戸田 不二緒

シーエムシー出版

普及版の刊行にあたって

　最先端のバイオテクノロジーとして、人工酵素をデザイン・設計して、合成し、工業的利用を可能にしようという動きが活発である。酵素機能の分析と、その人工合成技術、さらに遺伝子工学の手法による新しい人工酵素の開発などである。

　一方、生体膜は生体内における物質、エネルギー、情報のやりとりの担い手として非常に重要な位置を占めるが、この生体膜の人工的合成方法とその機能膜としての利用も各方面で注目を浴びている。

　本書では、これら人工酵素および生体膜のデザイン、合成というバイオミメティックケミストリーの重要テーマについてまとめた。

　【人工酵素編】では、第1章総説で人工酵素デザインの基本戦略を解説、第2章では遺伝子工学の手法を用いた人工酵素の分子設計を、第3章では人工酵素を構築する素材別に、また第4章では人工酵素の機能別にアプローチを試み、第5章では人工酵素の応用開発の展望をまとめた。

　【人工生体膜編】では、第1章総論で生体膜の各種機能を概説し、以下各論として第2章～第4章ではリポソームの応用について、また第5章では合成二分子膜、第6章単分子膜、第7章バイオセンサーの応用をとりあげ、第8章では生体膜と情報処理の関係をまとめた。そして最後に人工酵素、人工生体膜デザインの将来展望を解説した。

　なお、本書は1985年に『人工酵素・生体膜デザイン』として刊行された。人工酵素・生体膜の設計戦略についてまとめた書として、バイオテクノロジー、合成化学およびその周辺分野を含むすべての方々のお役に立てば幸いである。

　２００３年８月

㈱シーエムシー出版　編集部

執筆者一覧（執筆順）

田伏 岩夫	京都大学　工学部
大淵 薫	工業技術院　微生物工業技術研究所
	(現)(独)産業技術総合研究所　生物機能工学研究部門
海老原 成圭	工業技術院　繊維高分子材料研究所
今西 幸男	京都大学　工学部
	(現)奈良先端科学技術大学院大学　名誉教授
上野 昭彦	東北大学　薬学部
	(元)東京工業大学院　生命理工学研究科
佐々木 茂貴	東京大学　薬学部
古賀 憲司	東京大学　薬学部
木村 榮一	広島大学　医学部
岩下 雄二	味の素㈱　中央研究所
	(現)植物セレニウム研究所
古川 敏郎	三井石油化学工業㈱　ポリマー応用研究所
大倉 一郎	東京工業大学　工学部
	(現)東京工業大学院　生命理工学研究科
津田 圭四郎	工業技術院　繊維高分子材料研究所
小畠 陽之助	北海道大学　薬学部
香川 靖雄	自治医科大学　医学部
	(現)女子栄養大学　副学長
保田 立二	東京大学　医科学研究所
	(現)岡山大学大学院　医歯学総合研究科
多田隈 卓史	慶應義塾大学　医学部
	(現)防衛医科大学　寄生虫学
中村 朝夫	東京工業大学　工学部
	(現)科学技術振興事業団 ERATO 黒田カイロモルフォロジープロジェクト
中嶋 直敏	九州大学　工学部
	(現)長崎大学　大学院生産科学研究科
入山 啓治	東京慈恵会医科大学　共同利用研究部
	(現)明星大学　理工学部
石井 淑夫	鶴見大学　歯学部
十倉 好紀	東京大学　工学部
	(現)東京大学大学院　工学系研究科
軽部 征夫	東京工業大学　資源化学研究所
	(現)東京工科大学　バイオニクス学部
品川 嘉也	日本医科大学　医学部
広瀬 智道	日本医科大学　医学部
戸田 不二緒	東京工業大学　工学部

（執筆者の所属は、注記以外は1985年当時のものです）

目 次

I 人工酵素

第1章 人工膜・人工酵素デザインの基本戦略と具体的戦術　　田伏岩夫

1 目標の決定 …………………………… 3
2 目標の妥当性の吟味 ………………… 4
3 設定された目標に適う戦略と戦術の立て方 …………………………… 5
   3.1 酵素や生体膜に対して情報が原子レベルで十分であるときの人工酵素・人工膜の設計 …………… 5
   3.2 酵素・生体膜に関する情報がやや不十分だが，人工酵素・人工膜を設計する必要のある時 …… 6
   3.3 酵素や生体膜に関する情報が全く不足している時 ………………… 7
4 具体的な設計法 ……………………… 10

第2章 生物法による酵素設計　　大淵 薫

1 タンパク工学の背景 ………………… 12
2 酵素設計の要素技術 ………………… 13
   2.1 遺伝子工学的手法 ……………… 13
   2.2 生産効率の向上 ………………… 15
3 酵素の分子設計 ……………………… 16
   3.1 設計課題 ………………………… 16
   3.2 触媒中心のデザイン …………… 16
   3.3 分子認識能の設計 ……………… 17
   3.4 安定化の設計 …………………… 17
4 耐熱化の分子設計システム ………… 18
   4.1 酵素の安定性 …………………… 18
   4.2 好熱性酵素の安定化機構 ……… 18
   4.3 酵素の耐熱化設計法 …………… 21

第3章 人工酵素を構築する素材

1 ポリペプチド　　海老原成圭 … 24
   1.1 はじめに ………………………… 24
   1.2 タンパク質の高次構造とその予測 … 24
   1.3 ペプチド合成法 ………………… 29
   1.4 酵素の活性中心と酵素モデル …… 31
   1.5 人工酵素のデザインの目標と手法 … 33

2 タンパク質　　　　　今西幸男… 38
　2.1　はじめに…………………… 38
　2.2　化学修飾による機能変換酵素…… 38
　　2.2.1　光応答性基を導入した酵素… 38
　　2.2.2　固定化による酵素機能の
　　　　　変換…………………… 39
　　2.2.3　化学修飾による酵素機能の
　　　　　変換…………………… 41
　　2.2.4　化学的変異酵素…………… 45
　2.3　酵素による酵素機能の変換……… 46
　　2.3.1　ポリペプチド主鎖の修飾…… 46
　　2.3.2　ポリペプチド側鎖の酵素
　　　　　修飾…………………… 48
　　2.3.3　サブユニット組換えによる
　　　　　オリゴマー酵素の機能変換… 50
　2.4．おわりに…………………… 51
3 シクロデキストリン　　上野昭彦… 53
　3.1　はじめに…………………… 53
　3.2　天然CDの酵素類似機能………… 53
　　3.2.1　認識能力と立体選択的反応… 54
　　3.2.2　反応の加速……………… 55
　3.3　化学修飾CDの合成 …………… 58
　　3.3.1　一級水酸基の修飾………… 58
　　3.3.2　二級水酸基の修飾………… 58
　3.4　修飾CDの結合能力 …………… 59
　3.5　修飾CDの触媒能力 …………… 61
　　3.5.1　キモトリプシンモデル……… 61
　　3.5.2　リボヌクレアーゼモデル…… 64
　　3.5.3　アミノ基転移酵素モデル…… 64
　　3.5.4　カルボニックアンヒドラー
　　　　　ゼモデル………………… 65
　　3.5.5　その他………………… 65

　3.6　おわりに…………………… 65
4 クラウンエーテル・シクロファン
　　　　　　　佐々木茂貴，古賀憲司… 68
　4.1　はじめに…………………… 68
　4.2　クラウンエーテル……………… 68
　　4.2.1　カチオンレセプターとして
　　　　　のクラウンエーテル……… 68
　　4.2.2　Induced fit……………… 71
　　4.2.3　クラウンエーテルを用いた
　　　　　酵素モデル……………… 73
　　4.2.4　今後のクラウンホスト……… 73
　4.3　シクロファン………………… 74
　　4.3.1　錯体形成の基本的要因…… 74
　　4.3.2　シクロファンを用いた
　　　　　酵素モデル……………… 78
　　4.3.3　将来のシクロファン……… 79
　4.4　おわりに…………………… 81
5 大環状ポリアミン ── キャリア，受
　容体，触媒としての機能性素材
　　　　　　　　　　　木村栄一… 84
　5.1　はじめに…………………… 84
　5.2　キャリアおよび受容体機能……… 85
　　5.2.1　アニオン捕捉……………… 85
　　5.2.2　アルカリ金属・アルカリ土
　　　　　類金属イオンの選択的捕捉… 92
　　5.2.3　遷移金属イオンの分離・抽出… 92
　5.3　金属錯体による生体機能モデル
　　　および触媒…………………… 94
　　5.3.1　金属異常酸化状態の安定化… 94
　　5.3.2　Ni^{II}-[14]aneN_4錯体による
　　　　　$CO_2 \rightarrow CO$環元解媒 ………… 95
　　5.3.3　Zn^{II}-[14]aneN_4錯体による

CO₂捕捉・固定 …………… 95	ローチ　　　鈴木宏志 … 100
5.3.4　Ni^{II}-dioxo[16]ane N₅ 錯体に	6.1　非酵素的アプローチ …………… 100
よる O₂ 捕捉と活性化 ………… 95	6.2　高分子的アプローチ …………… 103
5.4　おわりに …………………………… 97	6.3　電子伝達系アプローチ ………… 105
6　無機系素材による人工酵素アプ	6.4　おわりに ………………………… 107

第4章　人工酵素の機能

1　酸素輸送機能をもった人工酵素	2.3.1　窒素の固定と還元 ………… 121
岩下雄二 … 110	2.3.2　加水分解反応・付加反応
1.1　はじめに …………………………… 110	（ホスト化合物のデザイン
1.2　酸素運搬体の備えるべき性質 …… 111	を中心にして）…………… 122
1.2.1　酸素運搬能 ………………… 111	2.3.3　還元反応 ………………… 125
1.2.2　血流内寿命 ………………… 111	2.3.4　酸化反応 ………………… 128
1.2.3　安全性 …………………… 112	2.3.5　C-C 結合生成反応 ……… 129
1.3　人工的酸素運搬体 ………………… 113	2.3.6　その他の反応と補足 …… 130
1.3.1　フロロカーボン …………… 113	2.4　おわりに ………………………… 131
1.3.2　合成酸素運搬体と人工赤	3　電子，プロトン輸送機能をもった
血球 …………………………… 113	人工酵素　　　　大倉一郎 … 135
1.3.3　ハイブリッド型酸素運搬体 … 114	3.1　はじめに ………………………… 135
1.4　おわりに ………………………… 117	3.2　人工電子伝達体 ………………… 136
2　物質変換・合成機能をもった人工	3.2.1　フェレドキシン類似錯体 … 136
酵素　　　　　　古川敏郎 … 120	3.2.2　人工ヒドロゲナーゼ …… 138
2.1　はじめに …………………………… 120	3.2.3　チトクローム C₃ の機能 … 138
2.2　人工酵素のめざすもの …………… 120	3.3　人工エネルギー変換系（水の光
2.3　各論 ………………………………… 121	分解システムを例として）……… 139

第5章　人工酵素応用開発の展望　　　津田圭四郎

1　はじめに ……………………………… 143	3.1　酵素の構造と機能 ……………… 144
2　酵素と人工酵素 ……………………… 143	3.2　データベースとデータバンク …… 145
3　酵素の人工化 ………………………… 144	4　タンパク質の構造解析 …………… 145

- 5 タンパク質の構造予測法 … 145
- 6 酵素の改質，合成 … 146
- 7 人工酵素 … 147
- 8 物質の生産 … 148
  - 8.1 物質の反応・変換 … 148
    - 8.1.1 酸化反応，酸素化反応 … 148
    - 8.1.2 窒素の固定 … 149
    - 8.1.3 アミノ基転移反応 … 149
    - 8.1.4 炭素-炭素結合 … 149
    - 8.1.5 ポリメラーゼ機能 … 149
  - 8.2 物質の分離，輸送 … 149
    - 8.2.1 酸素の運搬体 … 149
    - 8.2.2 イオンの運搬体 … 150
- 9 エネルギー変換 … 150
- 10 情報変換 … 151
- 11 おわりに … 151

II 人工生体膜

第1章 総論　小畠陽之助

- 1 はじめに … 157
- 2 刺激の受容，判断，そして伝達 … 157
- 3 エネルギー変換 … 159
- 4 能動輸送 … 161
- 5 自己修復能力 … 163

第2章 リポソームによる細胞機能の再構築　香川靖雄

- 1 はじめに … 165
- 2 細胞と生体膜 … 166
- 3 生体膜の特異性と能動性 … 168
- 4 生体膜の再構成法 … 169
- 5 生理機能の再構成法による段階的発現 … 171
- 6 生体膜の安定性，自己再生性と人工膜 … 173
- 7 おわりに … 175

第3章 リポソームの診断への応用　保田立二，多田隈卓史

- 1 はじめに … 176
- 2 LILAの原理 … 176
- 3 LILAの種類 … 177
- 4 必要な器具と測定装置 … 178
- 5 リポリームの調製とその安定性 … 180
- 6 LILA測定に影響をあたえる因子 … 181
- 7 抗原感作系 … 182
- 8 抗体感作系 … 183
- 9 LILAの将来 … 184

第4章　リポソームを用いた人工光合成　　中村朝夫

1 はじめに ……………………………… 187
2 光誘起電荷分離に対する膜の反応場
　としての効果 ………………………… 188
　2.1 リポソーム膜にどのような効果
　　　を期待するか …………………… 188
　2.2 膜によって形成される電場の
　　　効果 ……………………………… 189
　2.3 その他の反応場の効果 ………… 191
3 膜を隔てた電子輸送の機構 ………… 192
　3.1 膜電子輸送の必要性 …………… 192
　3.2 膜電子輸送の機構に関する議論 … 192
　3.3 電子のトンネリング …………… 194
4 ベクトル性を持った電子輸送系の
　デザイン ……………………………… 195
　4.1 逆反応・短絡反応を防ぐための
　　　反応系の構成 …………………… 195
　4.2 膜電位による電子輸送の方向
　　　付け ……………………………… 197
5 今後に残された問題点 ……………… 197

第5章　合成二分子膜 ── 新しい分子機能膜のデザイン　　中嶋直敏

1 はじめに ……………………………… 200
2 合成二分子膜形成化合物 …………… 200
3 合成二分子膜の特性と機能 ………… 202
　3.1 合成二分子膜の会合形態および
　　　形態制御 ………………………… 202
　3.2 二分子膜による発色団相互作用
　　　の制御 …………………………… 205
4 固定化された系での発色団相互作用 … 209
5 おわりに ……………………………… 209

第6章　単分子膜・薄膜

1 単分子膜（総説）　　入山啓治 … 212
　1.1 はじめに ………………………… 212
　1.2 Langmuir-Blodgett膜 …………… 212
　1.3 生体膜モデル …………………… 213
　1.4 単分子膜と生体膜モデルとL-B
　　　膜 ………………………………… 213
　1.5 単分子膜の超微細デザイン …… 214
　1.6 物理学からみた有機薄膜 ……… 215
　1.7 おわりに ………………………… 216
2 単分子膜の神経モデル　　石井淑夫 … 218
　2.1 神経モデルの提唱 ……………… 218
　2.2 液膜を用いた自己発振系 ……… 218
　2.3 Na^+, K^+イオン濃度差によって
　　　励起される電位振動 …………… 219
　2.4 単分子膜法を用いた神経膜モデ
　　　ル ………………………………… 220
3 単分子膜・薄膜のエレクトロニクス
　への応用　　十倉好紀 … 233

3.1	はじめに……………………… 223	3.3	リソグラフィー材料としての応用… 225
3.2	絶縁性薄膜としての応用………… 223	3.4	電子的機能をもつLB膜………… 225

第7章 バイオセンサーとその応用　　軽部征夫

1	はじめに……………………… 228	4	免疫センサー……………………… 234
2	酸素センサー………………… 228	5	マイクロバイオセンサー………… 236
3	微生物センサー……………… 231	6	おわりに…………………………… 237

第8章 生体膜と情報処理　　品川嘉也，広瀬智道

1	はじめに……………………… 238	2.3	興奮性膜による情報の伝達……… 239
2	膜透過と情報処理…………… 238	3	赤血球膜のGlucose透過………… 240
2.1	膜の選択透過性に基づく非平衡状態…………………………… 238	4	上皮小体のイオン透過…………… 242
		5	膜の協同現象……………………… 244
2.2	能動輸送による情報の産生……… 239		

III　酵素・生体膜デザインの展望　　戸田不二緒 ……………………………………… 249

I　人 工 酵 素

第1章　人工膜・人工酵素デザインの基本戦略と具体的戦術

田伏岩夫＊

1　目標の決定

「デザイン」を論ずるには，まずどう言う題材を選ぶか，またどう言うねらいを持つか，要するに目標を設定せねばならない。この当たり前のことが，たとえば私のところへ質問に来られる企業人に抜けていることが多い。"Biomimetic"のようなことでうまい話があれば，考え方とやり方とを教えて下さい"と言う類の質問が割合と多いのである。「そこまで解っていれば，自分でやりますよ」と冗談に答えることにしているが，現在の人工酵素・人工膜の研究レベルはたいへん高くなっており，目標をはっきりお持ちの際はそれにふさわしい戦略と戦術のいくつかをお教えするのは少なくても私にはそう難しいことでないのが普通である。私でそうなのだから，他にも何人かはおできになると思う。たとえば，「酸素を用いてベンゼンを触媒的にフェノールにできますか」とか，「赤血球の代用品はできますか」とか，「水中 pH 7 で，カラムを流すだけでL－アミノ酸とD－アミノ酸が分かれますか」とか言う質問には私のグループでいずれも簡単にできる方法を見出しており，このたぐいのもので，外国で企業化目指して激戦を続けている（日本はさておいて）問題すらある。したがって企業人にせよ，大学人にせよ，この領域にチャレンジするなり，入門するなりしようとする人は，まず「何をしたいのか」（あるいは自分は何ができないで困っているのか）をはっきりさせることが是非必要である。従来どおりに，外国（最近ではわが国を含めて）の一流教授の仕事を一寸変えて，引用なしに発表するような悪習にひたっている限り，人工酵素・人工膜のこの世紀の発展に乗り遅れてしまうだろう。だから，

①どういうことがうまくいかなくて
②どうしたいという目標がかなえられないか

をまとめるか，あるいはまだ未開拓の分野へ進出するときには，

①どういうことをやるつもりで
②そのため，さし当りどういう点から攻めるかを決めないといけない。

＊　Iwao Tabushi　　京都大学　工学部

2 目標の妥当性の吟味

さて折角目標を定めて開始し,研究も順調に進んで,結局最後に目標の設定が妥当でなかったと言う場合は現実に多い。それはわが国では従来の「研究」が,
① ほんの思いつきで何かを一寸混ぜたらうまくいった。
② 条件を一寸ていねいに当たり直したらうまくいった。
③ 既知の情報を2つ,3つ組み合わせて成功した。
と言うたぐいの「改良」「開発型」研究に依存しすぎているために,新概念を樹てる際の「研究投資」を過少評価し過ぎる向きが多いからである。

もちろん私は「改良」「開発型」研究の重要性を否定するものではない。いやむしろこれが企業でも大学でも最大パーセンテージを占める研究収益であると思う。ただここで強調したいのは,シーズ研究の中でも新概念を育てる研究と言うのは常に「研究投資」(人×時間)をある程度大きく見込んでおかねばならないと言うことだ。もちろん,「改良」「開発型」研究に重点を置きすぎて,将来企業なり大学なりがジリ貧になるのを避けるために萌芽的研究が必要ならばこそである。そして人工酵素・人工膜(人工細胞)はまさに萌芽的研究の最大のホープだからこそ,ある程度の「研究投資」を「授業料」として必要とするのである。

一例を挙げよう。遺伝子工学でわが国はどのくらいの研究投資をしただろうか。そして十年近くも経って,マスコミが大騒ぎして,一体市場に何が現れたでしょう。一説によればアメリカのベンチャー・ビジネスにしてやられたとも言われる位である。しかし,私はそうは思わない。わが国全体として支払ったこの莫大な研究投資は何時かは大きい研究収益としてわが国の科学・技術の一つの支えになると信じている。

人工酵素・人工膜(細胞)は遺伝子工学と並ぶような大きな概念となりうるものであるから,一寸,手を出して止めるならやらない方がよい。ある程度自信を持って,研究投資をはじき出し,目標の妥当性を吟味・確認して頂きたい。研究収益は仮りに,

$$(研究収益)i = (成功時予期収益)i \times (成功率)i - (研究投資)i + (付加的利益)i \quad (1)$$

$$(新技術収益)ij \fallingdotseq (付加利益)i \times (付加利益)j \quad (2)$$

のように書けるとすれば,新概念(萌芽研究)の場合にはこの新技術収益(将来の)ための留保分が大きいと言うことになり,さきに例に挙げた遺伝子工学の場合と全く同様に,人工酵素・人工膜(細胞)の研究の「うまみ」といえるだろう。

3 設定された目標に適う戦略と戦術の立て方

目標は設定され，吟味された。そこで現在迄のBiomimetic Chemistry（生体機能化学）の考え方に従って戦略を決定することになる。
このさい，戦略は以下のように場合分けして立てた方がよい。
1）酵素や生体膜に関する（原子レベルの）情報が充分なとき。
2）やや不十分だが，ある程度揃っているとき。
3）全く不足しているとき。

3.1 酵素や生体膜に対して情報が原子レベルで十分であるときの人工酵素・人工膜の設計

このさい設計戦略として必要なのは「読み替え」と「簡単化」である。タンパク質はポリペプチドだからオリゴペプチドと言う考え方でもさして悪くはないかもしれないが，それなら遺伝子工学を駆使して，またアメリカで市場にあふれているタンパク質力場計算のソフトを併用して，少しはましなタンパク質を合成する方がはるかによい（いわゆる蛋白質工学）。読み替えと簡単化はもちろんニーズにマッチした特性（タンパク質ではまかないきれない）を引き出すと言う積極手法であって，決して模倣でないのである。
一例を挙げよう。
タンパク質の「とり込み部位」を，蛋白質合成法（古典法，メリフィールド法，遺伝子工学）で作っても，その構成アミノ酸数が数十に及べば，「材料」的な価格で提供できるはずがない。またとり込み能力（強度・特異性）が天然タンパクに比べて著しく向上（たとえば百万倍）するはずもない。したがって研究収益はたとえ成功率がかなり高くても，たいしたことはないはずである。
それに引き換え，もしシクロデキストリンをとり込み部位に用いるなら，ジャガイモから簡単に何百トン（あるいはそれ以上）と合成でき，明らかに中級の上くらいの「材料」感覚で話を進めてよい。私どもとアメリカのBender, Breslow両グループによって，シクロデキストリンのとり込み能力が天然タンパク質に比して劣らない証明が十数年にわたってなされたには，このような背景がある。シクロデキストリンを従来どおり「混ぜ物」的に扱えば小さな研究収益はごろごろ見つかるだろうが，科学・技術の革新にはつながらない。こうしてシクロデキストリン・ベースの人工酵素の道が上記3グループを主とする最近の研究から確立したのである[1]。
人工膜についても事情は似ている。生体膜研究そのものの重要性はタンパク質研究そのもの同様重要であることは当然として，生体膜に欠けている「材料性」を打ち出して初めて人工膜の存在価値が急上昇したと言えよう。膜の柔軟性を維持しつつ膜の寿命（これが生体膜の泣き所であ

第1章　人工膜・人工酵素デザインの基本戦略と具体的戦術

る。とは言え生体膜には自己修復機能があるのだが，この解明は膜研究そのものより1桁上の難問である）を無限大にするため，思い切った（生体膜の立場からは少々馬鹿げた）簡単化と読み替えを行って得られた重合性膜の概念は，膜を一気に材料化することに成功した。Ringsdorf（独），Fendler，Regen（米），国武（九大）各教授の功績である[2]。

　ここで，今ただちにBiomimetic Chemistryの小部門を各企業研究所に設けられるべきだと思う。と言うのは，上に述べた基本戦略即ち生体機能の「読み替え」と「簡単化」は誰にでもできるわけではなく，世界でも十教授にみたない。したがって成功率が低くても，今仕事を始めて，読み替え，簡単化の能力を所有することは，将来のための非常に大きな（体加的利益）（式(1)，(2)参照）となることに疑いがないからである。

3.2　酵素・生体膜に関する情報がやや不十分だが，人工酵素・人工膜を設計する必要のある時

　酵素の場合，X線解析結果が一つの目安であるが，これが随分時間がかかるし，また粗い結果が出されて後，精密化によってずいぶん大きな変更を伴うことも多いので，人工化を進めるに当たってさし当たり，自分で細部を補いつつ設計を開始する必要がある。また膜固定酵素や，酵素複合体（タンパク質・核酸・糖脂質等との）の場合には，単一酵素のX線結果はそれ程意味をもたない（原子レベルでは）ことも多いから，自分で細部補完することは是非必要となってくる。

　細部補完には大別して二法ある。

　その一つはタンパク質工学であって，たとえばKhorana教授は膜固定バクテリオロドプシンの難解な機能の細部決定のために，オプシンタンパクの粗いX線から見て多少ともレチナール（図1.3.1）活性中心に関係あると思われるアミノ酸残基をすべて，遺伝子工学の手法でとり替えて，絶対的に機構を決定した[3]。

　その二は活性中心のまわりに，最も可能な化学的環境を構築する方法である。酵素や膜についてのやゝ漠然とした情報をもとに，Biomimetic思考により確率の高い環境効果設計を行うのであって，適例として人工ビタミンB_6酵素の成功を挙げよう。

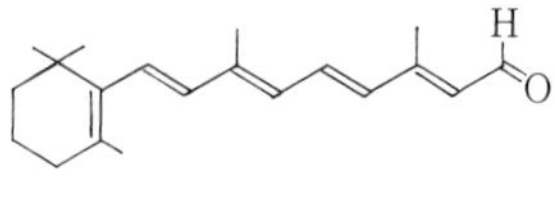

図1.3.1　レチナール

　ビタミンB_6依存酵素群はもちろんアミノ酸の代謝や調節，また生合成を行う重要な機能をもっている。その活性中心は補酵素B_6（図1.3.2）にあり，酵素はB_6を多重認識によってとり込んだうえ（図1.3.3），酵素自体のもつ補助官能基を用いて合目的な電子移動を遂行するのである。しかし，B_6補酵素自体の複雑性もあって，上記電子移動の詳細はいまだ十分には解明されていない。

そこで例えばアミノ基移動反応活性を人工的に出そうと考えてBreslow－田伏は次のようにして,（酸素の詳細な情報が欠けたままで）人工 B_6 酵素を完成した。

まず B_6 補酵素と協同する原子団として立体特異的なプロトン移動能力をもつものを選ぶ。NH_2(Lis), イミダゾール（His）, $S^{\ominus}$(Cys）, そして全く人工的な Me_2N 等である。これらの協同により B_6型活性の発現が立証された[4)]。

他方，基質のとり込み部位としてシクロデキストリンを選び，その上に上記置換基を位置特異的に行う所謂キャップド・シクロデキストリンの概念が田伏らにより世界で初めて提唱され[5)]て以来，専ら田伏らによって位置特異性の立証，その特異性の向上が成功した[6)]。

CH_3
OH
N
NH_2
NH_2
S
HN
CH_2
CH_2
O
2a　A, B－Pm－N
$RCOCO_2H$
〔**4**〕～〔**6**〕
NH_2
L－RCHCO$_2$H
〔**7**〕～〔**9**〕
〔**3a**〕A, B－PI・N

図 1.3.2　アミノ基転移人工酵素

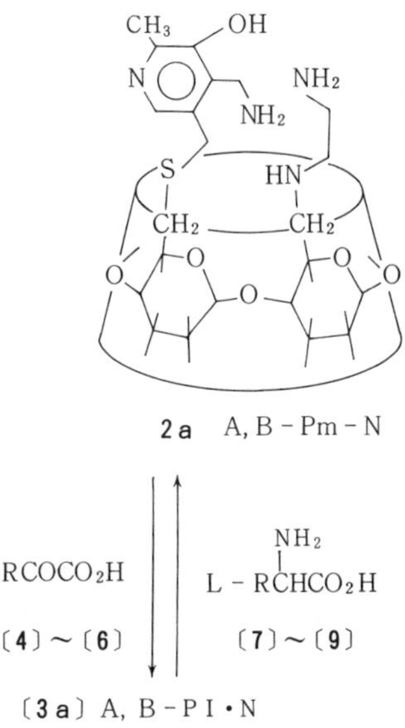

この二つの研究を結びつけることによって，たとえば疎水性残基をもつケト酸に特異的に作用し，98%のＬ－選択性でアミノ酸に変換するアミ基転移人工酵素（図 1.3.2）を合成した[7)]。図 1.3.2 がケト酸に作用するとき，生成するシッフ結合平面は疎水性残基（シクロデキストリン空孔），解離したカルボン酸（水へ）そして B_6 を固定している共有結合によってシクロデキストリン分子平面に対してほぼ直角に固定される。そこで補助官能基 NH_2 はその平面の一方にしか接触できず，H^+ 引抜と H^+ 供与に対して立体特異性（図 1.3. 2 ではL－特異性)が発現する(図1.3.3)。

N
CO_2H
C
C
NH_2
H
N
CO_2H
C
C
H

図 1.3.3　B_6 酵素モデルによるキラルアミノ酸の生成

3.3　酵素や生体膜に関する情報が全く不足している時

情報が全く不足しているような酵素や膜の機能を人工化するのに対しては現在確たる戦略の立て方はない。しかし，思い切って，知られている化学機能のうちから，酵素・膜機能の本質と思われる一つの機能によく似たもの

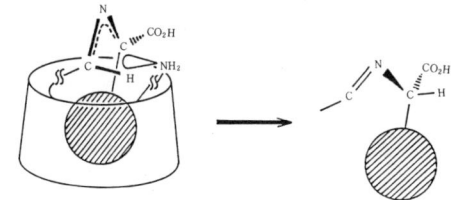

第1章 人工膜・人工酵素デザインの基本戦略と具体的戦術

を選び出して，これと必然的に組み合わし得る副機能を添えると，ある程度まで酵素や膜の機能を再現できることが多い。

刺激伝達小タンパク質が細胞と接触して情報を渡すことに関しては，膜・レセプターから考えるのがもちろん本筋であるが，あまりにもわからなさすぎる。

そこでKaiser教授は，α－ヘリックス構造をとる部分を主として注目し，その中のアミノ酸配列順位を幾何学的に（α－ヘリックスの直進を仮定して）図示すると，⊕電荷を持つ部分（たとえばLysのNH_3^+），⊖電荷を持つ部分（AspやGluの$CO_2\ominus$）と，疎水性を示す部分（Val，Leu等）がα－ヘリックスの円筒を軸に平行に，三つの部分に色分けされること（図1.3.4）に基づいて，同様の色分けの可能な合成オリゴペプチドをいろいろ作ると，（詳細未知の）天然膜・レセプター系に対して同様（時には以上）の生理活性を示すことを見出した[8]。最近免疫認識に関しても，その本質は（わが国で考えられていたようなややこしい話ではなく）簡単なくり返し構造であることが米国で一斉に解明されており，免疫や増幅等の生理活性も化学構造に基づいて理解し得る日が近づいてきた。

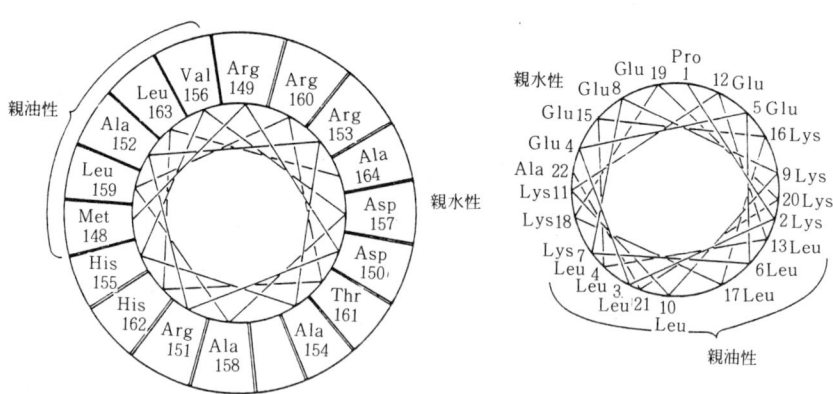

図1.3.4　アポリポプロテインA－I（左）とそのモデルペプチド（右）

酵素を人工化する場合も，そのとり込み部位に関する原子レベルでの知見は一般に不明（フリーのものと基質類似阻害剤などとの錯体と，両方の精密なX線解析がない限り）なことが多い。そこで，思い切って特異性をほとんど持たないミセル系に，酵素的な官能基を導入して，側面から酵素機構を探ろうとする研究がGifler，Ochoa－Solanoらを中心に展開された[9]。

私どもは，酵素機構を理解するために，非天然解媒基を選んでこれをミセルに入れ，濃縮効果・環境効果を人工的に設計すると言う手法を編み出し，ヒドロキサメート／アンモニウム・ミセル系で，キモトリプシンに匹敵する加水分解活性を発現することに初めて成功した[10]。この考え方

3 設定された目標に適う戦略と戦術の立て方

はその後，国武，Moss，太垣，Fendler，砂本諸教授により拡張され，いくつかの有効な系が発見されている[11]。

最も適当な例はチトクロムP-450の最近の人工酵素化の成功に見られるだろう。わが国で主として生化学的基礎が確立されたこのモノオキシゲナーゼは，ごく最近に至るまで信頼できるX線解析結果が入手されず，そのうえ膜固定タンパク質で，P-450レダクターゼを要求し，そのレダクターゼについても詳細な原子配置を欠くと言う，非常に情報量の少い酵素でありながらも，O_2 を用いて基質や生体毒の酸素化や酸化分解ができることから，世界的に非常に注目されている。タンパク質としての詳細な情報が欠けている以上，かなり大胆な人工化を考えないといけない。そこでまずわかっている反応中心ヘム（ポルフィリン・鉄錯体）を用いて，化学的に活性中心を構築する試みがなされた。

1）その一つはスペクトル的（あるいは広く物性的）にP-450活性種をつきとめようとする試みであり，

2）もう一つは反応論（機構）的に O_2 の P-450 による活性化方法をつきとめようとする試みである。

1）についてはGroves教授を中心とする研究によって $P \cdot Fe^V = O$ （Pはポルフィリン）が中間活性種であることが人工系でも天然酵素系でも確認された。そればかりでなく，上の構造は $\cdot P$，$Fe^{IV} = O$ の寄与を含むことも明らかになった[12]。Groves は O_2 を活性化する困難な道を採らず，PhIOのように既に活性化状態にある酸素原子を移動させることによって $P \cdot Fe^{III}$ から一段階で $P \cdot Fe^V = O$ を合成してスペクトル研究に成功したのであるが，この反応自体はP-450酵素機構とはかなりかけ離れたものである。

2）については，我々はシステムの構成や中間体のスペクトル測定をもねらうことをせず，ひたすら O_2 を還元的に活性化することをねらい，人工系で O_2 と還元剤（BH_4^-，H_2／コロイド白金等）を用いて，オレフィンのエポキシ化，ベンゼンの水酸化，三級アミンの脱アルキル化，パラフィンの水酸化等をかなり効率よく触媒的に進行させることに成功した[13]（図1.3.5）。このようにP-450酵素系では天然酵素系についての非常に乏しい情報のうち，適当な部分のみ抜き出し系の設計を企て成功したもので，一つの有力な設計法の模範例となろう。と

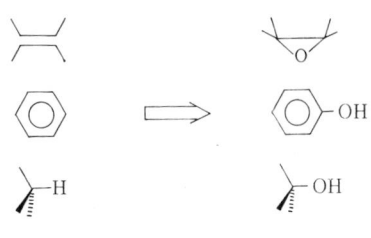

図1.3.5 酸素の還元的活性化によるP-450酵素モデル反応

第 1 章 人工膜・人工酵素デザインの基本戦略と具体的戦術

くに人工系の turn over (触媒 1 モル当たり,1 秒当たりの生成物モル数) は,設計の改良により天然酵素系をはるかに上回っていることは注目すべきであろう。

4 具体的な設計法

さて,ここで具体的な研究ニーズ・ターゲットが設定されているとして,上のような一般戦略をたてると次に問題となるのは具体的な系の設計法である。しかし,有機合成や熱力学・量子力学のように学問の体系化が進んでいる分野と比較すると,この分野はまだ青年期にあり,方法論を体系化するのは適当でない。むしろ,限定数の達人の仕事を熟読して(たとえば Cram-Hammond や Eyring の本のように)基本的考え方とその展開法を緻密に学ぶのが正しいかと思う。以下には世界的に認められている達人を網羅してみたい(他に本書の著者先生方も候補に入れてもよいだろう)。

＜人工酵素＞
1) シクロデキストリン——R. Breslow (コロンビヤ),田伏;初期の Cramer, Bender の仕事も一見の価値あり
2) シクロファン——Cram (UCLA),Vögtle (ボン) 他に村上,古賀,田伏
3) クラウンエーテル——Lehn (ストラスブール),Kellogg (グロニンゲン) 他に Gokel,また Cram の仕事も重要
4) ミセル——Moss (ラトガー),太垣 (大阪市大) 他に Fendler,砂本も一見の価値あり
5) 金属錯体——Collman (スタンフォード),Groves (プリンストン),Whitesides (ハーバード);Traylor も重要
6) オリゴタンパク——特に Kaiser (ロックフェラー),我が国の生体高分子にも多数

＜人工補酸素＞
　Bruice (サンタ・バーバラ),Pandit (アムステルダム);わが国では新海・大野・虎谷

＜人工細胞＞
1) 構造——何と言っても国武 (九大) に尽きる。
2) 機能——Ringsdorf (マインツ),田伏,Fendler (シラキウス)
3) 重合性リポソーム——Ringsdorf,Regen (マーケット) 他に Fender,国武も重要

文 献

1) I. Tabushi *Acc. Chem. Res.*, **15**, 66 (1982); M L. Bender, M. Komiyama「シクロデキストリンの化学」学会出版センター (1978); 田伏岩夫「生命現象の化学」p.150 三共出版 (1981); R. L. van Etten, J. F. Sebastian, G. A. Clowes, M. L. Bender, *J. Am. Chem. Soc.*, **89**, 3242 (1967); R. Breslow, J. Doherty, G. Guillot, C. Lipsey. *ibid*, **100**, 3227 (1978); R. Breslow, P. Bovy, C. H. Hersh, *ibid*, **102**, 2115 (1980); R. Breslow, M. Hammond, M. Lauer, *ibid*, **102**, 421 (1980); I. Tabushi, N. Shimizu, T. Sugimoto, M. Shiozuka, K. Yamamura, *ibid.*, **99**, 7100 (1977); I. Tabushi, Y. Kuroda, K. Shimokawa, *ibid*, **101**, 1614 (1979); I. Tabushi, Tetrahedron **40**, 269 (1984)
2) S. L. Regen, B. Czech, S. Singh, *ibid*, **102**, 6638 (1980); H. H. Hub, B. Hupfer, H. Kock, H. Ringsdorf, *Argew. Chem. Int. Ed. Engl.* 1980, 19, 938; A. Akimoto, K. Dorn, L. Gros, H. Ringsdorf, H. Schupp, *ibid*, 1981, 20, 90, P. Tundo, D. J. Kippenberger, P. L. Klahn, N. E. Prieto, T. C. Jao, J. H. Fender, *J. Am. Chem. Soc.*, **104**, 456
3) Kin-Ming Lo, Simon, S., Jones, Neil R. Hackett, and H. Gobind Khorana *Proc. Natl. Acad. Sci. USA*, **81**, 2285, 1984
4) Ronald Breslow, Milton Hammond, Manfred Lauer, *J. Am. Chem. Soc.*, **102**, 422 (1980); R. Breslow, A. W. Czarnik, *ibid*, **105**, 1390 (1983); S. C. Zimmerman and R. Breslow, *ibid*,, **106**, 1490 (1984)
5) I. Tabushi, Y. Kuroda, K. Yokota, L. C. Yuan, *ibid*, **103**, 711, (1981); I. Tabushi, L. C. Yuan, *ibid*, **103**, 3574 (1981); I. Tabushi, L. C. Yuan, K. Shimokawa, K. Yokota, T. Midzutani, Y. Kuroda, *Tetrahedron Lett.* **22**, 2273 (1981); I. Tabushi, T. Nabeshima, H. Kitaguchi, K. Yamamura, *J. Am. Chem. Soc.*, **10**, 2017 (1982)
6) I. Tabushi, K. Yamamura, T. Nabeshima, *ibid*, **106**, 5267 (1984)
7) I. Tabushi, Y. Kuroda, M. Yamada, H. Higashimura, R. Breslow, *ibid*, in press (1985)
8) D. Fukushima, J. P. Kupferberg, S. Yokoyama, D. J. Kroon, E. T. Kaiser, F. J. Kézdy *ibid*, **101**, 3704 (1979); J. W. Taylor, D. G. Osterman, R. J. Miller, E. T. Kaiser, *ibid*, **103**, 6965 (1981); W. F. DeGrado, F. J. Kézdy, E. T. Kaiser, *ibid*, **103**, 679 (1981); G. R. Moe, R. J. Miller, E. T. Kaiser, *ibid*, **105**, 4100 (1983)
9) C. Gifler, A. Ochoa-Solano, *ibid*, **90**, 5004 (1968)
10) I. Tabushi, Y. Kuroda, S. Kita, *Tetrahedron Lett.*, **41**, 634 (1974), I. Tabushi, Y. Kuroda, *Tetrahedron Lett.*, **41**, 3613 (1974)
11) J. H. Fendler,「Membrane Mimetic Chemistry」p 339, John Wiley & Sons, Inc (1982)
12) J. T. Groves, R. C. Haushalter, M. Nakamura, T. E. Ueno, B. J. Evans *J. Am. Chem. Soc.*, **103**, 2884 (1981)
13) I. Tabushi, A. Yazaki, *ibid*, **103**, 7371 (1981); I. Tabushi, K. Morimitsu, *ibid*, **106**, 6871 (1984); I. Tabushi, M. Kodera, M. Yokoyama, *ibid*, in press (1985); I. Tabushi, K. Morimitsu, A. Yazaki, unpublished results

第2章 生物法による酵素設計

大淵　薫*

1 タンパク工学の背景

　天然の酵素ライブラリーは，あらゆる反応に対応できるほど豊富で，検索方法が適当であれば，求める酵素または酵素系は必ず見出されるであろう。このような期待のもとに，応用微生物学者を始めとして，様々なスクリーニング法を開発し，種々の反応を行う微生物等を見出している。それらの細胞等から単離精製された酵素は約2,000種に達する。

　生物物理化学者やその他の研究者が，これらの構造や反応機構の解明に取り組み，約二百種のタンパク分子の高次構造が明らかにされている。ブルックヘブン国立研究所ではこれらのタンパク分子のX線解析の結果をはじめとするデータをProtein Data Bank[1]として集積している。これらのデータを利用して酵素分子や，酵素-基質複合体の高次構造を，グラフィックディスプレー上に立体的に表示してくれるシステムの開発[2]も行われている。

　酵素反応機構における触媒活性アミノ酸残基や補酵素の役割についても多くの知見が集積されつつあり「全合成酵素」とも呼ばれる非タンパク系触媒の設計にも寄与できるようになってきた。

　酵素タンパク分子をめぐるこれらの研究の前進にともなって，様々な分野で，ある天然のタンパク分子のうちの特定のアミノ酸残基を置換することによって得られる人工タンパク分子がもとの天然の分子と比べてどのように違った性質を示すか，という興味が持たれるようになった。この考えをさらに進めると，天然のタンパクより優れた実用的性質を持ったタンパク分子を合成しようという考え方＝タンパク工学＝に至る。

　通常分子量数万以上の酵素分子を全合成することは容易ではない。タンパクの合成は，今のところ人間より微生物に任せる方が得策であろう。微生物を，遺伝子を解読してタンパクを合成する装置として利用するとき，細胞の持つタンパク合成制御機構を人為的に利用して，合成効率を高める工夫が必要である。そして，細胞にとっては余分に合成されたタンパクが細胞内で分解されるのを防ぎ，細胞外に分泌させることが重要なことも多い。

　微生物固有の遺伝子ライブラリーにない，人間がデザインしたタンパクを微生物に合成させるためには，人為的にデザインされた遺伝子を微生物のタンパク合成系に与えなければならない。

　＊　Kaoru Oobuchi　工業技術院　微生物工業技術研究所

1 タンパク工学の背景

このための技術＝遺伝子工学＝が近年著しい発達を続けている。

DNA合成装置が市販され，任意のペプチドフラグメントに対応するDNAフラグメントが合成できる。また，遺伝子工学の手法を用いて，DNAの特定の部分を他のDNAフラグメントで置換することもできる。

タンパク分子の一時構造の解析も進んでいるが，核酸塩基の種類がアミノ酸に比べて少ないことなどからDNAの一次構造から対応するタンパク分子の一次構造が明らかにされるようになった。DNAの構造データベースも利用できるようになっている。

自然の分子進化の歴史の中で生み出されなかった酵素を人為的分子進化によって生み出そうとする観点からは，核酸，タンパク分子の分子進化の研究も示唆を与えてくれよう。

様々な領域でタンパク分子の研究の成果が蓄積されている。これらを総合化することによってタンパク工学を形成しようという，いささか乱暴な野望がいだかれ始めた。膨大なタンパク分子ライブラリーの中で，ひもとかれた物は，ほんのわずかな数にすぎない。しかも，これまでに概観したように，タンパク工学の方法論は，広範な分野にわたる。タンパク分子デザインのシステムを構成し，実用に供する可能性は，今のところ小さい。しかし，様々な分野の専門家の思考形態を代替しようとするエキスパートシステム[3]のようなコンピュータシステムを用いて，それぞれの分野の研究者が，デザインし，酵素を作り，デザインが正しかったかの検証を繰り返せば，互いの分野の進歩を促すだけでなく，デザインシステムそのものを実用に近づけることができるだろう。以下，重要な方法論を少し詳しく見た後，タンパクデザインのこれまでの成果と，耐熱性タンパクデザインシステムについて述べる。

2 酵素設計の要素技術

2.1 遺伝子工学的手法

生物は，自分で合成するタンパク質の一次構造を，DNAの塩基配列として記憶している。タンパク質の合成は，次の二段階で行われる。タンパクの生産効率を高めるために，それぞれの段階の効率に影響する因子が調べられている（表2.2.1）。

```
                     RNAポリメラーゼ
   transcription   DNA ─────────────→ mRNA
   translation     mRNA ────────────→ タンパク質
```

4種の核酸塩基の一次構造で，約20種のアミノ酸配列を記憶するため，アミノ酸残基1つに，3つの塩基の配列（コードン）が対応している。合成終了のコードンとして3種（UAA，UAG，UGA）があてられ，Leu，Ser，Argにはそれぞれ6種のコードンが，Met，Trpには1種のコードン

13

第2章 生物法による酵素設計

が対応するなど,様々である。1つのアミノ酸に複数のコードンが対応するとき,その使われ方は生物種に依存し,特に細胞内で大量に合成されているタンパク質において,使われ方の偏りが著しい[4]。この使われ方はタンパク合成の効率に関係するため,化学合成DNAの設計において考慮すべき要素である。

制限酵素を用いて,2本鎖DNAの特定の塩基配列の部分を切断することができる。認識塩基数や切断部位の構造によって分類される制限酵素は,80種以上市販されている。互いに相補的な切断部位は,結合酵素を用いて結合することができる。相補的でない切断部位は,DNAポリメラーゼなどで相補的にしてから結合される。特定の部位で切断するのに適した制限酵素を選択するコンピュータシステムは有用である。

人為的に作られた遺伝子フラグメントを微生物に発現させるために,増殖能を持った染色対外遺伝子(プラスミッド)を用いる。これに目的の遺伝子制限酵素法,poly dT poly dA法,リンカー法などで挿入し,組み換えDNA分子を得る。プラスミッドは細胞分裂の際,子孫に受け渡され,維持される必要があり,実用的には,その安定性と,細胞あたり増殖効率(コピー数)が重要である。

組み換えDNA分子を発現させる微生物(宿主細胞)に取込ませるための汎用性のある方法として,塩化カルシウム-温度処理法,プロトプラスト化して取込ませる方法などが開発されている。

組み換えDNA分子を取込んだ宿主細胞を検出するためのマーカーとしては,プラスミド上の薬剤耐性因子,コリシン免疫性などが用いられる。

組み込むべき遺伝子は分離源から分離されたり,化学合成によって調製される。動物の器官など,分化の進んだ細胞で,特定の酵素などが大量に合成されている場合には,そのタンパクに対応するmRNAが得られる。真核生物のDNAはアミノ酸配列には翻訳されない介在配列(イントロン)が含まれるので,このmRNAから逆転写酵素を使ってイントロンを含まないDNAが得られている。

分離されたDNAを位置選択的に人工変異させる汎用性のある方法として site specific muta-genesis [5] が開発され,タンパク工学の有力な手段となっている。選択的に置換したい塩基配列を含むフラグメントを化学合成し,^{32}Pなどでラベルする。一本鎖DNA型のM13ファージなどを用いて目的の遺伝子をクローン化したベクターに合成フラグメントをアニーリングし,DNAポリメラーゼ,リガーゼを用いて二本鎖環状ベクターとする。これをバクテリアでリプリケートさせて二種のファージを得,ラベルをマーカーにして変異型を選ぶ。得られた変異遺伝子は通常の方法でプラスミドに組み込まれ,変異タンパクを得ることができる。

DNAのイントロンにはさまれたエクソン部品がタンパクのドメイン構造に対応していることが種々のタンパクについて認められている。ドメイン構造とタンパク分子の機能との対応も見出さ

14

れており，ドメインを設計単位にして，効率的に分子設計が行われるかもしれない。分子の安定性を増すために，ドメイン間の相互作用の強化を行うこと，人工変異の対象領域を，目的とする機能を担うドメインに限定すること等が可能だろう。脂肪酸合成酵素は，7つの異なる酵素活性を有するドメインが一本のタンパク分子上につながった多機能タンパクとして効率的な脂肪酸合成を担っている[6]。ドメインの組み合わせによって，新しい多機能タンパクを設計することも可能であろう。

機能を担う領域を，約100程度のアミノ酸の一次配列からなるコンパクトなドメイン構造よりも，もっと小さな部分に限定していくための方法を岡田は提案[7]している。アミノ酸配列に類似性が高い，共通起源の酵素一対の一次配列を比較する。制限酵素を用いて，アミノ酸変異が生じている部分をできるだけ多くのフラグメントに分解できるようなDNA設計を行い，化学合成する。二種のDNAから得られたフラグメントの可能な組み合わせによって得られたハイブリッド酵素の機能を調べることにより，一次配列上のどの部分がどの機能を担っているかを明らかにする。ナイロンオリゴマー分解酵素がハイブリッド酵素を作ることによって解析されている[8]。

2.2 生産効率の向上

培養技術が確立されていること，増殖速度が大きいことなどの理由から，遺伝子を酵素に発現させるための宿主細胞としては微生物が優れている。微生物によるタンパク生産の効率は，表2.2.1に示すような様々な因子によって決まる。それぞれの問題に対する対策も解明されつつある

表2.2.1 タンパク生産効率の向上の方法

要素と対策	効率化の成果
・プラスミドの多コピー化 ・transcription 効率の向上 　　プロモータの強化 　　　　＊RNA のポリメラーゼの結合のための特異配列 　　　　＊AT 含有	 雑種プロモータ（tac）の作成 de Boer[9]
・translation 効率の向上 　　リボソーム認識部位の改良 　　　　＊SD配列と開始コードンの距離 　　　　＊開始コードン付近の塩基 　　　　＊SD配列とrRNAの相補性	真核生物の開始コードンの−3位がAの時 翻訳効率が良い Kozak[10]
・プラスミドの安定性 ・ペプチドの安定性 　　ペプチドを長くする。	 ペプチドホルモンを β-ガラクトシダーゼ の一部に組み込んだ形で生産　Itakura[11]
・ペプチダーゼ活性が弱い宿主を用いる ・タンパクの菌体外分泌を促進	分泌ベクター（PTUB 228, Psi）の作成 Yamazaki[12]

が汎用性の実用タンパク製産システムを構成するためには多くの課題が残されている。

3 酵素の分子設計

3.1 設計課題

長い分子進化の歴史の中で様々な酵素タンパクが生まれて来たが，それらは生理的条件のもとで働くものに限られている。高濃度の一種類の基質の反応を触媒したり，水不溶・有機溶媒可溶の基質を反応させたり，生物汚染を防ぐために高温で安定に運転できる反応器の触媒として働いたりするような工業触媒としての利用には適していない。さらにタンパク分子を分子素子の要素として用いるような場合には，乾燥状態できわめて安定に働くことも要求されよう。このような非生理的条件のもとで，タンパク質の持つ高い分子認識能や，反応の特異性などを発揮させるためには自然の分子進化の方向とは違った方向への人為的進化を設計しなければならない。このような観点から酵素を見ると，本来タンパク質の長所であったものも短所となる。改良されるべき短所を表2.3.1にまとめる。

表2.3.1 酵素の実用面における欠点と改良

・不安定性	＜対応する分子設計＞
（温度，pH，有機溶媒，塩濃度）	Cys-Cys結合の導入によるT_4-リゾチームの耐熱化 Perry[16]
・狭い基質選択性	Gly^{226}→Ala置換によるトリプシンの認識部位の改造 Craik[17]
・高価な補酵素等に依存	Thr^{51}→Pro置換によるTyrt-RNA合成酵素のATPに対するK_mの減少 Wilkinson[15]
・基質・生成物等による阻害	
・微生物汚染されやすい	

3.2 触媒中心のデザイン

酸化還元酵素の中には，NAD，FMNなどの補酵素を電子供与体・受容体として用いるものが多い。この場合タンパク分子は選択的取込部位を提供している。適当なタンパクの取込部位になり得る位置に，生物起源やデザインされた補酵素を修飾することによって，酸化還元酵素を作ることができる。

Kaiserらは阻害剤とパパインの複合体のX線解析の結果から，表面に長く伸びた疎水性の溝とその近くのCys^{25}を用いてNADH酸化酵素を設計した[13]。彼らは，Cys^{25}のSH基を8-bromo-acetyl-10-methylisoalloxazineでアセチル化して得たフラボパパインでN-アルキルニコチン

アミド還元体を酸化したところ，ヘキシル体の場合5.7×10⁵のk_{cat}/K_mの活性を示した。これは NADH-特異的な FMN 酸化還元酵素(*B. Harveyi*)の活性(3.26×10⁵)と同程度であった。さらにこのフラボパパインは，還元型ニコチンアミドの面を認識していることが認められた。この様な酵素は「半合成酵素」と呼ばれるが，安価なタンパクを不斉源として利用できるメリットがある。適当な位置に補酵素を導入するために site selective mutagenesis を用いることも可能である。

3.3 分子認識能の設計

酵素分子の高次構造がわかれば，基質の特異的取込機能の設計が可能になる。ペプチド系プロテアーゼインヒビターが，プロテアーゼの種類毎に数多く見出されている。牛乳カゼインなどの限定分解によっても薬理活性のある阻害剤が得られている。これらの限定分解に，様々な特異性を持ったプロテアーゼが用いられており，新しい特異性の設計は興味深い。Craik らはトリプシンの取込み部位に位置する Gly^{216}，Gly^{226} を Ala に置換することによって基質ペプチドの切断部位に対する選択性を変えた[14]。ウシのトリプシンは三次構造までわかっており，His^{57}，Asp^{102} および Ser^{195} の三つの解媒基は，他の動物のトリプシンでも同じで，取込み部位の Asp^{189} との静電相互作用で取込んだ L-Arg や L-Lys 残基のカルボニル端のペプチド結合を加水分解する。天然のトリプシンの活性(k_{cat}/K_m)の比(Arg/Lys)は，11 であったが Gly^{216}→Ala，Gly^{226}→Ala の置換を行ったトリプシンではそれぞれ 29，0.5 となった。Gly→Ala 置換によるメチル基の立体的な効果，疎水性の効果などを，コンピュータで解析しながらデザインが行われた。基質の分子認識の中心が Asp^{189} との静電相互作用であれば，Asp^{189}→Lys や Asp^{189}→Arg のような置換は分解位置の特異性を大きく変える可能性もある。

tyrosyl-*t* RNA 合成酵素(*Bacillus Stearothermophilus*)は，結晶化され X 線解析が行われており，Tyr と ATP の取込み部位が明らかにされている。Winter らはチロシル AMP と取込部位の相互作用モデルからリボシル基との水素結合に関与する二つの残基の置換[15]を行いアミノアシル化活性を調べた。Cys^{35}→Ser の変異体は残基の大きさの減少に伴う水素結合能の低下により活性が1/3に低下したが，弱い水素結合能を無くならせる Thr^{51}→Ala の変異体では，ATP に対す Km の減少による活性(k_{cat}/K_m)が2倍増加した。さらに Gly^{47}(CO)と Thr^{51}(NH)の間の水素結合をなくすことによってα-ヘリックス構造をひずませるような置換 Thr^{51}→Pro の変異体では kcat が約1/4に減少したが，K_m が 1/130 になることにより，活性は50倍に増加した。

3.4 安定化の設計

酵素の安定化の分子設計は，実用酵素の設計において特に興味深いので，次の節で詳しく論じ

17

るが，ここでは，site selective mutagenesis による著しい成功例を示す。T_4リゾチームは，X線結晶解析が行われており，s-s結合に関与しない2つのCys(Cys^{54}とCys^{97})が存在する。Perry らはX線解析のデータを用いて，一次配列上で離れているが，互いのβ-炭素が$5.5\text{\AA}$以内に存在するアミノ酸残基の組み合わせを探し，コンピュータグラフィックスを用いてそれらの間をs-s結合で結合した場合のジオメトリーを評価した。こうした構造を取るのにあまり無理がないと思われる組み合わせの中にIle^3とCys^{97}があったので，$Ile^3 \rightarrow Cys$ の置換を行ったところ，Cys^3-Cys^{97}ジスルフィド結合が形成され，もとの酵素と同じ比活性があった。もとの酵素活性は67℃3時間で0.2%に減少したが，ジスルフィド体はこの条件で100%の活性を維持した[16]。

4 耐熱化の分子設計システム

4.1 酵素の安定性

タンパク分子の安定性の増加は，実用酵素の分子設計の重要な課題である。固定化酵素技術を用いたバイオリアクターの設計においては，酵素の安定性が，成否を決める因子の一つである。酵素は，通常10^2オーダーのアミノ酸残基からなり，それらの分子内相互作用によって複雑に折りたたまれた固有の高次構造をとって，活性を発現する。高次構造を保つ自由エネルギーは小さく，通常の酵素の構造は50℃以上でランダムコイル状に解きほぐされた状態に移行する。しかし，最近250℃以上で生育するバクテリアが発見[17]されたり，高濃度の塩溶液や高アルカリ条件で生育する微生物が注目を浴びており，これらの微生物の酵素は安定化の機構を有していると考えられる。物理的な因子に関して安定な酵素は熱に対して安定であることが多く好熱性酵素の安定化機構の研究は，酵素の耐熱化設計に役立つと思われる。

4.2 好熱性酵素の安定化機構

好熱性酵素と常温性の酵素を比較して，耐熱化に役立っていると思われる違いを表 2.4.1 にあげた。これらの傾向は，分子をより固く，引き締まった分子にすることが好熱性を増すと要約できよう。この観点から，ハロバクテリアの酵素の耐塩，耐熱化機構は興味深い。ハロバクテリアの酵素は，表面にGluとAspが多く出ている。強い塩濃度のもとで，これらのカルボキシル基は，対イオンによって遮蔽され，分子が一層タイトになる。しかし，このような単純化には例外もある。*B. Stearothermophilus*のα-アミラーゼは，好熱性であるが，常温性のα-アミラーゼよりずっと解きほぐされた状態（ランダムコイル）に近いことが知られている。

疎水性アミノ酸が多いという点でも例外が知られている。アミノ酸残基の疎水性を論じる際に，よく用いられる疎水性の尺度として，水からエタノールに移したときの自由エネルギー変化[18]

3 酵素の分子設計

表 2.4.1 好熱性酵素の特徴

好熱性酵素が常温性酵素と比べ違っているところ	違いが報告されている酵素群
・金属カチオンのバインディング（Ca^{2+}, Mg^{2+}, Zn^{2+}）	エノラーゼ，ピロフォスファターゼ，その他
・補欠分子属とのより強い相互作用（Fe-Sクラスター，ヘム）	フェレドキシン，チトクロームC_{552}
・タンパク分子間のより強い相互作用（凝集，オリゴメリゼーション）	フイコシアニン，グルタミンシンテターゼ，ピロフォスファターゼ，ATPase
・強い分子内静電相互作用（塩橋）	
・分子内水素結合が多い。	プロテアーゼ，エノラーゼ
・分子内ジスルフィド結合が多い。	
・疎水性アミノ酸が多い。	
・遊離の Cys が少ない。	
・Arg が多く Lys が少ない。（Arg/(Arg+Lys)）	
・Ser, Thr が少ない。	

（Δgtr）が用いられる。この釈度で最も疎水性の強い残基は Trp である。タンパクのアミノ酸残基間に束縛がなければ疎水性残基を内側にし親水性残基を外側に向けたミセル状の構造が安定と考えられるが，実際のタンパクでは Trp はしばしば外側表面に出ている。これは，残基間の束縛に打ち克って Trp の大きい芳香環を分子内に埋め込むには，自由エネルギーの犠牲が大きいためと考えられる。Trp に比べて疎水性の小さい脂肪族アミノ酸残基（Ala, Val, Leu, Ile）では，かさばりが小さかったり自由度が大きかったりして分子内への埋め込みは容易になる。したがって疎水性アミノ酸残基の数が大きく，芳香族性アミノ酸残基（Trp, Tyr, Phe）の数が小さいことが望ましいと言えそうだ。猪飼は，脂肪族と芳香族のアミノ酸残基の体積が分子の全体積中に占める割合を，それぞれ Aliphatic Index, Aromatic Index とし，好熱性タンパクと常温性タンパクについて比較し，Aromatic Index について有意の差を認めなかったが，Aliphatic Index は好熱性酵素のほうが有意に大きいことを見出した[19]。

遊離の Cys や Arg, Lys の数，Ser, Thr の数も存在する場所の影響が大きいと思われる。これらは，分子表面に出る傾向が強い。遊離の Cys が表面に露出すると酸化による変性・失活が速くなりやすい。Arg, Lys のカチオン性解離基を支えるメチレン基は表面では水の中に突き出ているが，Arg の方が Lys より CH_2 が 1 つ少なく，しかもアミノより大きいグアニジンがメチレン部分をよく遮蔽するため，不安定化が小さくなると考えられる。極性アミノ酸の Ser や Thr は分子内部に埋もれた場合には，水素結合の生成などがないと双極子の安定化が得難い。塩橋の生成の効果も，分子内部で著しい。クーロンポテンシャルによる安定化は誘電率が小さいほど大きいためである。

第2章 生物法による酵素設計

　Argosらは，常温から高温で生育する各種生物について同じ機能を持つタンパク質(フェレドキシン6種，グリセリンアルデヒド-3-リン酸脱水素酵素5種，乳酸脱水素酵素4種)の一次構造を比較し，好熱性に寄与するアミノ酸残基か探した[20]。アミノ酸置換の寄与は，Gly → Ala, Ser → Ala, Ser → Thr, Lys → Argの順であった。また，高次構造を考慮すれば，1) 分子内部の残基で疎水性を増す置換，α-ヘリックス内の残基でヘリックス形成能を増す置換，2) β-シート内の残基でβ-シート形成能を増す置換，分子内部でタイトさを増す置換の順であった。

　常温性と好熱性の酵素の比較から得られた情報を整理すると，一定の傾向があらわれてきたが，実際に，このような条件を満たす置換を常温性酵素に施した場合に，耐熱性が増すかどうかを検証する必要がある。油谷らは，大腸菌由来のトリプトファン合成酵素α-サブユニット(Tsase A)の分子内に埋め込まれたGlu^{49}のミスセンス変異体(Met^{49}, Val^{49}, Gln^{49})や，49位のアンバー変異株に抑制遺伝子を導入してTyr^{49}, Lys^{49}, Ser^{49}, Leu^{49}変異体を得た。Tsase A の変性をnativeの状態Nと完全に変性した状態Dの二状態としてその間の自由エネルギー変化 $\Delta_d G^{H_2O}$ を尺度としてアミノ酸置換の効果を調べた[21]ところ，$\Delta_d G^{H_2O}$は置換による疎水性の変化 Δgtr とはTyr^{49}を除き比例関係にあり，$\Delta\Delta_d G^{H_2O} / \Delta\Delta gtr$は3.3(標準偏差±0.51 kcal/mol)であった。Tyr^{49}は直線関係から予測される$\Delta_d G^{H_2O}$より6 kcal/mol小さかったが，これは芳香族アミノ酸残基の大きい芳香環を分子内に埋め込むための自由エネルギーの損失で説明できる。Tyr^{49}を除いて最もΔgtrの大きい置換であるGlu^{49}→Leu($\Delta\Delta gtr \simeq 1.5$ kcal/mol)は$\Delta\Delta_d G^{H_2O}=4.5$ kcal/molの安定化であった。通常たかだか10 kcal/mol程度の$\Delta_d G^{H_2O}$の球状タンパクに対する4.5 kcal/molの安定化は，20℃程度の耐熱化に相当する。ただ1個のアミノ酸置換によってこのような耐熱化を付与できることは，T4リゾチームのIle^3→Cysによる成功と並んで実用タンパクの耐熱化の分子設計がきわめて有望であることを示している。

　StellwagenとWilgusが見出した，タンパクの分子量と耐熱性の間の相関[22]は興味深い。変性したポリペプチド鎖の全表面積Atは，$At=1.44 M$で与えられ，球状タンパクの溶媒接解表面積Asは，$As=11.16 M^{2/3}$で与えられる(Mは分子量)。At/Asと変性温度のプロットは，多量体タンパクと単体タンパクで，異なる直線関係を与えた。分子量の大きいタンパクは，サブユニット構造を取ることによって安定性を保っていると言える。

　天然の酵素が非生理的条件で，著しい好熱性を獲得する例をZaks[23]らが示している。ブタ膵臓リパーゼによる水含量0.015％のトリブチリン中のエステル交換反応の触媒活性の半減期は26時間であった。反減期は水含量が増すほど短く，水含量0.8％で約15分，0.1Mリン酸緩衝液中では直ちに失活した。リパーゼは，均一な水溶液中ではなく，油水界面で加水分解を触媒する特殊な酵素ではあるが，この事実は好熱タンパクの耐熱化機構を想起させる点で興味深い。水がない環境ではクーロンポテンシャルの安定化への寄与が大きいこと，分子内部の疎水性の増加は，分

子の「ひきしまり」をよくして,水分子の「絞り出し」の効果があることなどである。本来アミノ酸置換で獲得されるべき耐熱性が,溶媒の乾燥によって代替されたと考えられる。水濃度が低いほうがエステル交換反応のアルコールに対する選択性が厳しくなり,バルキーなアルコールに対する活性が低下している事実は,分子の「引きしまり」が生じていることを示唆する。

4.3 酵素の耐熱化設計法

酵素分子が,正しく折りたたまれて活性な状態から,ランダムコイルに近い状態に変性するとすると,この自由エネルギー差 ΔG が大きい程耐熱性が大きい。正しく折りたたまれた状態で,ΔG をより多く獲得するための分子内相互作用が,表 3.4.1 にまとめられていると考えられる。通常の球状酵素の ΔG を 5〜7 kcal/mol 増して,耐熱性を 20〜30℃ 高めるに足る分子設計を行うためには,分子内の共有結合が 1 つ増すか,分子内部で水素結合や疎水性相互作用,静電相互作用などを新たに付加するための数個のアミノ酸置換を行えばよい。

対象となる酵素の高次構造がよくわかっていれば,この構造を大きく壊すことなく,しかも有効に構造を補強するようなアミノ酸置換を設計することができる。Perry らの T4 リゾチームの耐熱化設計法は,この目的に広く適用できる示唆に富んだ方法である。対象となる酵素そのものの高次構造が未知であっても,進化的に同じ起源で,相同性が高い他のタンパク分子の高次構造がわかっていれば,それを初期値として対象酵素の高次構造を推定してから分子設計を行うこともできるだろう。

高次構造に関する既知情報が得られない時の耐熱化設計はやっかいである。一次構造だけから高次構造を推定する方法はまだない。ある残基が分子の表面に出るか内部に埋もれるかを推定する方法や,二次構造を推定する方法はまだ 100% の確実さのものではないが,これらをもとに,Argos らの結果に基づいてアミノ酸置換の有効な組み合わせを見出すには,試行錯誤を繰り返さなければならない。Chou と Fasman が統計的に求めたアミノ酸の α-ヘリックス形成能 P_α[24] を用いて α-ヘリックス領域を予測したとする。それぞれの α-ヘリックス内で P_α の移動平均が小さくなる領域を小さい順に選び,それぞれの領域内で P_α の最小のアミノ酸を Ala などに置換する。アミノ酸残基の極性の移動平均をプロットすれば,極大・極小が表面に突き出た残基と内部に埋もれた残基にそれぞれよく一致する。このような方法に基づいて分子内部に来ると思われる領域に解離基を持ったアミノ酸や極性の大きなアミノ酸が含まれているとき,それを Ala などに置換する。また,表面に出た Lys は Arg に置換する。このような置換を行ったタンパクの耐熱性の評価実験を繰り返して,耐熱酵素を得る可能性がある。

高次構造に関する情報がなくても,相同性の高い酵素の中に耐熱性酵素があれば,岡田の方法によって得るハイブリッド酵素の中に,目的の耐熱性酵素を得る可能性もある。

第 2 章　生物法による酵素設計

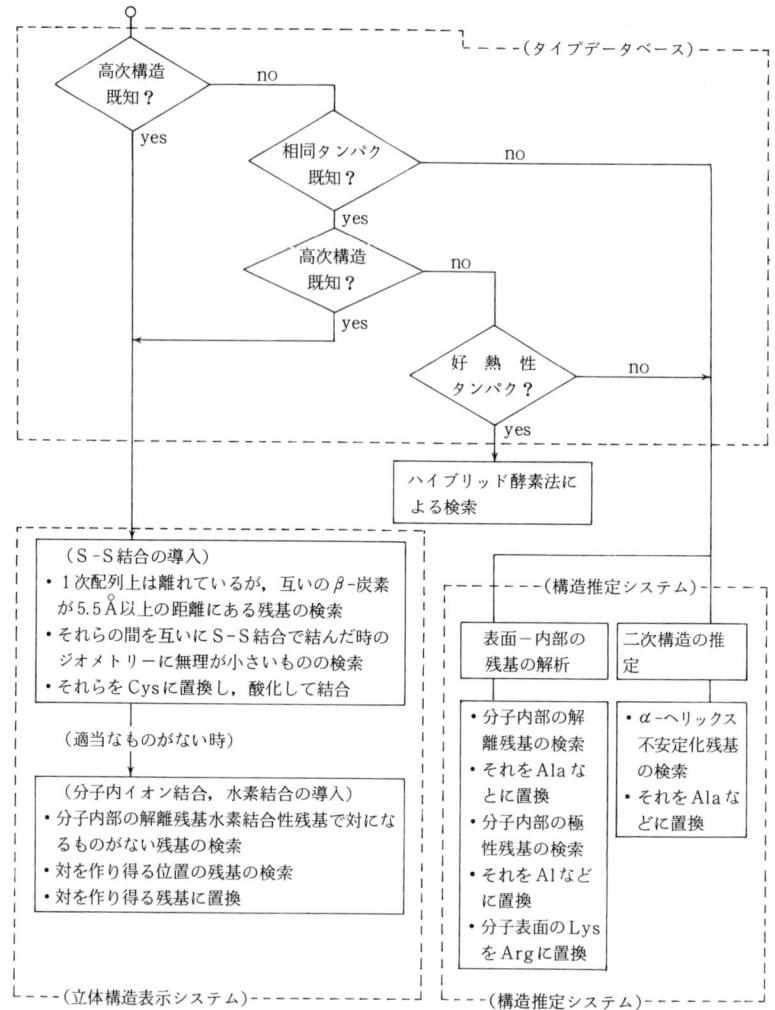

図 2.4.1　好熱性酵素設計のシステム化

アミノ酸置換の設計のアウトラインを図 2.4.1 に示す。これらの方法によって ΔG の大きいタンパクを得たとしても酵素活性を失っていては役に立たない。したがって，この設計は，常に活性の評価実験を伴って行わなければならないことは言うまでもない。

文　献

1) F. C. Bernstein, et al., *J. Mol. Biol.,* **42,** 535 (1977)
2) 中村春木, 生物物理, **25,** 1 (1985)
3) 産業材料知識ベース調査委員会報告書 (昭和59年度), 日本産業技術振興協会
4) T. Ikemura, *J. Mol. Biol.,* **151,** 389 (1981)
5) G. Winter, et al., *Nature,* **299,** 756 (1982)
6) D. A. Konkel, et al., *Cell,* **15,** 1125 (1978)
7) 岡田弘輔, 化学と生物, **21,** 82 (1983)
8) S. Negro, et al., *J. Biol. Chem.,* **259,** 13648 (1984)
9) H. A. de Boer, et al., *Proc. Natl. Acad. Sci. USA,* **80,** 21 (1983)
10) M. Kozak, *Nature,* **308,** 241 (1984)
11) K. Itakura, et al., *Science,* **198,** 1056 (1977)
12) 山崎真狩, 田村学造, 化学と生物, **21,** 649 (1983)
13) E. K. Kaiser, et al., *Science,* **226,** 506 (1984)
14) C. S. Craik, et al., *ibid.,* **228,** 291 (1985)
15) J. A. Wilkinson, et al., *Nature,* **307,** 187 (1984)
16) L. J. Perry, et al., *Science,* **226,** 555 (1984)
17) J. A. Bross, et al., *Nature,* **303,** 423 (1983)
18) C. Tanford, *J. Am. Chem. Soc.,* **86,** 2050 (1964)
19) A. Ikai, *J. Biochem.,* **88,** 1895 (1980)
20) P. Argos, et al., *Biochemistry,* **18,** 5698 (1979)
21) K. Yutani, et al., *J. Mol. Biol.,* **160,** 387 (1982)
22) E. Stellwagen, et al., *Nature,* **275,** 342 (1978)
23) A. Zaks, et al., *Science,* **224,** (1984)
24) Y. Chou, et al., *Ann. Rev. Biochem.,* **47,** 251 (1978)

第3章　人工酵素を構築する素材

1　ポリペプチド

海老原成圭[*]

1.1　はじめに

　酵素は20種のL-アミノ酸からなる高重合体のタンパク質であるので，アミノ酸の縮合によるペプチド合成法によりその一部を人工的に合成することができる。しかし，酵素は10^4～10^6の高分子量でありサブユニットも10^4以上で，アミノ酸残基数で100～4,000のペプチドを有機化学的手法によって任意の20種のアミノ酸を特定の配列順序で合成することは現状では不可能である。現在ペプチド合成法では100残基程度で，容易に合成できるのは50残基以下である（最大合成ペプチドは残基数124のRNase Aの合成が行われ全活性を持つ結晶が得られている[1]）。酵素がタンパク質，すなわちポリペプチドであるので人工酵素の合成可能な素材としてポリペプチドが考えられ，酵素モデルとしていくつかのポリペプチドが合成されているが，これらの酵素モデルは触媒基の確率的分布にその機能を依存しており充分な酵素活性を持っていない。酵素を含めタンパク質の機能発現はアミノ酸配列に由来する高次構造が必須である考え方に基づき，酵素のアミノ酸配列（一次構造）と高次構造の相関，構造-活性相関の解明，機能の発現する分子の形の推定，推定に基づくペプチド合成による人工酵素の創出にいたる概念を図3.1.1に示した。有機化学的手法による酵素の全合成も非常に有意義であるが工業的に有用物質を産出する人工酵素を目標とする場合，分子設計に用いるアミノ酸は少ない種類と残基数で酵素機能を持たせることが重要になる。この章で対象とするポリペプチドは有機化学的手法によって得られる合成ペプチドに限定する。

1.2　タンパク質の高次構造とその予測

　タンパク質は酵素やオリゴペプチドであるホルモンを含めすべてその機能はペプチドの立体構造（高次構造）に依存している。タンパク質はアミノ酸配列を基本とする階層構造をかたちづくっている。若干数のアミノ酸が配列したとき，アミノ酸間の短距離相互作用により局所構造（二次構造［α-ヘリックス，β-シート，おれ曲り構造］）が形成される。さらに長距離相互作用に

---

　[*]　Shigeyoshi Ebihara　工業技術院　繊維高分子材料研究所

1 ポリペプチド

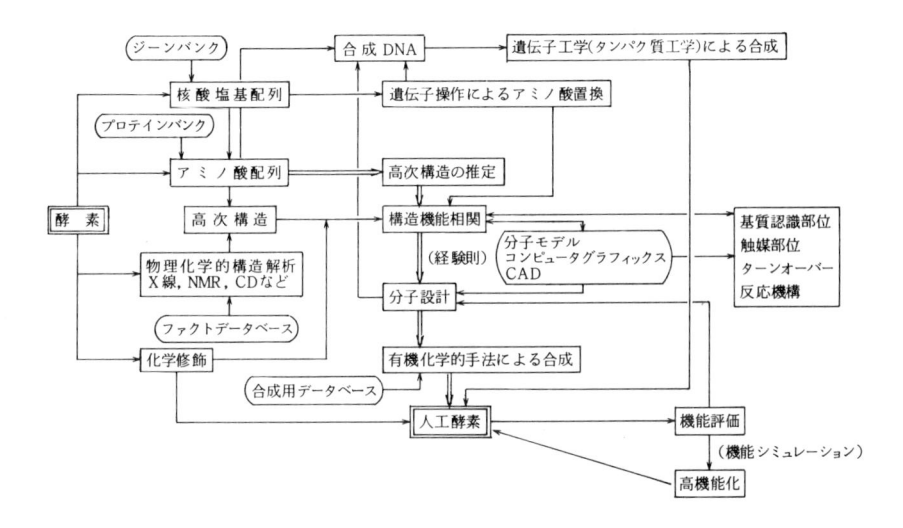

図3.1.1

より集合し(超二次構造,モジュール)より大きな構造(三次構造,ドメイン)に成長し,会合によってタンパク分子の全体構造(四次構造)が生成する。階層構造では低い階層の要素がより高い階層の要素を決め,ペプチド鎖にそって隣接していない要素あるいは異なった階層間では相互作用はない。モジュールは30残基以上,ドメインは100残基以上から構成されている。構造についてのすべての情報がアミノ酸配列に含まれているので,アミノ酸配列からそのポリペプチドがもつであろう高次構造を予測する手法がX線結晶構造解析やNMR,CDなどの物理化学的データベースの充実により開発されつつある。

二次構造の予測はα-ヘリックス,β-シート,おれ曲り構造の各要素がポリペプチド主鎖のどこに位置しているかを一次構造から推定するもので,二次構造を構成しているアミノ酸を統計的に集約し,アミノ酸残基の特性や近距離・遠距離相互作用などを考慮したいくつかの方法がある。アミノ酸一残基の性質が二次構造を決める因子とするChou-Fasman法[2],連続した二残基を用いる長野法[3],Perit法[4],Robson法[5],三残基をもちいたKabat-Wu法[6],多残基効果を考慮するBurgess法[7],Lim法[8]や物理化学的方法によるKotelchuck-Scheraga法[9]などがあるがChou-Fasman法を除いていずれも大型コンピュータによらなければならない。Chou-Fasman法が単純化され,予測評価は必ずしも高くないがペプチド合成の立場からは利用しやすい。Chou-Fasman法ではアミノ酸のα-ヘリックス形成能P_α,β-シート形成能P_β,おれ曲がり構造形成能P_tをそれぞれパラメーターとして20種のアミノ酸にP_α値,P_β値,P_t値を与え,連続した4〜6

第3章 人工酵素を構築する素材

表3.1.1 アミノ酸の二次構造形成能パラメーター

アミノ酸	α-ヘリックス		アミノ酸	β-シート			アミノ酸	おれ曲がり構造		アミノ酸	ランダムコイル
	Chou-Fas[2]man $P_α$	Robson-[5]Pain		Chou-Fa[2]sman $P_β$	Burges[7]	Beghin-[10]Dirk		Chou-Fa[2]sman P_t	Lewis[11]-Scheraga		Chou-Fa[2]sman P_c
E Glu	1.51	+0.12	V	1.70	0.50	0.37	N	1.56	0.42	P	1.45
M Met	1.45	+0.10	I	1.60	0.41	0.37	G	1.56	0.58	G	1.42
A Ala	1.42	+0.09	Y	1.47	0.43	0.84	P	1.52	0.46	N	1.33
L Leu	1.21	+0.11	F	1.38	0.32	0.53	D	1.46	0.73	S	1.27
K Lys	1.16	−0.03	W	1.37	0.23	0.97	S	1.43	0.55	R	1.20
F Phe	1.13	+0.03	L	1.30	0.40	0.53	C	1.19	0.22	Y	1.19
Q Gln	1.11	+0.07	C	1.19	0.53	0.84	Y	1.14	0.46	D	1.09
W Trp	1.08	+0.10	T	1.19	0.39	0.75	K	1.01	0.27	C	1.07
I Ile	1.08	+0.07	Q	1.10	0.33	0.64	Q	0.98	0.26	K	1.05
V Val	1.06	+0.04	M	1.05	0.38	0.64	T	0.96	0.49	T	1.05
D Asp	1.01	−0.02	R	0.93	0.36	0.84	W	0.96	0.43	H	0.92
H His	1.00	+0.08	N	0.89	0.23	0.97	R	0.95	0.28	E	0.87
R Arg	0.98	+0.02	H	0.87	0.20	0.75	H	0.95	0.14	W	0.82
T Thr	0.83	−0.01	A	0.83	0.29	0.37	E	0.74	0.08	F	0.81
S Ser	0.77	−0.07	S	0.75	0.35	0.84	A	0.66	0.22	Q	0.79
C Cys	0.70	+0.03	G	0.75	0.31	0.97	M	0.60	0.38	I	0.78
Y Tyr	0.69	−0.02	K	0.74	0.27	0.75	F	0.60	0.08	A	0.66
N Asn	0.67	−0.04	P	0.55	0.34	0.97	L	0.59	0.19	L	0.66
P Pro	0.57	—	D	0.54	0.27	0.97	V	0.50	0.08	V	0.66
G Gly	0.57	−0.05	E	0.37	0.26	0.53	I	0.47	0.22	M	0.61

表3.1.2 アミノ酸の親水性-疎水性パラメーター

アミノ酸	hydrophilicity[13]value	hydropathy[12]index	hydrophobicity[14]scale
R Arg	3.0	−4.5	−1.4
D Asp	3.0	−3.5	−0.6
E Glu	3.0	−3.5	−0.7
K Lys	3.0	−3.9	−1.8
S Ser	0.3	−0.8	−0.1
N Asn	0.2	−3.5	−0.5
Q Gln	0.2	−3.5	−0.7
G Gly	0.0	−0.4	0.3
P Pro	0.0	−1.6	−0.3
T Thr	−0.4	−0.7	−0.2
A Ala	−0.5	1.8	0.3
H His	−0.5	−3.2	−0.1
C Cys	−1.0	2.5	0.9
M Met	−1.3	1.9	0.4
V Val	−1.5	4.2	0.6
I Ile	−1.8	4.5	0.7
L Leu	−1.8	3.8	0.5
Y Tyr	−2.3	−1.3	−0.4
F Phe	−2.5	2.8	0.5
W Trp	−3.4	−0.9	0.3

残基の平均値 $[P_α]$ が $[P_α]>1.03$ で $[P_α]>[P_β]$ の部分をα-ヘリックス部位，$[P_β]>1.05$ で $[P_β]>[P_α]$ の部分をβ-シート部位と予測する。おれ曲がり構造は連続した4残基からなり4残基の平均値 $[P_t]$ が $[P_α]$，$[P_β]$ より大きく $P_{f(i)}$ が，$1.0×10^6$ 以上の領域を予測する。各パラメータ値を表3.1.1に示した（図3.1.3参照）。

水溶性の球状タンパク質は疎水性部位が構造の内部に埋まり，表面には親水性部位やおれ曲がり構造が現われる傾向があり，タンパク質の表面や内部に存在するアミノ酸配列部

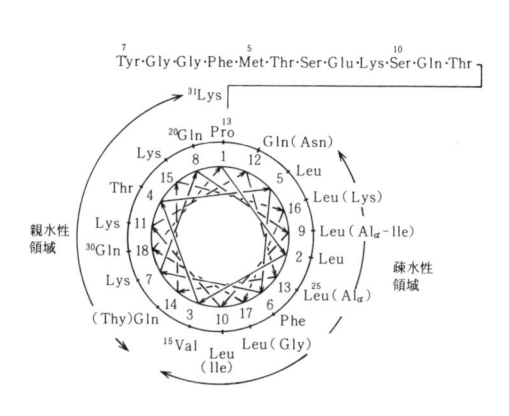

図 3.1.2 -(1) α-ヘリックスのhelical wheelと hydrophobic arc.

例として合成β-エンドルフィンを表示した。( )は天然ヒト-β-エンドルフィンのアミノ酸残基でアミノ酸置換により活性持続性,難分解性になる。

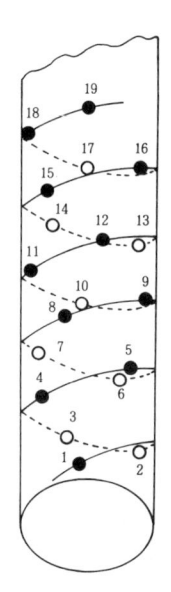

図 3.1.2 -(2) ヘリックス軸にそったアミノ酸配列の立体的helical wheel.

位を予測する方法としてアミノ酸側鎖の極性を基準としてHydropathy法[12], Hopp-Wood法[13], Janin法[14], Fraga法[15]がある。これらのパラメータを表3.1.2に示した。連続した6〜9残基の平均値をアミノ酸の配列順にグラフ化し,その極大,極小の位置より表面残基,埋もれた残基の部位を予測できる(図3.1.3参照)。

α-ヘリック部位では,アミノ酸残基は残基ごとに円周上を100°ずつ移動し(helical wheel),長いヘリックスではヘリックスの片側の側面に非極性残基が集まり非極性の弧を形成する(hydrophobic arc)傾向がみられる(図3.1.2)[16]。これらの手法以外では,相同タンパク質は構造に類似性が強いので高次構造の解明されているタンパク質の一次構造に近似のアミノ酸配列部位は同じ二次・三次構造を持つと予測される[17]。一次構造との直接的な関連性はないが円偏光二色性や施光分散スペクトルから近似的に二次構造の割合を求めることができる。

二次構造の予測結果から超二次構造やドメインの予測が行われる。超二次構造には主としてα-ヘリックスからなるドメイン(all-α),主としてβ-シートからなるドメイン(all-β,逆平行鎖からなるシートを含み高い秩序性を持つ),α-ヘリックスとβ-シートからなるが不規則な構造をとるドメイン(α+β),α-ヘリックスとβ-シートが交互に現われる傾向があるドメ

第3章 人工酵素を構築する素材

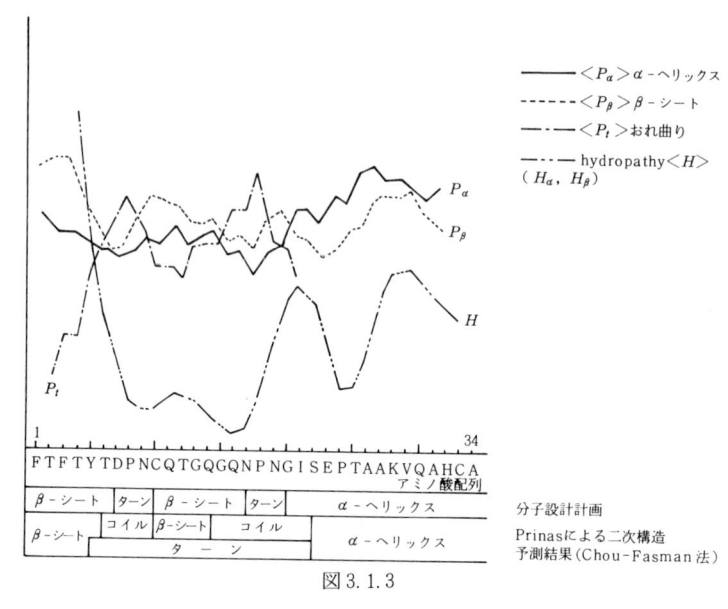

```
——— <P_α> α-ヘリックス
------- <P_β> β-シート
—·—·— <P_t> おれ曲り
—··—··— hydropathy <H>
       (H_α, H_β)
```

アミノ酸配列: F T F T Y T D P N C Q T G Q G Q N P N G I S E P T A A K V Q A H C A

β-シート	ターン	β-シート	ターン	α-ヘリックス

分子設計計画

| β-シート | | コイル | β-シート | コイル | α-ヘリックス |

Prinasによる二次構造
予測結果（Chou-Fasman法）

図3.1.3

1) Chou-Fasmanなどの標準二次構造予測法によりアミノ酸配列からヘリックス(P_α), β-シート(P_β), ターン(P_t)の可能性プロフィルを作る。
2) 疎水性，親水性残基の分布をこの可能性に加える(H_α, H_β)。
3) アミノ酸配列のα，β，ターンのプロフィルから最大値Fをもつ部分が最もありうる超二次構造である。ただし，5残基以下のα-ヘリックス部位，3残基以下のβ-シート部位は構造形成から除く。

B.Gutteらの34アミノ酸残基からなるペプチド[36]を例として示した。

イン(α/β)，二次構造を少ししかもたないドメインがある。αα，ββ，α/β，αβα，βαβ，βββなどの超二次構造の予測法としてChou-Fasman法とHopp-Woods法などの組み合わせによる方法[18]，平行β構造，逆平行β構造をアミノ酸のパラメーターによる予測法[19]や主鎖のトポロジーからの予測法[20]などがある。超二次構造の予測法のうちTaylorの法を図3.1.3に示した。

アミノ酸残基間のC_αの距離図（三角法）は二次構造や超二次構造の同定に用いられている(16, 12, 8Åなど)が，特に27Åを等高線とする距離図からモジュールやドメインのアミノ酸配列部位がわかる（図3.1.4）。ドメインは遺伝子上のエクソンに相当するので遺伝子配列からも予測できる[21]。モジュールも片側に疎水性残基が偏在し，異なるモジュール間の疎水性残基同士がドメインの内部に，親水性部位が表面にくるように会合し三次構造を構成する。現在ドメイン構造などの高次構造を予測する経験則は確立されていない。

タンパク質のアミノ酸配列については「Atras of Protein Sequence and Structure」(M.O.

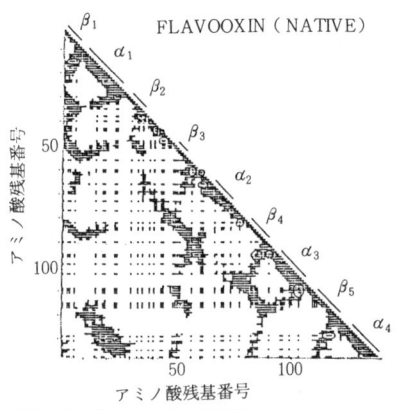

(1) フラボトキシンの二次構造

　　α/β型のタンパク質で、黒色領域は13Å以内のアミノ酸残基対を示す。

　　α-ヘリックスと平行β-シートは対角線に沿った部分に、逆平行β-シートとおれ曲り構造は対角線に垂直な部分で示される。

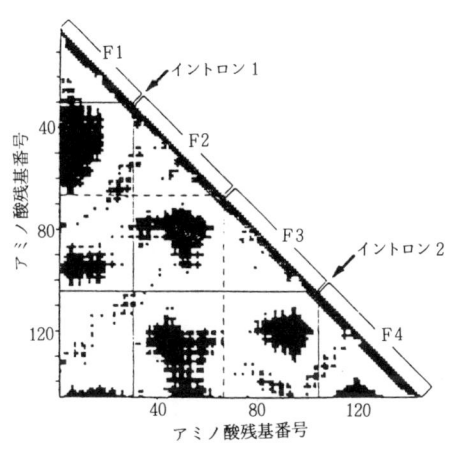

(2) ヘモグロビンβ鎖のモジュール構造（F1～F4）

　　黒色領域は27Å以上離れているアミノ酸残基対を示す。

図3.1.4　C_α距離図による二次構造、モジュール構造の解析

Dayhoff ed., National Biomedical Research Foundation, Vol.5, (1972)に集約されているが、近年一次構造解析技術の進歩により、特に核酸塩基配列の解明およびアミノ酸へのほん訳ができるようになり著しく一次構造の知識が蓄積されている。タンパク質の一次構造はタンパク質設計の基本情報で、そのデータバンク化がなされている。一方、タンパク質の構造と機能についての情報としてX線結晶構造解析、ORD、CD、ラマン、NMR、ESR、EXAFSなどのファクトデータベースの充実が特に望まれる。一次構造から二次構造予測のパソコン用ソフトが開発[22]、市販[23]されており、人工酵素などの分子設計のために有効な手段を提供している。二次構造予測の例として親水性部位の予測から抗原決定基の推定と人工ワクチン用ペプチドの合成[24]やhelical wheelによる合成β-エンドルフィンの改質[25]などがある（図3.1.2-(1)参照）。またコンピュータグラフィックスにより酵素と基質の相互関係が視覚的に表現されると人工酵素モデルの分子設計に非常に有効な手段となり、低分子で目的的な活性を発現する人工酵素の合成に寄与し得る。

1.3　ペプチド合成法

　有機化学的手法によるペプチド合成はペプチド結合形成反応、保護基の選択的除去の組み合わせ、最終保護基の除去、精製が基本である。ペプチド結合形成反応はアミノ基を保護した酸成分を活性化し、カルボキシル基を保護したアミン成分と縮合させる。次にアミノ保護基を除去し酸

第3章 人工酵素を構築する素材

成分を縮合させる。溶液中で行う液相法と不溶性担体上で行う固相法がある。縮合反応は縮合剤（主としてジシクロヘキシルカルボジイミド）法，混合酸無水物法，活性エステル法，アジド法，酵素法がありDCC法が広く用いられている。保護基は導入が容易で，除去が選択的で完全にでき，異なる条件が選べることが大切である。アミノ保護基はラセミ化防止のためウレタン型の保護基（カルボベンゾキシル基，t-ブトキシカルボニル基）が，カルボキシル保護基はベンジル基，t-ブチル基，メチル基などが用いられている。側鎖官能基の保護は，特に固相法では必須で2,4-ジクロロベンジルオキシカルボニル基（リジン），トシル基（アルギニン，ヒスチジン），ベンジル基（グルタミン酸，アスパラギン酸，セリン，スレオニン，チロシン），p-メトキシベンジル基（システイン），ホルミル基（トリプトファン）が用いられている。最終脱保護はフッ化水素，メタンスルホン酸などで処理するがscavengerとしてアニソール，m-クレゾールを添加し副反応を抑制する。

　液相法ではアミノ保護基，カルボキシル保護基，側鎖保護基を考えて（すべての官能基を保護する最大保護法とできるだけ少ない保護基を用いる最小保護法）縮合法を選択するとともに，逐次法で合成したフラグメント類を適当に組み合わせ，アジド法やDCC-aditive法で縮合し目的ペプチドを得るフラグメント縮合法を用いる。溶解性・ラセミ化などの条件を考え，どの部分をフラグメントとして合成し，どの順でつなげるかの合成計画が重要である。通常フラグメントのC末端はグリシン，プロリンが用いられるがラセミ化がチェックできるスレオニンやイソロイシンも用いられる。

　環状ペプチドや規則性ポリペプチドはモノマーに相当するペプチドの活性エステル（p-ニトロフェニル，N-ヒドロキシコハク酸イミド）を希薄溶液中で反応させると環状ペプチドが，濃厚溶液中で反応させると規則性ポリペプチドが得られる。酵素法はプロテアーゼを縮合試薬として用いる。プロテアーゼの種類により特定のカルボキシル基での縮合が水（緩衝液）-有機系で行える。アミノ酸活性化酵素を用いる方法もある。

　固相法はクロロメチル化架橋ポリスチレンを担体として用いる。最終生成物がペプチドアミドの場合はベンズヒドリルアミン樹脂を，担体をそのまま不溶性支持体とする時はアミノメチル化樹脂を用いる。ポリエチレングリコールをグラフトさせた架橋ポリスチレンを担体として用いる[26]とポリエチレングリコール成分をブロックとした修飾ペプチド（例えば有機溶媒用ペプチド酵素など）が得られる。

　固相法ではC末端より順次アミノ酸を縮合させていくので合成計画は必要ない。処理時間の短縮，自動化の長所があるが，アミノ酸配列の不完全なペプチドが生成する短所があり，縮合工程で未反応末端アミノ酸をチェックし縮合を完全にしなければならない。精製工程が特に重要である。

ペプチド合成では合成戦術（StrategyとTactics）が問題で，保護基，合成順により純度，収率が影響される。合成されたペプチドは"Synthetic Peptide"(G.R.Pettit, ed., Elsevir Scientific Publishing Comanyなど，1970〜）に集約されているが，コンピュータによる有機反応システムであるLHASA，SYNCEM2，EROS，CAMEOなどと類似のペプチド合成用データベースと合成経路を支援する合成樹作成ソフトがあると有用である。江口らのパソコン用のペプチド合成プログラムがある[27]。

1.4 酵素の活性中心と酵素モデル

酵素の活性中心の予測はタンパク質の種属差を比較し構造の共通部分から推定する方法，酵素の特定の官能基と変性をおこさずに特異的に反応する試薬を用い，化学的に修飾し活性部位のアミノ酸残基を推定する化学修飾法，タンパク質を酵素的に分解し活性が失われないフラグメントを決定し活性部位を推定する活性フラグメント法がある。

触媒活性中心にみられるアミノ酸はセリン，ヒスチジン，アスパラギン酸，グルタミン酸，リジン，システインでプロテアーゼなどいくつかの酵素について活性部位のアミノ酸の部分配列が"Hand Book of Biochemistry and Molecular Biology, Protein-Vol.3."(CRC. Press p.186 (1976))に集約されている。金属酵素は活性部位にFe, Cu, Zn, Ca, Mo などの金属があり，ヒスチジン，システイン，グルタミン酸・アスパラギン酸などが配位している。金属錯体による金属酵素モデルが検討され，ペプチドは活性部位の環境保持の役目をしており必須ではない（ピケットヘンスポルフィリンやキャップドポルフィリンなど）。

トリプシン，キモトリプシンで代表されるセリンプロテアーゼは一本鎖のポリペプチドから成る比較的単純な酵素であり，一次構造やX線結晶解析による高次構造およびNMRその他のスペクトル分析によってプロテアーゼの活性中心の構造が詳細に明らかにされてきた。反応機構もセリンの水酸基，ヒスチジンのイミダゾール基，アスパラギン酸のカルボキシル基による電荷リレー機構が提唱されている。これらの知見に基づき各種のプロテアーゼモデルが合成され，ペプチド系でも行われている。酵素モデルとして合成されたペプチドを表3.1.3に示した。しかし一般に酵素活性は低い。直鎖ペプチド，ポリペプチドに比較して環状ペプチドが比較的高い活性を示している。

環状ペプチドは主鎖のコンホメーションが固定され比較的剛直な骨格構造をとるので，適当な反応基と基質結合部位（例えば疎水性基）を導入することが容易で，活性基の立体配置を制御することができ，触媒活性と構造の相関関係を議論しやすい。この意味でヒスチジンとロイシンなど大きな疎水性側鎖をもつ環状ジペプチドが合成された[28]。シクロ(D-Leu-His)やシクロ(D-Nle-His)がp-ニトロフェニルラウレートを基質とする場合，高いKm値を持ち疎水性側鎖が

第3章 人工酵素を構築する素材

表3.1.3 ペプチド系酵素モデル

(1) 加水分解酵素モデル

Cyclo(Gly·His), Cyclo(Val·His), Cyclo(D-Val·His), Cyclo(Leu·His)	28) 37)
Cyclo(D-Leu·His), Cyclo(D-Nle·His)	
Cyclo(Tyr·His)	38)
Z·Phe·His·Leu·OH	39)
H·Glu·His·Ser·OH	40)
H·Thr·Ala·Ser·His·Asp·OH	41)
H·Ser·Abu·His·Abu·Asp·OH	42)
Cyclo(Tyr·Gly·Gly·Gly·His)	38)
Cyclo(Gly·Tyr·Gly·Gly·His·Gly), Cyclo(Tyr·Gly·Gly·Gly·His·Gly)	43)
Cyclo(D-Leu·Glu·His·D-Leu·Glu·His)	44)
Cyclo(Ser·D-Leu·His·Ser·D-Leu·His), Cyclo(Ala·D-Leu·His·Ala·D-Leu·His)	45)
H·Asp·ε-Ahx·Ser·ε-Ahx·His·ε-Ahx·OH	46)
Cyclo(Asp·ε-Ahx·Ser·ε-Ahx·His·ε-Ahx)	47)
H·Gly·His·Gly·Gly·His·Gly·OH	47)
Cyclo(Gly·His·Gly·Tyr·Gly·Gly)	48)
Cyclo(Gly·Cys·Gly·His·ε-Ahx·Und), Cyclo(Gly·Ala·ε-Ahx·His·Glu·Und)	49)
Cyclo(Gly·His·Ser·Gly·His·Ser)	50)
Ac·Gly·Arg·Phe·Cys·Phe·His·Gly·OH	51)
H·Ser·Gly·Gly·His·Gly,Gly·His·Gly·OH, H·Ser·Gly·His·Gly·Gly·Gly·His·Gly·Asp·OH	47)
For·Gly·Asp·Ser·Gly·Gly·Pro·Leu·Val·OMe	52)
H·Asp,Ser·Gly·Gly·His·Gly·Gly·His·Gly·OH	47)
H·Asp·β-Ala·Gly·Ser·β-Ala·Gly·His·β-Ala·Gly·OH	53)
Cyclo(Asp·β-Ala·Gly·Ser·β-Ala·Gly·His·β-Ala·Gly)	53)
H·Glu·Phe·Ala·Ala·Glu·Ala·Ala·Ser·Phe·OH	54)
H·Gly·Asp·Ser·Gly·Gly·His·Gly·Gly·His·Gly·OH	47)
H·Glu·Phe·Ala·Ala·Glu·Glu·Phe·Ala·Ser·Phe·OH	55)
Cyclo(His·Glu·Cys·D-Phe·Gly·His·Glu·Cys·D-Phe·Gly)	56)
Gly·Cys·Gly·His·ε-Ahx·Und | Gly·Cys·Gly·His·ε-Ahx·Und	49)
Poly(Asp·ε-Ahx·Ser·ε-Ahx·His·ε-Ahx)	46)
Poly(Gly·Ser·Asp·His·Ala·Pro)	30)
Poly(Asp·β-Ala·Gly·Ser·β-Ala·Gly·His·β-Ala·Gly)	53)
Poly[(Asp·Leu·Asp·Leu)$_{10}$·(His·Leu·Ser·Leu)$_1$]	30)
Copoly(Cys·Glu)	57)

(2) 金属酵素モデル

Cu	H·Gly·Gly·His·OH-Cu^{2+}, H·Asp·Ala·His·$NHCH_3$-Cu^{2+}	58)
	H·Gly·His·Lys·OH-Cu^{2+}, H·Glu·His·Leu·OH-Cu^{2+}	59)
	Cyclo(D-Leu·Glu·His·D-Leu·Glu·His)-Cu^{2+}	60)
	Cyclo(Gly·His·Gly·His·Gly·His)-Cu^{2+} or Zn^{2+}	61)
	Poly Lys-Cu^{2+}	62)
	Poly His-Cu^{2+}	63)
Zn	Cyclo(Gly·His·Gly·His·Gly·His·Gly)-Zn^{2+}	64)
	Cyclo(Gly·Glu·Gly·Gly·His·Gly·His·Gly)-Zn^{2+}	65)
Fe	Z·Cys·Pro·Leu·Cys·OMe-Fe^{3+}, Z·Cys·Thr·Val·Cys·OMe-Fe^{3+}	66)

Abu = Amino butylic acid.
ε-Ahx = ε-Amino hexanonic acid.
Und = ω-Amino undeacanolic acid.

基質結合点となることとシクロ（Leu-His）ではピペラジン核に対して同じ側面に側鎖が接近してあり，触媒反応に障害があるのに，シクロ（D-Leu-His）では側鎖は互いに反対側にあり疎水性結合基と触媒基の空間配置が重要であることを示している。

環状ペプチドの主鎖は分子内水素結合を作りやすく，金属イオン以外はホスト性が低く，シクロデキストリンやクラウンエーテルのような基質結合部位の役を果たせずホスト性のあるマクロビシクロペプチドが試みられている[29]。

ポリペプチドによる人工酵素へのアプローチとしての試みの一つに逆平行 β 構造を構成する主鎖にセリン，アスパラギン酸，ヒスチジンを固定し反応触媒基を制御する目的でポリ（Gly-Ser-Asp-His-Ala-Pro）が合成され[30]，従来のランダム配列から分子設計による酵素モデル化に近づいている（図3.1.5）。

金属酵素の例としてニトロゲナーゼモデルをとりあげる。ニトロゲナーゼはMo, Feを含むタンパク酵素でFe-S, Mo-Fe-Sからなるクラスターにタンパク質が配位している。モデル酵素としてMo-システィン錯体[31]，Mo-グルタチオン[32]，Mo-(Cys-Ala-Ala-Cys)$_n$[33]，Mo-還元インシュリン[34]，Mo-コポリ OBzl (Glu-Cys)[35] などがあるがMo-Fe-Sからなる錯体の活性中心クラスターの研究が主体になっている。

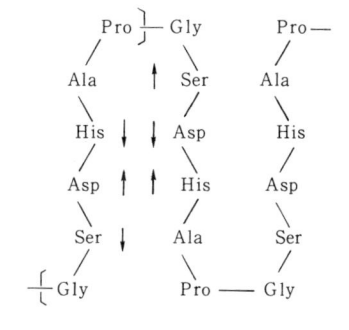

図3.1.5 ポリ（Gly-Ser-Asp-His-Ala-Pro）の逆平行 β シート構造
側鎖反応基はシートの上（↑），下（↓）にある。

1.5 人工酵素のデザインの目標と手法

デザインの目標となる酵素の機能は超効率，長持続性，アルカリ・酸性耐性，耐熱性，水不溶性，有機溶媒中での活性，幅広い基質特異性，多機能性（異なる反応を連続的に触媒する），未知反応を行うなどである。これらの機能や性質の改良のために天然酵素ではアミノ酸置換，D・Lの変更，アミノ酸残基の欠失・挿入，アミノ酸側鎖の化学修飾，ペプチド末端の修飾，-s-s-結合・環状結合の導入，主鎖間結合によるマルチマー化などが試みられている。これらの知見は人工酵素設計のための経験則を与えてくれる。

耐熱性や安定性の向上のためには，分子内部にある残基が疎水性の増加をもたらす置換やヘリックス領域内にある残基がよりヘリックス形成能の高い残基への置換，β-シート内にある残基がより β-シート形成能を強める残基に，あるいは分子内部をより詰まった状態にかえる置換が有効である。また分子表面に露出している疎水性残基を内部に埋もれている非疎水性残置との置換や荷電残基や中性残基をより疎水的残基への置換（Gly→Ala, Ser→Thr, Lys→Arg, Glu→

第3章 人工酵素を構築する素材

Val, Leu） 疎水結合・水素結合・イオン対結合を増加させることなども有効である。特に隣りあったモジュールやドメイン間に架橋を作ることが有効で「カスガイ効果」がある。タンパク質は一つのドメインよりサブユニットまたはいくつかのドメインからなるものが，また固定化酵素のように巨大分子による化学修飾が安定化，長寿命化しうる。これらはタンパク質工学の成果が多い。

合成面からのアプローチは，酵素の活性部位が酵素の表面から内部へと続くドメイン間の割れ目に存在し，割れ目の内部は疎水性または無極性の環境となっており，複数個の官能基が適当な立体配置（触媒部位の相互作用および基質分子間の相互作用が最も起こりやすい位置）をとって存在し，これらが基質分子を識別して活性中心へ取り込んだり，基質分子の化学変化を触媒する。活性中心は酵素分子の高次構造を通して適度に強固で，同時に適度な弾力性を持っていなければならない。このような立体構造を構築するためにまず構造ドメインを設定し，ドメイン間に反応機構を考慮した反応に関与するアミノ酸を配置する（活性ドメインの構築）（図3.1.6）。ドメインはChou-Fasman法，Hopp-Wood法，helical Whealなどのアミノ酸の構造形成パラメータを用いて，$\beta\alpha\beta$，$\alpha\beta\alpha$，$\beta\beta\alpha$，$\beta\beta\beta$などのモジュール構造をとらせるようにアミノ酸配列を決め有機化学的手法により合成し，機能評価を行う。評価結果をフィードバックさせ，さらに機能の向上を図る。アミノ酸配列の決定には経験則を大幅にとり入れて設計する。

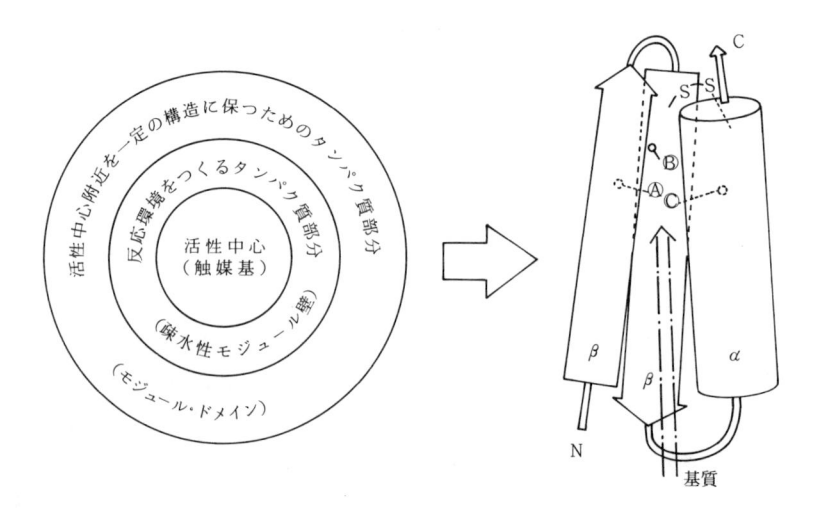

図3.1.6 酵素タンパク質の果している役割による構造と$\beta\beta\alpha$からなるモジュール（A，B，Cは触媒基）の構築模式図

α/β型タンパク質の平行β構造のC端側には各種の基質が特異的に結合することが知られており,このような超二次構造をモジュールとするほか,環状ペプチドをドメインとする場合はカスタネット型やサンドイッチ型のように結合二重環状ペプチド構造にするなどの手法が考えられる。

ペプチド系人工酵素の分子設計例としてB.Gutteら[36]の34アミノ酸残基からなる核酸と相互作用のある合成ペプチドを示す。デヒドロゲナーゼのNAD$^+$結合がβαβ構造によることを参照し,ββα構造をとるようにChou-Fasman法にもとづき,分子の外側が親水性,内側が疎水性で^{7}Asp, ^{12}Thr, ^{32}His(基本触媒基)が活性基になるように一次構造を決め(Phe・Thr・Phe・Thr・^{5}Tyr・Thr・Asp・Pro・Asn・^{10}Cys・Gln・Thr・Gly・Gln・^{15}Cyl・Gln・Asn・Pro・Asn・^{20}Gly・Ile・Ser・Glu・Pro・^{25}Thr・Ala・Ala・Lys・Val・^{30}Gln・Ala・His・Cys・^{34}Ala)(図3.1.3参照),固相法により合成し-s-s-化した。一量体,二量体はよいDNAとの結合性を示し,二量体は天然RNaseA比で2.5%のRNase活性を持っていた。

この合成ペプチドは酵素活性としては非常に不充分であるが,より簡単なペプチドで人工酵素を分子設計し得る端緒を開いた。

文 献

1) H.Yajima, N.Fujii, *J.Am.Chem.Soc.*, **103**, 5867 (1981), 矢島治明, 藤井信孝, 蛋白質核酸酵素 **27**, 1929 (1982)
2) P.Y.Chou, G.D.Fasman, *Biochemistry*, **13**, 211, 222 (1974), *Ann.Rev.Bio.Chem.*, **47**, 258 (1978)
3) K.Nagano, *J.Mol.Biol.*, **75**, 401 (1973), **109**, 251, 235 (1977)
4) P.F.Periti, *Boll.Chem.Farm.*, **113**, 187 (1974)
5) B.Robson, D.J.Osguthorpe, *J.Mol.Biol.*, **132**, 19 (1979)
   B.Robson, R.H.Pain., *J.Mol.Biol.*, **58**, 237 (1971), *Nature*, **227**, 62 (1970)
6) E.A.Kabat, T.T.Wu., *Proc.Nat.Acad.Sci.USA.*, **70**, 1473 (1973), **71**, 4217 (1974), *Biopolymers*, **12**, 751 (1973), *J.Mol.Biol.*, **75**, 13 (1973)
7) A.W.Burgess, P.K.Ponnuswamy, H.A.Scheraga., *Israel.J.Chem.*, **12**, 239 (1974) A.W.Burgess, H.A.Scheraga., *Proc.Nat.Acad.Sci.USA*, **72**, 1221 (1975)
8) V.I.Lim., *J.Mol.Biol.*, **88**, 857, 873 (1974)
9) D.Kotelchuck, H.A.Scheraga., *Proc.Nat.Acad.Sci.USA.*, **61**, 1163 (1968), **62**, 14 (1969)
10) F.Beghin, J.Dirkx., *Arch.Int.Physiol.Biochim.*, **83**, 167 (1975)
11) P.N.Lewis, F.A.Momany, H.A.Scheraga., *Proc.Nat.Acad.Sci.USA*, **68**, 2293 (1971)
12) J.Kyte, R.F.Doolittle., *J.Mol.Biol.*, **157**, 105 (1982)

13) T.P.Hopp, K.R.Woods, *Proc. Nat. Acad. Sci. USA.*, **78**, 3824 (1981)
14) J.Jnin., *Nature,* **227**, 491 (1979)
15) S.Fraga, *Can. J. Chem.*, **60**, 2606 (1982)
16) M.Schiffer, A.B.Edmundson., *Biophys. J.*, **7**, 121 (1967)
17) G.E.Schulz., *Angew. Chem. Int. Edit.*, **16**, 23 (1977), K.Tokio, T.Towatari, N.Katumura, D.C.Teller, K.Titani., *Proc. Nat. Acad. Sci. USA.*, **80**, 3666 (1983)
18) W.R.Taylor, J.M.Thornton, *Nature,* **301**, 540 (1983)
19) S.Lifson, C.Sander, *Nature,* **282**, 109 (1979), K.Nagano, *J. Mol. Biol.*, **138**, 825 (1980)
20) F.E.Cohen, M.J.E.Sternberg, W.R.Taylor, *J. Mol. Biol.*, **156**, 821 (1982)
21) M.Go., *Proc. Nat. Acad. Sci. USA.*, **80**, 1964 (1983)
22) T.P.Hoop, K.R.Woods, *Molecular Immunology*, **20**, 483 (1983), A.J.Corrigan, P.C. Huang, *Comput. Program. Biomed.*, **15**, 163 (1982), 田村実, 生化学, **56**, 1404 (1984)
23) Prinas, 三井情報開発, Genetyx, SDSソフトウエア開発
24) E.A.Emini, B.A.Jameson, E.Wimmer, *Nature,* **304**, 699 (1983), N.Green, H.Alexander, A.Olson, S.Alexander, T.M.Shinnick, J.G.Sutcliffe, R.A.Lerner, *Cell,* **28**, 477 (1982), M.Sela, *Biopolymers,* **22**, 415 (1983)
25) J.W.Taylor, R.J.Miller, E.T.Kaiser., *J. Am. Chem. Soc.*, **103**, 6965 (1981), *Mol. Pharmacol.*, **22**, 657 (1982)
26) H.Hellermann, H.W.Lucas, J.Maul, V.N.R.Pillai, M.Mutter, *Makromol. Chem.*, **184**, 2603 (1983)
27) 江口政尚, 原昭二, 化学の領域, **36**, 761 (1982)
28) M.Tanihara, Y.Imanishi, T.Higashimura, *Biopolymers,* **16**, 2217 (1977)
29) Y.Kanaoka, K.Okamura, H.Itoh, Y.Hatanaka, K.Tanizawa, Peptide Chemistry 1983 p.221 (1984)
30) Y.Trudell., *Int. J. Peptide Protein Res.*, **19**, 528 (1982)
31) G.N.Schrauzer, P.A.Doemeny, *J. Am. Chem. Soc.*, **93**, 1608 (1971)
32) D.Werner, S.A.Russell, H.J.Evans., *Proc. Nat. Acad. Sci. USA.*, **70**, 339 (1973)
33) 中村晃, 第29回錯塩討論会要旨集, p.352 (1979)
34) B.J.Weathers, J.H.Grate, G.N.Schrauzer, *J. Am. Chem. Soc.*, **101**, 917, 925 (1979)
35) N.Oguni, S.Shimazu, A.Nakamura, *Polymer J.*, **12**, 891 (1980)
36) B.Gutte, M.Däumigen, E.Wittschieber, *Nature,* **281**, 650 (1979)
37) Y.Masuda, M.Tanihara, Y.Imanishi, T.Higashimura, *Bull. Chem. Soc. Jpn.*, **58**, 497 (1985)
38) K.D.Kopple, P.E.Nitecki, *J. Am. Chem. Soc.*, **84**, 4457 (1962)
39) R.Ueoka, Y.Masumoto, Y.Ihara, *Chem. Lett.*, **1984**, 1807
40) J.C.Sheehan, P.A.Cruickshank, G.L.Boshart, *J. Org. Chem.*, **26**, 2525 (1961)
41) P.A.Cruickshank, J.C.Sheehan., *J. Am. Chem. Soc.*, **86**, 2070 (1964)
42) J.C.Sheehan, G.B.Bennet, J.A.Schneider, *J. Am. Chem. Soc.*, **88**, 3456 (1966)
43) K.D.Kopple, R.R.Jarabak, P.L.Bratia, *Biochemistry,* **2**, 958 (1963)
44) M.Tanihara, Y.Imanishi., *Polymer J.*, **15**, 499 (1983)

45) M.Kodaka, *Bull. Chem. Soc. Jpn.*, **56**, 3857 (1983)
46) B.Nakajima, N.Nishi, Peptide Chemistry 1982, p.41 (1983)
47) I.Photaki, M.S.Daitsiotou, *J. Chem. Soc. Perkin* 1, **1976**, 589
48) K.D.Kopple, D.E.Nitocki., *J. Am. Chem. Soc.*, **83**, 4103 (1961)
49) Y.Murakami, A.Nakano, K.Matsumoto, K.Iwamoto, A.Yoshimatsu., Peptide Chemistry 1978, p.157 (1979)
50) J.C.Sheehan, D.N.Mc Gregor, *J. Am. Chem. Soc.*, **84**, 300 (1962)
51) M.J.Heller, J.A.Walder, I.M.Klotz., *J. Am. Chem. Soc.*, **99**, 2780 (1977)
52) H.T.Cheung, T.S.Murty, E.R.Blout, *J. Am. Chem. Soc.*, **86**, 4200 (1964)
53) N.Nishi, Peptide Chemistry 1978, p.151 (1979)
54) P.K.Chakravarty, K.B.Mathur, M.M.Dhar, *Experientia*, **29**, 783 (1973)
55) P.K.Chakravarty, K.B.Mathur, M.M.Dhar, *Indian. J. Chem.*, **12**, 464 (1974)
56) K.Nakajima, K.Okawa, *Bull. Chem. Soc. Jpn.*, **116**, 1811 (1973)
57) J.Noguchi, N.Nishi, S.Tokura, U.Murakami, *J. Biochem.*, **81**, 47 (1977)
58) T.P.A.Kruck, B.Sarkar, *Inorg. Chem.*, **14**, 2383 (1975)
59) R.Brigelins, R.Spöttl, W.Bors, E.Lengfelder, M.Saran, U.Weser, *FEBS Lett.*, **47**, 72 (1974)
60) K.Kawaguchi, M.Tanihara, Y.Imanishi, *Polymer J.*, **15**, 97 (1983)
61) S.S.Isied, G.G.Kuehn, J.M.Lyon, R.B.Merrifield, *J. Am. Chem. Soc.*, **104**, 2632 (1982)
62) Y.Moriguchi, *Bull. Chem. Soc. Jpn.*, **39**, 2656 (1966)
63) I.Pecht, A.Levitzki, M.Anber, *J. Am. Chem. Soc.*, **89**, 1587 (1967)
64) K.S.Iyer, J.Laussac, B.Sarker, *Int. J. Peptide Protein Res.*, **18**, 468 (1981)
65) K.S.Iyer, J.Laussac, C.Lau, B.Sarkar, *Int. J. Peptide Protein Res.*, **17**, 549 (1981)
66) M.Nakata, N.Ueyama, T.Terakawa, A.Nakamura, *Bull. Chem. Soc. Jpn.*, **56**, 3647 (1983)

第3章 人工酵素を構築する素材

2 タンパク質

今西幸男＊

2.1 はじめに

人工酵素を構築する素材としてのタンパク質には，1）合成ポリペプチドを利用する人工酵素，2）化学修飾による機能変換酵素，3）酵素修飾による機能変換酵素，4）遺伝子工学の手法を用いる人工酵素があげられる。これらのうち，1）については本書の第3章1において取扱われる予定であり，筆者も本シリーズの既刊「高分子触媒の工業化」において詳述しているので，ここでは採り上げない。また，4）についても本書の第2章において取扱われる予定であるので，2）および3）の現状と展望を中心に述べる。

2.2 化学修飾による機能変換酵素
2.2.1 光応答性基を導入した酵素

生命現象と光の関わり合いには2通りあって，1つは大量の光エネルギーが高分子や分子集合体によって変換される系，例えば緑色植物の光合成系などである。他の1つは少量の光エネルギーが引き金となって，高分子のコンホメーションや分子集合体の電位が変化する系，例えば視覚や粘菌の走光性や屈光性などである。本節においては第2の範疇のものを取り扱う。この場合，光(情報，刺激)→光アンテナ(受容と発信)→信号トランスデューサー(伝達と増幅)→機能素子(機能発現)という過程を経るが，機能素子として酵素を考えた場合，酵素に本来備わっていないアンテナとトランスデューサー機能を有する光応答性基を導入することにより，目標を達成することができる。光応答性基としては，高い量子収率を有し，光により可逆的異性化を起こすことができ，異性体間で大幅な性質の変化を生じ，かつ暗所での逆反応が遅いなどの条件を満たすことが必要である。これらの条件を満たす光応答性基として最もよく利用されているのは，図3.2.1に示すアゾベンゼンとスピロピランである。

酵素ウレアーゼにスピロピランを共有結合し，これをコラーゲン膜に固定化したものは，UV光照射によりスピロピランをメロシアニン構造に変化させると，活性が62％に低下する[1]。なお，未修飾ウレアーゼをコラーゲン膜に固定化したものの活性はUV光照射の影響を受けない。反応を速度論的に解析すると，基質結合定数 K'_m はUV光照射の有無に関係なく0.04Mと変化しないが，最大速度 V（固定化膜 mg 当たり毎分発生する NH_3 の μmol）はUV光照射前の2.10が照射後は1.37に低下し，これが活性低下の原因であることがわかった。生成物 NH_3 が光照射下で生じるメロシアニンの負電荷と相互作用し，光照射下での V を低下させると考えられる。

＊ Yukio Imanishi　京都大学　工学部

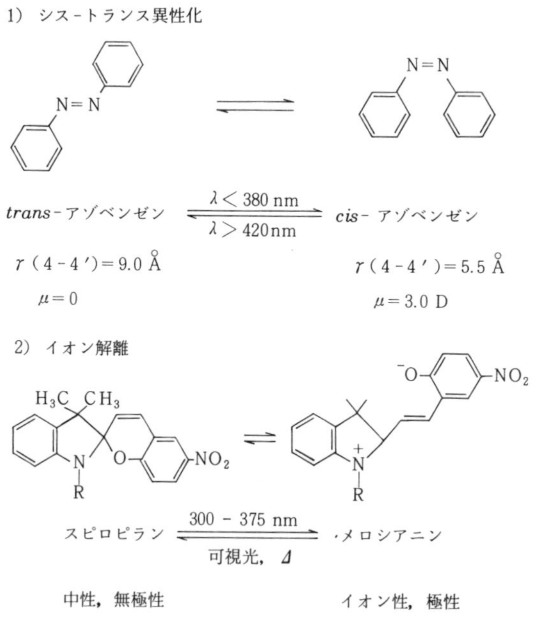

1) シス-トランス異性化

$trans$-アゾベンゼン $\underset{\lambda > 420 nm}{\overset{\lambda < 380 nm}{\rightleftarrows}}$ cis-アゾベンゼン

$r(4-4') = 9.0$ Å $r(4-4') = 5.5$ Å
$\mu = 0$ $\mu = 3.0$ D

2) イオン解離

スピロピラン $\underset{可視光, \varDelta}{\overset{300 - 375 nm}{\rightleftarrows}}$ メロシアニン

中性, 無極性   イオン性, 極性

図 3.2.1　感光性エフェクターと光異性化に伴う物性変化

スピロピランを親水性の高いアガロースゲルに固定化すると暗所でメロシアニン構造をとり，可視光照射によってスピロピラン型となる(逆フォトクロミズム)。アガロースゲルに大豆トリプシンインヒビターを結合させ，これをカラムに充填し，リン酸塩緩衝液，pH 6.6 でトリプシンを加え，20℃で3時間培養後，リン酸塩緩衝液でトリプシンの溶出を行うと，可視光照射下ではトリプシンを取り囲む光応答性基がスピロピラン構造をとるため疎水性雰囲気におかれ，インヒビターとの結合が困難になって押し出される[2]。この方法により，粗トリプシンの純度を20倍以上に高めることができた。

2.2.2　固定化による酵素機能の変換

(1) 安定性の向上

L-アスパラギン酸の工業的製造では，フマル酸への NH_3 の付加を酵素アスパルターゼによって行わせる方法が採用されている。この場合，*Escherichia coli* をポリアクリルアミドゲルに包括して行うと，37℃の連続酵素反応時の活性半減期は120日であるのに対し，カラギーナンに包括固定化した場合，硬化処理しない場合の活性半減期は70日，グルタルアルデヒド処理で240日，そしてグルタルアルデヒドとヘキサメチレンジアミンで処理すると680日にも達した[3]。こ

の場合相対的な生産性はポリアクリルアミドゲル包括の場合の約15倍に達する。

酵素を固定化した場合，活性発現と密接に関係する高次構造の安定化，オリゴマー酵素の場合にはサブユニットの会合の維持，プロテアーゼの攻撃からの防御，pH変化の影響に対する緩衝作用などによって，様々な失活要因に対する抵抗性が増すといわれている。上記の例は，その原因は不明であるが，安定性向上の一例である。

(2) 基質特異性の変化

アガロースをCNBrで活性化したのち，α, ω-ジアミノアルカンで処理すればアミノアルキルアガロースが得られる。D-アミノ酸酸化酵素をCNBr-アガロースあるいはアミノアルキルアガロースに固定化して反応を行わせた場合，表3.2.1に示す結果が得られた[4]。すなわち，CNBr-アガロースに固定化した酵素は，天然酵素に比べてD-アラニンに対して高い活性を示したが，

表 3.2.1　アミノ酸の酸化に対するスペーサーの鎖長の影響

酵素の担体	基　質					
	D-アラニン		D-ノルバリン		D-ノルロイシン	
	V	K_m (mM)	V	K_m (mM)	V	K_m (mM)
アミノプロピルアガロース	100	7.1	120	4.6	209	2.2
アミノブチルアガロース	125	1.2	167	3.7	278	1.7
アミノカプリルアガロース	350	0.7	240	1.5	417	0.7
アミノヘキシルアガロース	280	1.1	185	0.7	313	0.4
CNBr-アガロース	339	1.1	30	0.9	80	0.2
天　然　酵　素	370	1.3	60	0.9	210	0.4

(文献4のTable IIIから引用)

D-ノルバリンやD-ノルロイシンに対しては低い活性しか示さなかった。一方，アミノアルキルアガロースに固定化した酵素は，スペーサーのメチレン基の数を3から5に増やすと活性が増大し，アミノカプリルアガロースに固定化した場合に最高の活性が得られた。スペーサーのメチレン基の数はK_mにも影響し，3から5に増加することによりK_mは低下した。

(3) 反応の位置特異性の変化

菌体 *Nocardia rhodocrous* を用いてテストステロン（TS）の脱水素反応を行うとき，電子受容体フェナジンメトスルファート（PMS）を添加すると反応が促進される。反応経路は図3.2.2に示すとおりである。遊離菌体を用いる反応ではテストステロンのΔ^1位と17-OH基の両方とも脱水素されてアンドロスタジエン-3, 17-ジオン（ADD）が生じる。ところが疎水性ポリウレタンゲルに菌体を固定して反応を行うと，フェナジンメトスルファートの親和性が低いため，これを必要としない反応ルート（17-OH基の脱水素）の生成物4-アンドロスタ-3, 17-ジオン（4-

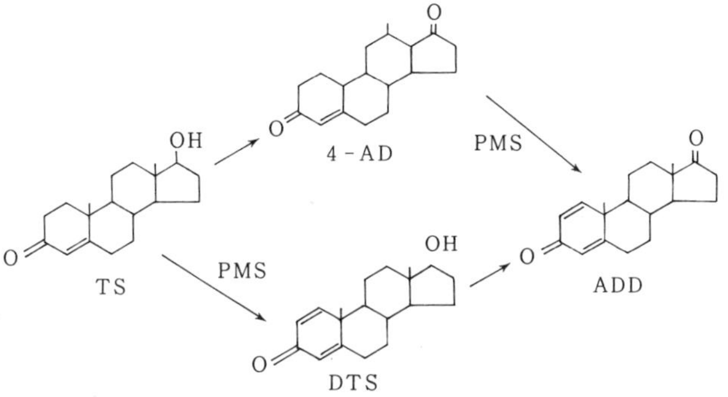

図3.2.2 *Nocardia rhodocrous*によるテストステロンの変換

(文献5のFig.1から引用)

AD)が生じた。一方,親水性ポリウレタンゲルに菌体を固定して反応を行うと,フェナジンメトスルファートの親和性が高いため,これを要求する反応ルート($\varDelta^1$脱水素反応)が促進され,その生成物$\varDelta^1$-デヒドロテストステロン(DTS)が主生成物となった[5]。

(4) **サブユニットの分子間架橋による機能変換**

前述の*Escherichia coli*の酵素アスパルターゼは,同じ分子量の4個のサブユニットからできているといわれているが,酵素におけるサブユニットの配置は,2価性架橋剤ジカルボン酸イミドエステルによるサブユニット間橋架け法によって解析された[6]。4量体アスパルターゼを変性状態から再生させる際,4量体の形成率が活性回復率をつねに上回っている。これは4量体が形成されるとき,活性発現に不適当な四次構造が形成されるためと考えられ,オリゴマー酵素の活性発現に対する高次構造の重要性を示すものである[7]。

上述の2種の研究にヒントを得て考えられることは,アスパルターゼのサブユニット間に共有結合性橋架けを形成すると,サブユニットの解離平衡や高次構造の安定性が変化を受け,活性が変化するであろうということである。実例は報告されていないが,興味ある命題である。

2.2.3 化学修飾による酵素機能の変換

(1) **酵素の活性中心のアミノ酸残基の修飾**

酵素の活性中心の特定のアミノ酸基の化学修飾によって生じた活性変化の主要な例を表3.2.2に示す。これらの例のうち,NAD要求性L-リンゴ酸酵素はNADを補酵素とし2価金属イオンの在存下にL-リンゴ酸を酸化的脱炭酸してピルビン酸を生成する。ところが酵素のSH基をN-エチルマレイミドで修飾すると本来の反応は抑制され,副反応の一種である2価金属イオン存在下NADH依存性酵素によるピルビン酸の還元によるL-乳酸の生成反応が加速された[8]。しかし

第3章 人工酵素を構築する素材

表3.2.2 化学修飾による酵素反応の変動

酵 素 名	所 在	修 飾 試 薬	修飾部位	低下する反応	上昇する反応	研 究 者
カルボキシペプチダーゼ	ウシ膵	無水酢酸ほか	チロシン	ペプチダーゼ	エステラーゼ	J. F. Riordanら (1963)
NAD要求性L-リンゴ酸酵素	大腸菌	DTNB, NEM, PMB	SH	リンゴ酸の酸化的脱炭酸, オキザロ酢酸脱炭酸	オキザロ酢酸環元, ピルビン酸還元	山口睦夫ら(1973)
NADP要求性L-リンゴ酸酵素	ハト肝	DTNB	SH	リンゴ酸の酸化的脱炭酸	ピルビン酸還元	R. Y. Hsuら(1970)
リシンモノオキシゲナーゼ	緑膿菌	DTNB, NEM, PMB	SH	オキシゲナーゼ	オキシダーゼ	山内卓ら(1973)
モノアミンオキシダーゼ	ウシ肝ミトコンドリア	酸化剤(酸化型オレイン酸,酸化型グルタチオンなど)	SHほか	モノアミンオキシダーゼ	ジアミンオキシダーゼ	I. V. Veryovkinaら (1972)
イミダゾール酢酸モノオキシゲナーゼ	緑膿菌	PMB	SH	オキシゲナーゼ	オキシダーゼ	岡本宏ら(1968)
トリプトファンシンテターゼBタンパク質	大腸菌	NEM, DTNB	SH	トリプトファン合成	セリン脱アミノ化	E. W. Milesら(1970)
L-アスパラギナーゼ	大腸菌	テトラニトロメタン	チロシン	アスパラギン分解	DONの結合	Y. P. Liuら(1972)

(徳重正信,科学,**47**,422(1977)の表1から引用)

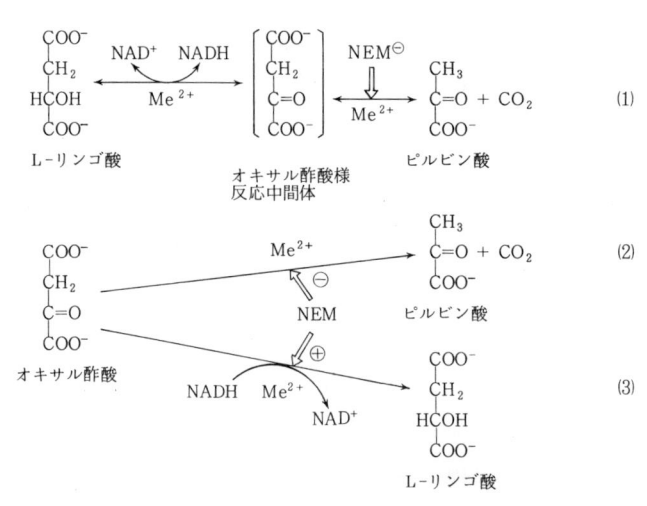

図3.2.3 SH基の化学修飾によるリンゴ酸酵素の反応特異性の転換

(徳重正信,科学,**47**,422(1977)の図3から引用)

化学修飾した酵素を還元すると状態は元へもどる。この変化は反応を全反応(1)と部分反応(2),(3)にわけて考えることにより説明されている(図3.2.3参照)。すなわち,オキサル酢酸様反応中間体の脱炭酸が阻害され,その還元が促進されるというものである。この考えを支持する証拠として,

L-リンゴ酸酵素を N-エチルマレイミドで修飾すると,2価金属イオン存在下でのオキサル酢酸の脱炭酸によるピルビン酸の生成反応(2)が抑制されて,オキサル酢酸のNADH依存性酵素による2価金属イオン存在下のL-リンゴ酸生成反応(3)が加速されたことがあげられている。

しかし,L-リンゴ酸酵素はまだその素性が明確にされておらず,L-リンゴ酸の脱水素反応やオキサル酢酸の脱炭酸反応を接触するいくつかの異種酵素の複合体であって,化学修飾がそのうちのある種の酵素を失活させている可能性も存在する。

(2) 補酵素の選択による酵素機能の変換

リシン酸素添加酵素はリシンに1原子のO_2を取り込んで,脱炭酸を伴なってδ-アミノ吉草酸アミドを生成する。

$$H_2N-(CH_2)_4-\underset{NH_2}{CH}-COOH + O_2$$
$$\longrightarrow H_2N-(CH_2)_4-\underset{NH_2}{C}=O + CO_2 + H_2O \qquad (4)$$

この酵素は基質特異性が広く,オルニチンを基質に用いると同様なO_2消費を示すが,H_2O_2を生成し,別種の酵素であるアミノ酸化酵素と同じ反応を行う。

$$H_2N-(CH_2)_3-\underset{NH_2}{CH}-COOH + O_2 + H_2O$$
$$\longrightarrow H_2N-(CH_2)_3-\underset{O}{C}-COOH + NH_3 + H_2O_2 \qquad (5)$$

アラニンとプロピルアミンの混合物を基質に用いると,アラニンはピルビン酸に酸化されるが,プロピルアミンは変化しない。アラニンだけでは反応は起こらない[9]。

$$H_2N-(CH_2)_2-CH_3 + CH_3-\underset{NH_2}{CH}-COOH + O_2 + H_2O$$
$$\longrightarrow H_2N-(CH_2)_2-CH_3 + CH_3-\underset{O}{C}-COOH + NH_3 + H_2O_2 \qquad (6)$$

同一の酵素によってひき起こされる酸素添加反応と酸化反応の機構を図3.2.4に示す。

同じ酵素が基質の構造に応じて異種の反応をひき起こす機構を図3.2.5で説明する。リシンは本来の基質であるので,触媒部位にうまく適合し,脱水素反応を受けてα-イミノ酸となる。そのとき補酵素FADはFADH$_2$に還元されるが,この電子受容によって酵素が活性化され,反応中間体へ1個の酸素原子が付加して酸アミドが生成し,もう1個の酸素原子がFADH$_2$から水素を奪って水になる。ところが,本来の基質ではないオルニチンやアラニンとプロピルアミンの混合物の反応では,活性中心への基質の適合に無理があり,脱水素反応で生じたα-イミノ酸は直ちに酵素から脱離して加水分解によりケト酸となる。そしてFADH$_2$はO_2と反応してH_2Oを生じる。

第3章 人工酵素を構築する素材

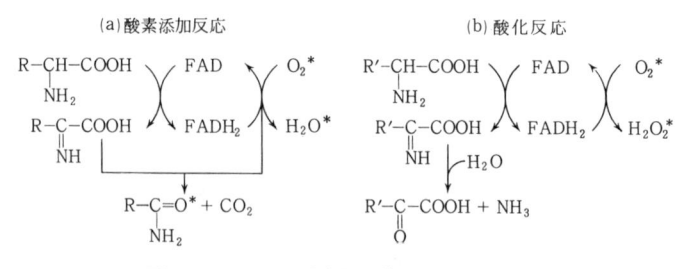

図 3.2.4 リシン酸素添加酵素反応の転換

(徳重正信, 科学, **47**, 422 (1977) の図 4 から引用)

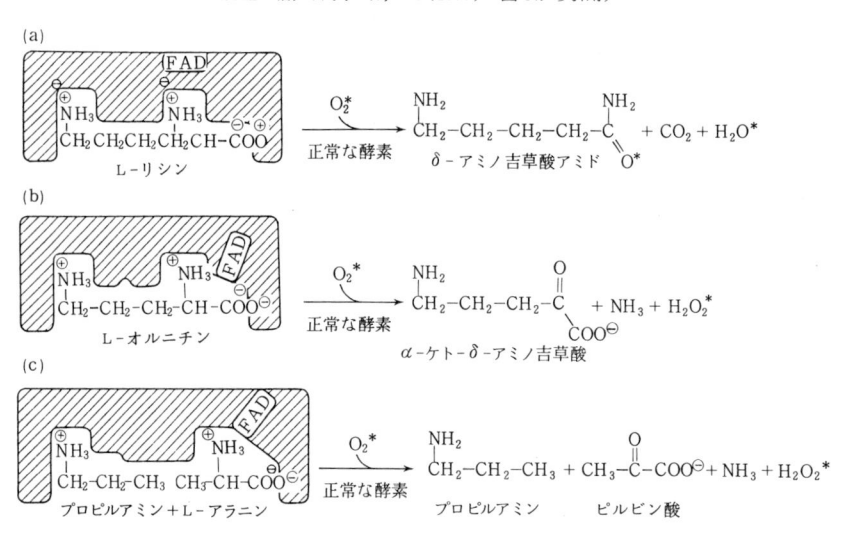

図 3.2.5 リシン酸素添加酵素の示すオキシゲナーゼ反応とオキシダーゼ反応

(化学増刊 89 生体機能の化学, 6 章図 6 から引用)

(3) 試薬添加による反応経路の変換

アスパラギン酸 β-デカルボキシラーゼはピリドキサールリン酸の関与のもとに, アスパラギン酸の脱炭酸反応によってアラニンを生成するが, その反応経路は図 3.2.6 に示すとおりである。この酵素によるアラニンの生成はピルビン酸の添加によって加速される[10]。その理由は図 3.2.6 において反応中間体 (N) は互変異性化反応 (10) プラス加水分解反応 (11) のルートと, ピルビン酸生成反応 (12) の 2 種の経路を取り得るが, 反応 (12) で酵素がピリドキサミン型に変化すると触媒機能を失うので, この反応は袋小路的反応である。しかし, この過程の平衡定数はほぼ 1 であるの

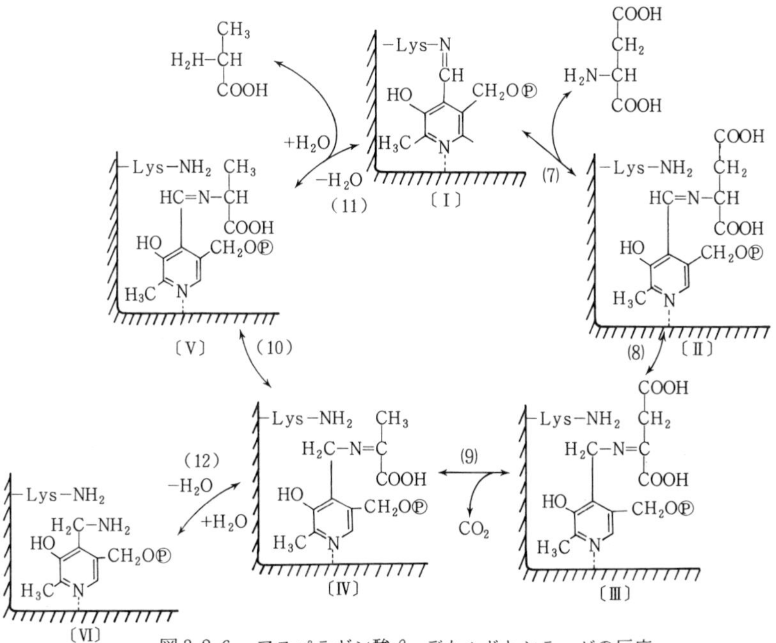

図 3.2.6 アスパラギン酸 β-デカルボキシラーゼの反応

(徳重正信, 科学, **47**, 422 (1977) の図 5 から引用)

で, 外部からピルビン酸を添加するとIVの反応は経路(10), (11)を通って進み, 本来の主反応が促進されることとなる。

2.2.4 化学的変異酵素

Kaiserら[11]は加水分解酵素の一種であるパパインの基質結合部位とフラビン補酵素とを組み合わせることにより, 人工酵素フラボパパインを調製した。フラボパパイン類と, 基質として使用した 1,4-ジヒドロニコチンアミド類の構造を図 3.2.7 に示す。フラビン補酵素は 8 位がアシル化されてパパインに結合しているが, 8-CO基がパパインの主鎖ペプチド結合と水素結合を形成して, フラビンがパパインの疎水性結合孔の中へ入り込む。こうして調製したフラボパパインは表 3.2.3 に示すように, ジヒドロニコチンアミド類の良好な酸化酵素となった。疎水性の高い基質ほど人工酵素による反応の加速度が高く, 疎水性相互作用によって基質の取り込みが行われていることがわかる。フラボパパインにおいては, パパインの強力な基質取り込み能力を生かして, フラビンという本来でない触媒部位を導入することにより, 酸化還元反応を接触する新種酵素を合成したわけであり, Kaiserらはこの方法を化学的変異 (Chemical mutation) と名付けて

45

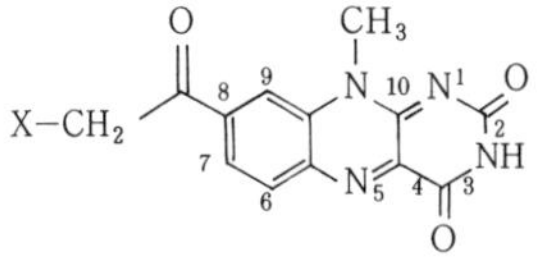

Ⅶ, X=papain-S-
Ⅷ, X=H

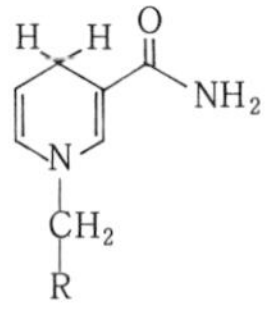

Ⅸ, R=C$_6$H$_5$
Ⅹ, R=CH$_2$CH$_3$
Ⅺ, R=(CH$_2$)$_4$CH$_3$

図3.2.7 フラボパパイン,モデルフラビンおよびジヒドロニコチンアミド誘導体の構造

(文献11の構造式を引用)

いる。興味深い手法ではあるが,フラビンとパパインを,共有結合ではなく,物理的に混合した系について比較実験を行う必要があると考えられるし,反応の立体特異性についても知りたいところである。

2.3 酵素による酵素機能の変換
2.3.1 ポリペプチド主鎖の修飾

同種サブユニット4個から成る分子量19万3,000の酵素アスパルターゼは,大腸菌から単離した時点ですでに酵素活性を保持しているが,これを触媒量のトリプシンで処理すると数分で酵素活性が3-5倍に上昇する。トリプシンによる処理をさらに続けると酵素活性は低下しはじめ,4時間後には完全に消失した。大豆トリプシンインヒビター存在下にアスパルターゼのトリプシン処理を行っても酵素活性の変動は起こらないが,トリプシン処理によって酵素活性が最大値に達したときに大豆トリプ

表3.2.3 フラボパパインⅦおよびモデルフラビンⅧによるジヒドロニコチンアミド誘導体の酸化反応の速度パラメーター(25℃, pH 7.5)

ジヒドロニコチンアミド	酵素反応			モデル反応	酵素反応における加速
	K_m' μM	k_{cat}' s^{-1}	k_{cat}/K_m' M^{-1}s^{-1}	2次速度定数 k, M^{-1}s^{-1}	
N^1-BzNH(Ⅸ)	2.7 ± 0.3	0.093 ± 0.009	33,800	170 ± 2	199
初速度より	2.7 ± 0.5	0.090 ± 0.007	32,900		
N^1-PrNH(Ⅹ)	0.81 ± 0.08	0.048 ± 0.003	58,700	878 ± 23	66
初速度より	0.77 ± 0.095	0.047 ± 0.0008	61,300		
N^1-HxNH(Ⅺ)	0.12 ± 0.01	0.067 ± 0.009	570,000	917 ± 18	621
NADH	340 ± 30	0.0073 ± 0.0005	21	5.12	4

(文献11のTable 1から引用)

シンインヒビターを加えると,トリプシンが存在するままでも酵素活性は変化せず,最大活性を維持する(図2.2.8参照)[12]。トリプシンとは基質特異性を異にするプロテアーゼ,ズブチリシンBPN'でアスパルターゼを処理した場合にも同様の現象が認められた。プロナーゼ処理によっても約4倍の加速が観測されたが,キモトリプシンやペプシン,カルボキシペプチターゼなどは効

2 タンパク質

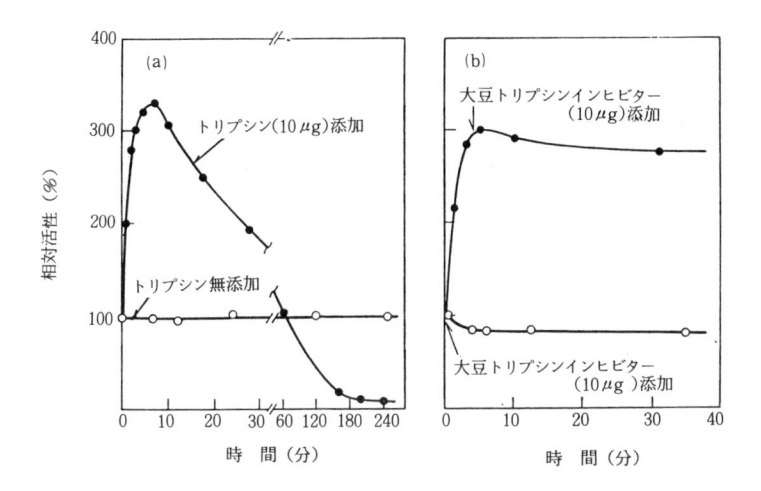

図 3.2.8 トリプシンによるアスパルターゼの活性化

(a) アスパルターゼ 180 μg, pH 7.4, 30 ℃
(b) アスパルターゼ 20 μg, トリプシン 1 μg, pH 7.4, 30 ℃

〔高分子実験学 14 生体高分子（高分子学会高分子実験学編集委員会編）図 4.6 から引用〕

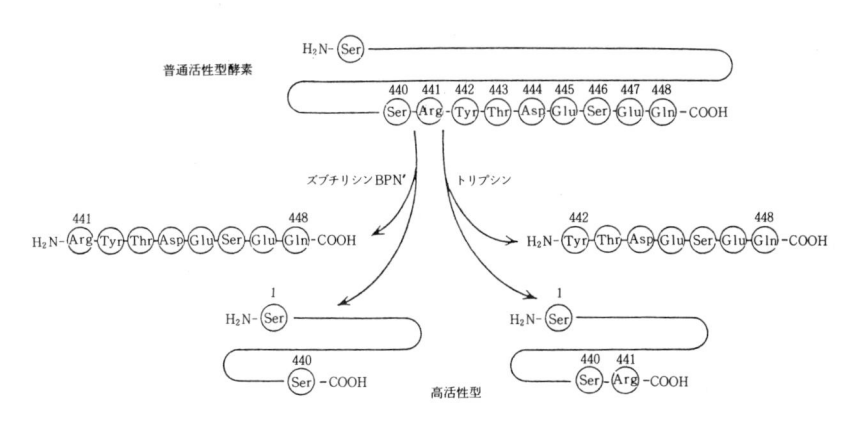

図 3.2.9 プロテアーゼ限定分解によるアスパルターゼの活性化

数字はアミノ酸組成と分子量に基づいて推定した仮の番号を示す。
〔高分子実験学 14 生体高分子（高分子学会高分子実験学講座編集委員会編）図 4.7 から引用〕

第3章 人工酵素を構築する素材

果がない.

トリプシンやズブチリシンBPN'によるアスパルターゼの活性化効果は，これらの酵素による限定分解の結果, C端オリゴペプチドの脱離によるものであることが示された(図3.2.9参照).この反応によって生じる約440個のα-アミノ酸からなるポリペプチド鎖のコンホメーションは，本来のアスパルターゼのそれとは若干変化し,それが酵素の高活性化に結びつくと考えられた．なお，限定分解による酵素のヘリックス含量や熱安定性等の変化は非常に小さい．ただし，普通活性型のものでは芳香族アミノ酸残基が酵素分子内部に埋め込まれているのに対して，高活性型ではこれが露出しており,微妙なコンホメーション変化が起こっていることは確実である．本研究例は酵素分子の高次構造がプロテアーゼの作用機構に大きい影響をもつことを示すとともに，ポリペプチド主鎖の限定分解という手段で高次構造を改変し，"新種"の酵素を誘導できることを示したといえよう.

このような酵素タンパク質の主鎖の限定分解による活性化は，血液凝固系において古くから観測されていたことである．哺乳動物の血液凝固因子として第Ⅰ-XⅢ因子の存在が明らかにされ，研究されている．血液凝固因子の大部分は高分子量糖タンパク質であり，通常は不活性型前駆体として存在するが，異種表面，リン脂質，Ca^{2+}あるいは補助タンパク質の関与のもとに，必要に応じて限定加水分解を受ける．第Ⅰ-XⅢ因子のうちの第Ⅰ,Ⅲ,Ⅳ,Ⅴ,Ⅷ,因子を除くすべての因子と，プレカリクレインが限定分解を受けて生じた活性誘導体はプロテアーゼ機能等をもつ酵素である．こうしてカスケード系を経て，最終的にはフィブリンの重合により血液凝固が完結する．

2.3.2 ポリペプチド側鎖の酵素修飾

酵素タンパク質を構成するアミノ酸残基の側鎖官能基が別種の酵素によって修飾されることにより活性変化を起こす例を表3.2.4に示す.

グリコーゲンホスホリラーゼは，別種の酵素によるリン酸化と脱リン酸化を受ける酵素として最初に確認された細胞内タンパク質である．それは不活性型(ホスホリラーゼ b)および活性型(ホスホリラーゼ a)として存在し，その活性化機序は図3.2.10のように説明されている[13]. その後の研究では肝臓や肥満細胞内でのホスホリラーゼ a の生成はc-AMPレベルの上昇，c-AMP依存性タンパク質キナーゼの活性化，およびホスホリラーゼキナーゼ活性化を伴わずに起こることから，不活性型ホスホリラーゼキナーゼが Ca^{2+} によって直接活性化を受ける機構が提案されている[14]. ともあれ，b 型は2個のサブユニットから成り，セリン残基の側鎖水酸基はフリーであるが，これが活性化ホスホリラーゼキナーゼの働きでATPによってリン酸化されると，4個のサブユニットが会合して a 型になる．a 型はグリコーゲンのリン酸化触媒活性を有し，AMP依存性が低い．a 型はホスホリラーゼホスファターゼの作用で側鎖リン酸エステルが加水分解されると

2 タンパク質

表 3.2.4　酵素による酵素タンパク質の化学的修飾

基質となる酵素	修飾(修飾される残基)	修飾を施す酵素	変化する機能	研　究　者
グリコゲンホスホリラーゼ b	リン酸化(セリン)	ホスホリラーゼキナーゼ	a 型に転換し、活性化や AMP 依存性減少	C.F.Cori ら
グリコゲンホスホリラーゼ a	脱リン酸化	ホスホリラーゼホスファターゼ	上記と逆	
グルタミン合成酵素(GSアーゼ)	アデニリル化(チロシン)	GSアーゼアデニリル化酵素	フィードバック感受性増加、Mn^{2+} 要求性	E.R.Stadtman ら
	脱アデニリル化	GSアーゼ脱アデニリル化酵素	フィードバック感受性減少、Mg^{2+} 要求性	
ピルビン酸デヒドロゲナーゼ	リン酸化	プロテインキナーゼ	失　活	L.J.Reed ら
	脱リン酸化	ホスファターゼ	活 性 化	
タンパク合成系鎖長因子 2	ADP-リボシル化	ジフテリア毒素	失　活	早石　修ら
アデニレートサイクラーゼGTP結合サブユニット	ADP-リボシル化（アルギニン）	大腸菌毒素		J.Moss ら

〔高分子実験学 14 生体高分子(高分子学会高分子実験学編集委員会編)表 4.6 から引用〕

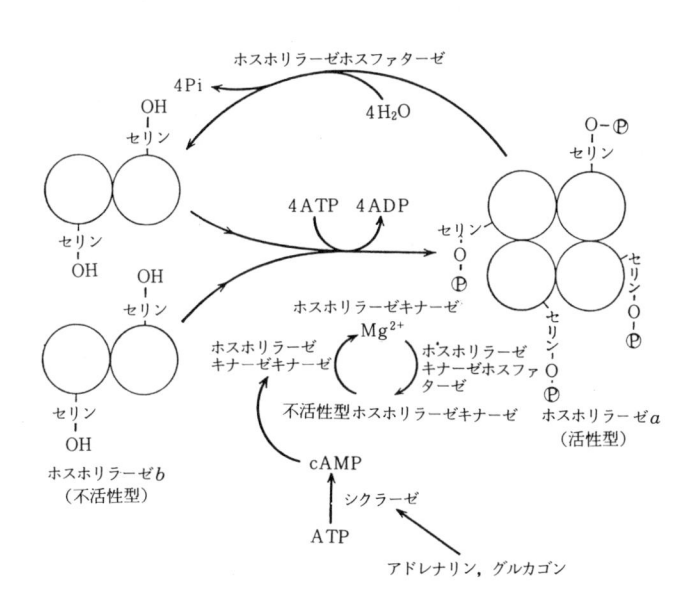

図 3.2.10　ホスホリラーゼの活性化機序

〔文献 13 の図 3.8 から引用〕

不活性な b 型にもどる。

大腸菌のグルタミン酸合成酵素（分子量60万，12量体）は，菌の培養条件の違いにより性質の大幅に異なる2種類の分子種として存在する。一方には，酵素タンパク質のチロシン残基の側鎖にATP由来のアデニル酸がエステル結合しており，他方ではこの基が存在しない。アデニリル化反応は特定の酵素によって，脱アデニリル化反応は別種の酵素によって触媒作用を受ける。アデニリル化によってこの酵素の2価金属イオン要求性とフィードバック感受性が大きく変化することがわかっている[15]。

これら以外にも，酵素タンパク質を構成するアミノ酸残基の側鎖のアセチル化やADP-リボシル化あるいはプロリンの水酸化などによる活性変化の例が報告されている。

2.3.3 サブユニット組換えによるオリゴマー酵素の機能変換

酵素の中には同種または異種のサブユニットの集合体として存在するオリゴマー酵素が少なくない。オリゴマー酵素の中にはサブユニット間の解離・会合が比較的容易に操作できる場合があって，単一のサブユニットでも活性をもつものもあれば，集合体としてはじめて活性を発現するものもある。オリゴマー酵素はサブユニットの解離・会合によって酵素活性の変動，特異性の転換，協同性の変化，フィードバック感受性の変化等，種々の機能変化を起こすことがある[16]。これらの例を表3.2.5に示す。

表3.2.5 酵素サブユニットの解離会合と機能変化

解離会合	変化する機能	具体例
1. 同種サブユニット（不活性）	活性発現	アルカリホスファターゼ，アスパルターゼ
2. 同種サブユニット（活性）	活性の増減	アスパルテートカルバモイルトランスフェラーゼ
3. 異種サブユニット（不活性）	活性発現	乳酸脱水素酵素，アルドラーゼ
4. 異種酵素	別種酵素への変換	トリプトファン合成酵素
5. 活性型酵素と阻害性タンパク質	活性低下または失活	トリプシンと大豆トリプシンインヒビター
6. 触媒タンパク質と調節タンパク質	代謝のフィードバック調節能発現	アスパルテートカルバモイルトランスフェラーゼ

〔高分子実験学14 生体高分子（高分子学会高分子実験学編集委員会編）表4.7から引用〕

表3.2.5の中で，例えば，大腸菌のトリプトファン合成酵素は，α型とβ型の2種のサブユニット2個ずつからなるオリゴマー酵素であり，$\alpha_2\beta_2$型となってトリプトファン合成反応(13)を接触する。

$$\text{(L)} \atop H_2N-\underset{CH_2OH}{CH}-COOH + \underset{\underset{H}{N}}{\text{[indole]}}-CH_2-\underset{OH}{CH}-CH_2-O-\underset{OH}{\overset{O}{P}}-OH \rightleftarrows$$

$$\text{(L)} \atop H_2N-\underset{\underset{\text{[indole-NH]}}{CH_2}}{CH}-COOH + H\overset{O}{C}-\underset{\text{(D)}}{\underset{OH}{CH}}-CH_2-O-\underset{OH}{\overset{O}{P}}=O \qquad (13)$$

しかしながらα型サブユニット単独では反応(14)が，β型サブユニット単独では反応(15)と(16)が接触される。

$$\text{[indole]}-CH_2-\underset{OH}{CH}-CH_2-O-\underset{OH}{\overset{O}{P}}=O \rightleftarrows$$

$$\text{[indole]} + H\overset{O}{C}-\underset{OH}{CH}-CH_2-O-\underset{OH}{\overset{O}{P}}=O \qquad (14)$$

$$\text{(L)} \atop H_2N-\underset{CH_2OH}{CH}-COOH + \text{[indole]} \longrightarrow H_2N-\underset{\underset{\text{[indole-NH]}}{CH_2}}{CH}-COOH \qquad (15)$$

$$\text{(L)} \atop H_2N-\underset{CH_2OH}{CH}-COOH \longrightarrow CH_3-\overset{O}{C}-COOH + NH_3 \qquad (16)$$

すなわち，α型とβ型のサブユニットが2個ずつ会合すると，反応(14)と(15)の触媒活性は保持されるが，反応(16)の触媒活性は全くなくなる。この例はサブユニット単独で酵素活性を有するものが，異種サブユニット（異種酵素）間で集合すると全く別の作用をもつ酵素が出現することを示すものである。このような例からも，サブユニットの組み換えによる新機能の開発の可能性が強く示唆される。

2.4 おわりに

化学修飾による機能変換酵素並びに酵素修飾による機能変換酵素に例をとって，人工の（本物でない）酵素を構築する素材としてのタンパク質について述べた。これら多くの事例から考えて，将来の工学的展開に対して大きい可能性を秘めているのは，サブユニット組み換えによる新機能

第 3 章 人工酵素を構築する素材

の開発であろう。その一つの展開として，酵素を免疫源と考え，その抗体との複合体形成による活性制御も興味をよぶ。酵素の触媒部位と抗体認識部位とは別であると考えられるので，免疫反応によって機能調節を行うことは不可能ではあるまい。

文　　献

1) I. Karube, Y. Nakamoto, K. Namba, I. Suzuki, *Biochim. Biophys. Acta,* **429**, 975 (1976)
2) I. Karube, Y. Ishimori, S. Suzuki, *Anal. Biochem.,* **86**, 100 (1978)
3) 千畑一郎，土佐哲也，化学工学，**43**, 276 (1979)
4) M. Naoi, K. Yagi, *Biochim. Biophys. Acta,* **523**, 19 (1978)
5) S. Fukui, S. A. Ahmed, T. Omata, A. Tanaka, *Eur. J. Appl. Microbiol. Biotechnol.,* **10**, 289 (1980)
6) Y. Watanabe, M. Iwakura, M. Tokushige, G. Eguchi, *Biochim. Biophys. Acta,* **661**, 261 (1981)
7) 徳重正信，蛋白質核酸酵素，**27**, 261 (1981)
8) M. Yamaguchi, R. Saito, M. Tokushige, H. Katsuki, *Biochem. Biophys. Res. Commun.,* **55**, 1285 (1973)
9) S. Yamamoto, T. Yamauchi, O. Hayaishi, *Proc. Nat. Acad. Sci. USA.,* **69**, 3723 (1972)
10) S. S. Tate, A. Meister, Biochemistry, **8**, 1660 (1969)
11) J. T. Slama, S. R. Aruganti, E. T. Kaiser, *J. Am. Chem. Soc.,* **103**, 6211 (1981)
12) K. Mizuta, M. Tokushige, *Biochem. Biophys. Res. Commun.,* **67**, 741 (1975)
13) 香川靖雄，"岩波講座現代生物科学 5　物質代謝とその調節"，佐藤了，西塚泰美編，岩波書店, p. 72 (1975)
14) E. G. Krebs, J. A. Beavo, *Ann. Rev. Biochem.,* **48**, 923 (1979)
15) E. G. Stadtman, P. B. Chock, *Curr. Topics Cellular Regul.,* **13**, 53 (1978)
16) 徳重正信，"蛋白質の分子集合と機能"，浜口浩三，小池正彦，徳重正信編，学会出版センター, p. 123 (1979)

3 シクロデキストリン

上野昭彦*

3.1 はじめに

シクロデキストリン（以下CDと略す）は，水溶液中で種々のゲスト分子を包接する。さらに，包接ゲストの反応について触媒作用を示す多くの例が知られている[1]。このCDの挙動は酵素に類似しており，酵素モデルとして活発に研究されている。また，近年，CDの修飾法についての発展を基礎に分子デザインによる多様な修飾CDが合成されるようになった。そして，天然CDでは不可能な高次の機能発現が可能になりつつある。本稿では，CDの化学の現況を"酵素類似機能の発現"の観点から述べ，今後のCDの分子デザインの方向を示したい。

CDはグルコース単位が環状につながったオリゴ糖である。1分子に含まれるグルコース単位の個数に対応してα（6個），β（7個），γ（8個）と名付けられており，それぞれの空孔径は4.5Å，7.0Å，8.5Åである。CDの空孔は完全な円筒ではなくC-2，C-3についている二級水酸基は広い方に，C-6についている一級水酸基は狭い方に位置している。空孔壁を構成する部分は疎水的であり，水溶液中で分子サイズの脂溶性環境を提供する。そして，主として疎水性相互作用により種々のゲスト分子をその空孔に包接する。この包接体形成には，空孔とゲストの大きさの適合が特に重要である。また，CDが不斉単位であるグルコースから構成されていることから，ゲスト包接に際して不斉識別が期待できる。

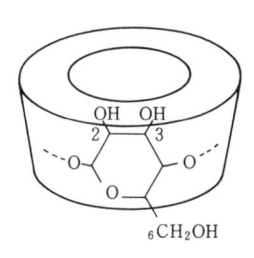

図3.3.1　CDの構造

CDの修飾は，天然CDの制約を超える能力をCDに与える。酵素機能を目指すには，修飾CDの空孔に基質が入った状態で，基質の反応点と触媒部位が適切な位置，配向をとるようにしなければならない。この点から，C-2，C-3，C-6のいずれの水酸基を修飾するか，また，その起点からどれだけ離れて触媒基が位置するかが重要である。本稿では，最初に天然CDの基質結合能力と触媒能力について述べ，次に修飾CDによりそれら能力がいかに変容し，かつ，酵素類似機能の発現につながっていくか述べる。

3.2 天然CDの酵素類似機能

酵素反応の特徴として選択的基質取り込みと触媒作用があるが，CDに関しても類似の挙動が見られる。そこで，人工酵素デザインの基礎として，まず，天然CD関与の諸現象について述べ

---

*　Akihiko Ueno　東北大学　薬学部

3.2.1 認識能力と立体選択的反応

 α-CDと種々の p-ニトロフェノラート誘導体との包接化合物の解離定数を表3.3.1に示した[2]。メチル基の結合位置が解離定数に大きく影響している。オルト位を2個のメチル基で置換しても，結合の強さは p-ニトロフェノラートの2倍程度弱まるだけであるが，メタ位に1個のメチル基が存在しただけで約100倍弱まる。メタ位に2個のメチル基が入ると包接化合物は生成しない。これらの現象は， p-ニトロフェノラート類では， α-CDの二級水酸基側の広い口からニトロ基を先頭にしてゲスト分子が包接されることを意味している。すなわち，メタ位のメチル基はCDの壁に対する立体障害で包接化合物の生成を困難にする。この例では，CDはゲストとCD空孔の大きさの適合から期待されるより高い識別能力を示している。

CD存在下の立体選択的反応の例を表3.3.2に示した。表中の(1)～(3)の置換反応については，可能な生成物であるオルト，パラ両異性体のうちパラ体のみ優先的に生成する[3]～[5]。これらの

表3.3.1　α-CDの包接化合物の解離定数

ゲスト	![p-nitrophenolate]	![2,6-dimethyl]	![3-methyl]	![3,5-dimethyl]
$K_d (10^{-2} M)$	0.040	0.094	4.2	a

a　包接化合物が形成されない。

表3.3.2　CDによる立体選択的合成

(1) CH_3O-〇 $\xrightarrow[\alpha-CD]{HOCl}$ CH_3O-〇-Cl

(2) $CH_3\overset{O}{\overset{\|}{C}}$-O-〇 $\xrightarrow[\beta-CD]{h\nu}$ HO-〇-$\overset{O}{\overset{\|}{C}}$-$CH_3$

(3) HO-〇 $\xrightarrow[\beta-CD]{^+CCl_3}$ HO-〇-COOH

(4) CHO-〇-Cl $\xrightarrow[\alpha-CD]{HCN}$ CN-$\overset{OH}{\underset{H}{C}}$-〇-Cl $\longrightarrow$ HOOC-$\overset{OH}{\underset{H}{C}}$-〇-Cl

$[\alpha]_D^{2.5} = -0.4°$

反応では，置換基がCDの片方の口に突き出ており，攻撃試薬は反対側の口からパラ位に接近するのであろう。また，CD空孔の不斉環境を利用する不斉誘導の試みの例として(4)にマンデル酸合成を示したが不斉収率は小さい[6]。他方，CDによる不斉分割についてはスルホキシド[7]，ホスフィナート[8]，スルフィナート[9]について最大光学純度がそれぞれ71.5％，84％，70.2％の結果が得られている。

3.2.2 反応の加速

(1) ミクロ環境効果

CDの空孔は無極性であり，無極性中で速度が大なる反応について，CD存在による加速が観察される。フェニルシアノ酢酸アニオンの脱炭酸反応[10]やα-ヒドロキシケトンのα-ジケトンへの酸化[11]の例がある。後者では，ケト-エノール平衡を反応活性なエノール型の方へ移動させて加速が実現する。

他方，2種類の異なった基質が結合するDiels-Alder反応においてもCDの効果が認められた[12]。シクロペンタジエンとアクリロニトリルの場合の結果を表3.3.3に示す。CDが両基の出会う疎水場を提供している。β-CDで加速が大であり，α-CDで加速が小であることは，両基質が入るのにβ-CD空孔の大きさが適当であり，α-CDの空孔では狭すぎることを反映している。

表3.3.3　CDによるDiels-Alder反応の加速

溶媒	CD	k_2 (10^{-5} M^{-1} s^{-1})[a]
イソオクタン		1.9
メタノール		4.0
水		59.3
水	β-CD (10 mM)	537
水	α-CD (5 mM)	47.9

[a] 30℃における二次速度定数

(2) 基質のコンホメーション変化

CD空孔内は限られた広さであり，基質の取り得るいくつかのコンホメーションのうち特定のコンホメーションを安定化し，反応を加速する場合がある[13]。[1]から[2]への分子内アシル基転移はα-CDにより6倍加速されるが，

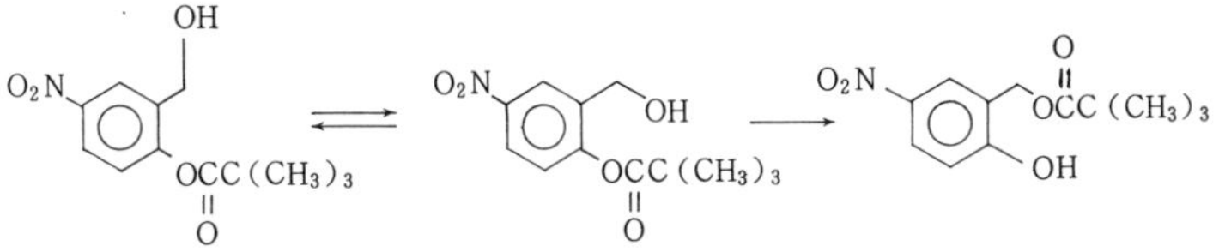

〔1a〕　〔1b〕　〔2〕

第3章 人工酵素を構築する素材

β-CDでは約5倍遅くなる。この結果は，α-CD中では[1b]が，β-CD中では[1a]が安定となり，空孔の大きさに対応してゲストの形に差異を生じ，速度の増減が起こることを示唆している。

γ-CDは，大きな空孔を有しており，ゲスト2分子を包接することが報告されている[14]。両端にナフチル残基を有するゲストのけい光は，γ-CD存在下，顕著なエクシマー（励起状態二量体）けい光を示し，両端ナフチル残基同士が対面相互作用するようにコンホメーションが変化することが示された[15),16)]。

$$N^* \sim N \xrightarrow{\gamma\text{-CD}} (N:N)^*$$

(3) 加水分解触媒効果

CDの二級水酸基はアルカリ溶液中でアルコキシアニオンになり（pKa 12.1），包接したエステル基質のカルボニルを攻撃し加水分解する[17)]。この反応は，セリン水酸基が攻撃部位であるキモトリプシンの挙動に類似しており，酵素モデルとして詳細に研究されている。基質をS，生成物をPとすると反応式は次のようになる。

$$CD + S \underset{k_{-1}}{\overset{k_1}{\rightleftharpoons}} CD \cdot S \xrightarrow{k_2} CD' + P$$

加速の程度を評価するのにCD不在下の速度定数をk_{un}として，k_2/k_{un}を用いる場合と，コンプレックスCD・Sの解離定数をK_dとして，k_2/K_dを用いる場合がある。前者はコンプレックスの安定性に無関係なパラメーターになるが，後者ではCDとSの結合が強く，かつ，コンプレックス内反応の速度が大なる程大きな値を示す。大きなk_2を実現するには，図3.3.2に示す正四面体中間体の生成を容易にするように基質カルボニルとCDのアルコキシアニオンが近い位置になければ

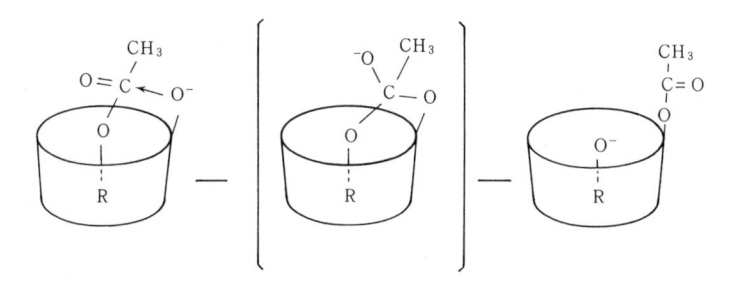

正四面体中間体

図3.3.2　CDによるエステルの加水分解

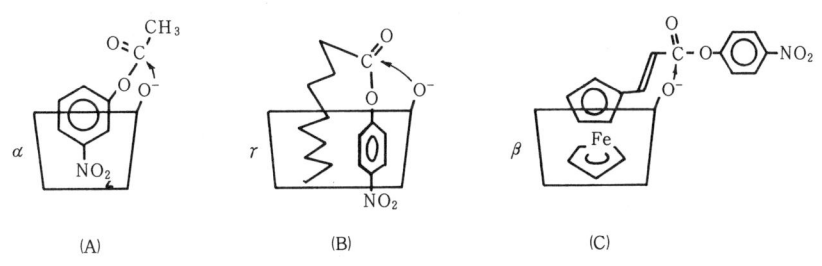

図3.3.3 CDのアルコキシアニオンの基質カルボニルへの攻撃

ならない。なお，この反応でCDはアシル化されるが，その脱アシル化は遅い。CDが真の意味での触媒となるには，脱アシル化過程の改良が必要である点に留意したい。

α-CDによる酢酸ニトロフェニルの加水分解では，k_2/k_{un}がメタ体で300，パラ体で3.4であり圧倒的にメタ選択性である[17]。このメタ選択性は，図3.3.3の(A)に示すコンプレックス内での基質カルボニルとCDのアルコキシアニオンの近接によって理解できる。

大きな空孔を有するγ-CDと長いアルキル鎖を持つp-ニトロフェニルエステルの系では，基質のコンホメーションが変化してk_2/k_{un}の増大が観察されている[18]。図3.3.3の(B)に示す折りたたみ構造が，アルコキシアニオンの攻撃を容易にすると推測された。

Breslowらは，基質の構造をデザインすることにより，加速の程度がどの位大きくなり得るか詳細に検討した。フェロセン基質の場合，図3.3.3の(C)に示すようにCD空孔にはフェロセン残基が入り，エステル部分はCDのアルコキシアニオンの上にくる。目下のところ，最大の加速は，β-CDと基質〔3〕について得られている[19]。〔3〕には光学異性体があり，両異性体のk_2/k_{un}は590$\times 10^4$と9.5×10^4である。速い反応は遅い反応の62倍の速度で進行し，不斉識別加水分解が実現している。ここで得られた590万倍の加速は，酵素キモトリプシンに匹敵するものである。

なお，酵素類似系のデザインに際して，大きなk_2の実現が必ずしも強い基質の結合を要求するものでない点は考慮しなければならない。図3.3.4にCDが理想的な酵素的挙動を示す場合のエネルギー図を示した。コンプレックスCD・Sの過度の安定化は正四面体中間体[CD・S]$^≠$への到達を困難にする。また，CDと生成物Pのコンプレックス[CD・P]が安定すぎると，CDが触媒として再成されにくくなる。Breslowらのさまざまなフェロセン基質に関する加水分解の結果では，CDの結合能力の減少に伴いk_2が増大しており，フェロセン残基がCD空孔に浅く入った状態が[CD・S]$^≠$に近似した空間配置になっていると考えられる。

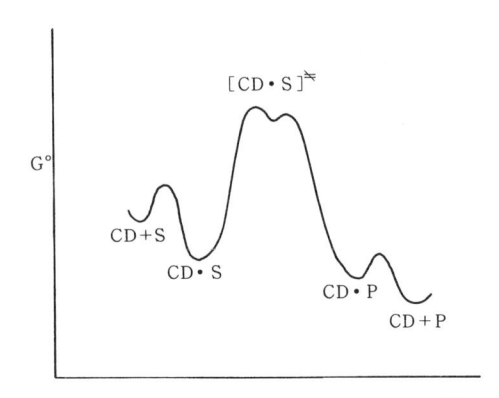

図3.3.4 CD触媒反応のエネルギー図

アミドの加水分解は，ペニシリンのひずみのかかった$β$-ラクタム環の加水分解[20]やp-ニトロトリフルオロアセトアニリド[21]について実現している。この場合，CDはアシル化中間体を生成するが，速やかに脱離し，真の触媒として機能している。

3.3 化学修飾CDの合成

一級，二級水酸基の修飾には異なった方法が用いられる。スルホニル化を経由して目的残基(X)を導入する方法を図3.3.5に示した。

3.3.1 一級水酸基の修飾

ピリジン中でトシルクロリドとCDを反応させると一級水酸基がトシル化されたCDが得られる。2点修飾の方法としては，CDとジスルホニルクロリドの反応を用いる。CDのグルコース単位を順番にA，B，C……とした場合，適切なジスルホニルクロリドを使用することによりA-CあるいはA-Dを選択的に修飾できる[22]。

3.3.2 二級水酸基の修飾

アルカリ水溶液中でCDとトシルクロリドを反応させると二級水酸基が選択的に修飾されるとする報告もあるが[23]，実際はもう少し複雑なようである[24]。トシルクロリドを使用する限り一級，二級両修飾体の混合物が生成すると考えた方がよい。m-ニトロフェニルトシレートを用いるスルホニル・トランスファー法では，間違いなく二級水酸基が修飾される[25]。この場合，C-2の

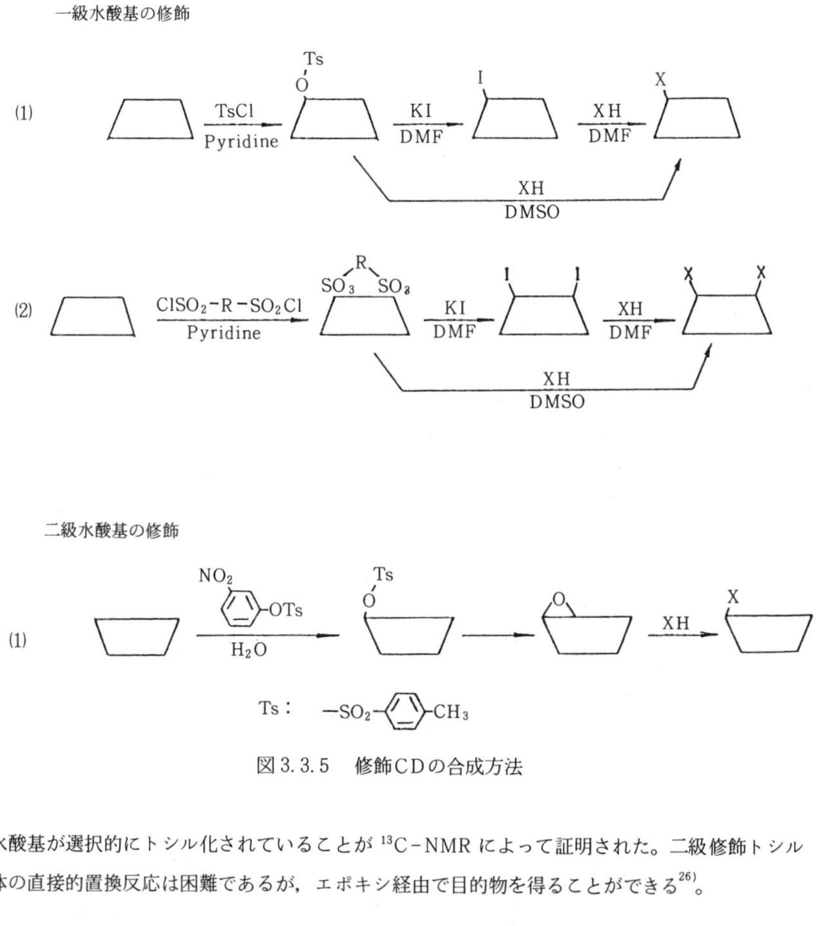

一級水酸基の修飾

(1) □ →[TsCl / Pyridine] OTs □ →[KI / DMF] I □ →[XH / DMF] X □
　　　　　　　　　　　　　　　　　　　↘[XH / DMSO]↗

(2) □ →[ClSO₂-R-SO₂Cl / Pyridine] SO₃-R-SO₃ □ →[KI / DMF] I,I □ →[XH / DMF] X,X □
　　　　　　　　　　　　　　　　　　　　　　　　↘[XH / DMSO]↗

二級水酸基の修飾

(1) □ →[NO₂-C₆H₄-OTs / H₂O] OTs □ → O □ →[XH] X □

Ts： -SO₂-C₆H₄-CH₃

図 3.3.5　修飾CDの合成方法

水酸基が選択的にトシル化されていることが ^{13}C-NMR によって証明された。二級修飾トシル体の直接的置換反応は困難であるが，エポキシ経由で目的物を得ることができる[26]。

3.4　修飾CDの結合能力

　CDを修飾することによりゲスト包接挙動を変化させることができる。修飾CDを用いたさまざまなゲスト包接の型を表3.3.4に示した。

　ポリアミンの配位子を有するCDはZn^{2+}イオンと結合しCD上に正電荷を提供する。そして，マイナス荷電のカルボキシル基を有するゲスト分子をCDに強く取り込む(A)[27]。酸・塩酸の系Bでは，チオフェノラートの結合に際し5倍の取り込み能力の増大が観察された[28]。ナフタレン残基を有するγ-CD修飾体については，ゲスト取り込みに際してホストのコンホメーションが変化す

第3章 人工酵素を構築する素材

表 3.3.4 修飾CDのさまざまな結合様式

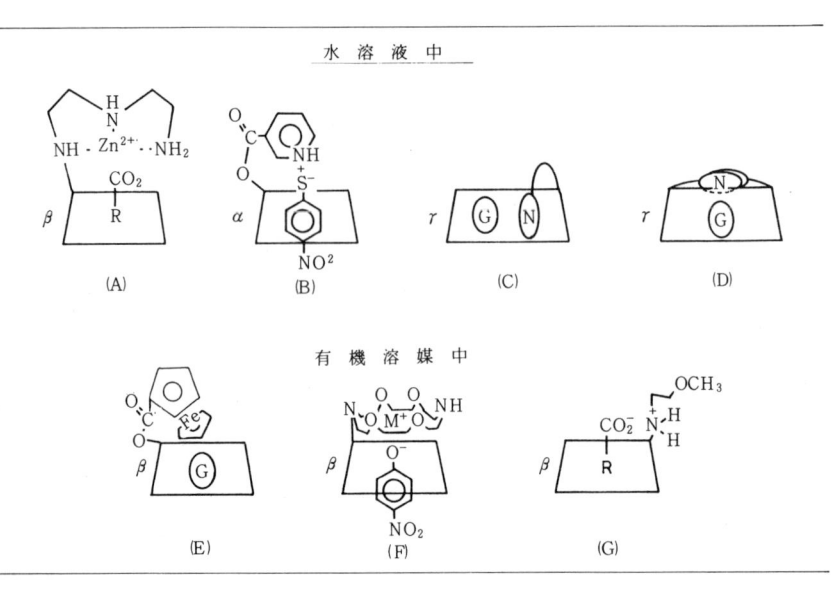

る図 3.3.6 の Induced-fit 型のコンプレックス形成が実現している[29]。すなわち，1点修飾 γ-CD の場合，ゲスト不在下では γ-CD の空孔が大きいため修飾ナフタレン残基の動きは自由であるが，ゲスト存在下ではゲストの空孔への取り込みと協奏して芳香環が γ-CD 内孔に固定される(C)。この場合，修飾芳香環は，大きな γ-CD 空孔を狭くしてゲスト取り込みを容易にするスペーサーと見なすことができる[30]。2点修飾 γ-CD では，ゲスト不在下で，2個のナフタレン環は右巻の相

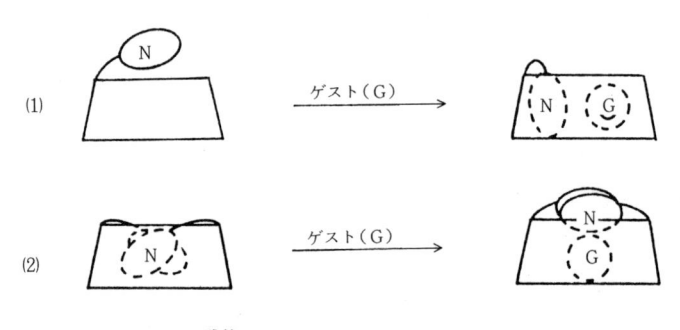

N：ナフチル残基

図 3.3.6　Induced-fit 型コンプレックス形成

互立体配置 (R-helicity) でγ-CD内にあるが，ゲスト分子を加えるとゲストはドアを押し開くようにγ-CD空孔に入る(D)[31]。天然CDは剛直な分子であり定まった空孔径を有するrigid なホストであるが，上記γ-CDでは，flexibleなホストに転換されており，空孔径もデザインの対象になる状況になった。

CDの包接現象はこれまで主として水溶液中に限定されたものであったが，最近，有機溶媒中への拡張が試みられるようになった。天然CDについては，ジメチルホルムアミド，ジメチルスルホキシド，アルコール系溶媒中で，弱いながらも包接現象が起こる[32),33)]。フェロセン修飾CDは種々の有機溶媒中で，フェロセン残基に由来する円偏光二色性を示すが，ゲスト添加により二色性強度が減少し，空孔内のフェロセン残基がゲスト分子包接に伴いCD空孔外に追い出されたことを示す(E)[34)]。アザクラウン残基を有するCDでは，ジメチルホルムアミド中アルカリ金属塩の対アニオンがCD空孔に取り込まれる(F)[35)]。また，金属イオンの種類によって取り込み能力が異なる。アミノ基を有するCDは，ジメチルスルホキシド中酸ゲストと強く結合し，$600 M^{-1}$の生成定数を与える(G)[36)]。このように，有機溶媒中の酸・塩基結合の取り込み能力への効果は顕著であり，Bで示した水溶液中での小さな効果と対照的である。酵素の活性中心近傍が疎水的環境であると考えると，酸・塩基結合も酵素活性発現に重要な役割を果たすものと推測される。

3.5 修飾CDの触媒能力

生体系ではさまざまな酵素が多様な反応の触媒になっている。CDに触媒としての多様な顔をもたせるには，目的の反応に適した機能性基を結合させる必要がある。この観点から多くのCDの修飾体が合成されている。それらを表3.3.5にまとめて示した。

3.5.1 キモトリプシンモデル

CDの加水分解触媒系のデザインは，究極的にはα-キモトリプシンのようなセリンプロテアーゼ機能の人工的実現を目指している。そこで，天然酵素の活性部位における電荷伝達系を図3.3.7に示した。セリン水酸基の攻撃を可能にするため，アスパラギン酸のカルボキシル基，ヒスチジンのイミダゾール基が協同している。CDのような簡単な素材から一挙に酵素に類似した官能基の空間配列を実現するのは困難であり，簡単な系から徐々にターゲットに迫る試みが展開されることになる。

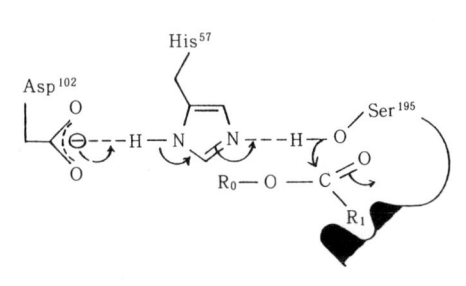

図3.3.7 キモトリプシンの電荷伝達系

第3章 人工酵素を構築する素材

表3.3.5 触媒能力を有する修飾CD

〔4〕 a X = -NCHO
              |
              CH$_3$

   b X = -NCHO
            |
            CH$_2$CH$_3$

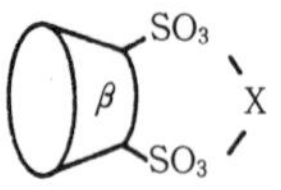

〔5〕 X = -C$_6$H$_4$CH$_2$C$_6$H$_4$-

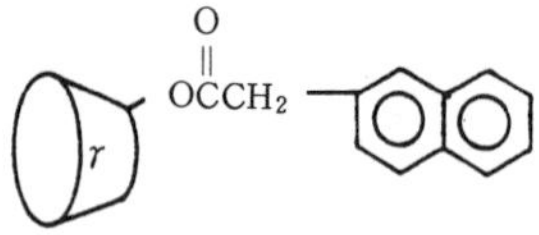

〔6〕

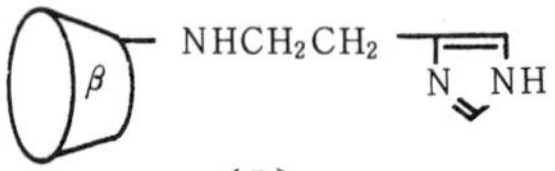

〔7〕

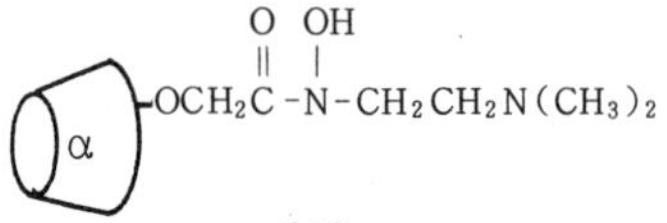

〔8〕

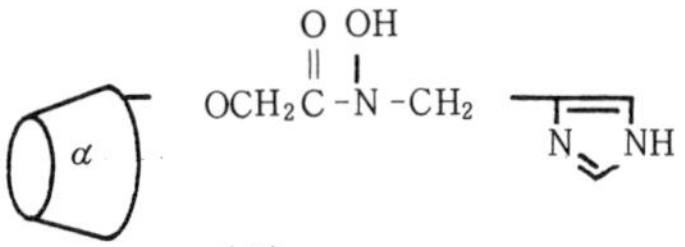

〔9〕

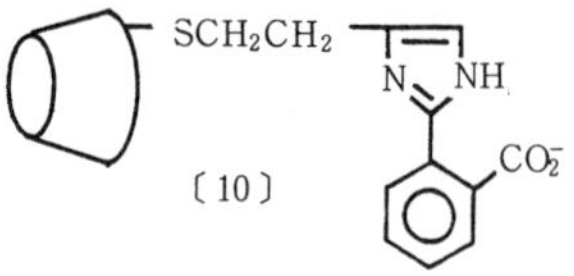

〔10〕

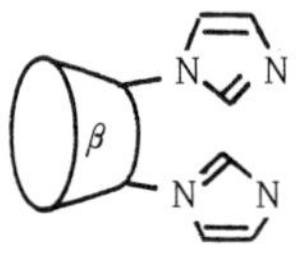

〔11〕

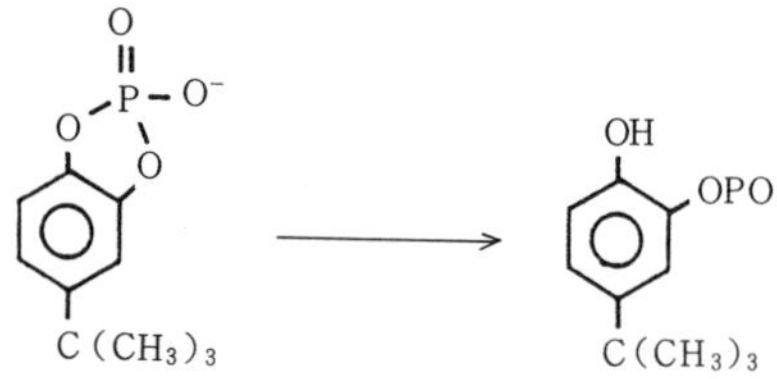

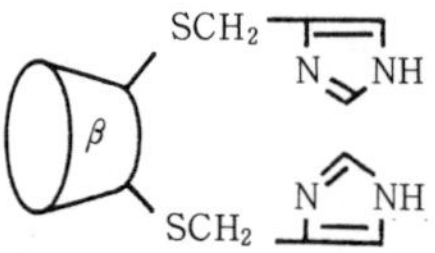

〔12〕

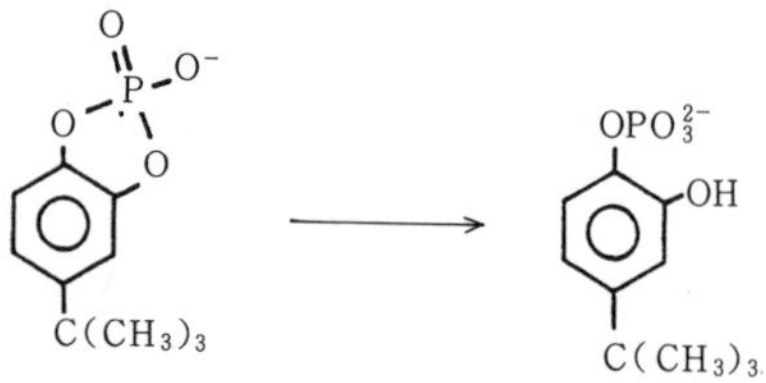

(つづく)

CDの二級水酸基によるエステルの加水分解は，反対側の一級水酸基の修飾で変化する。[4] では，置換基がCD空孔内に入る傾向を示しCD空孔の深さを浅くする床となる[37]。酢酸p-ニトロフェニルの加水分解に際して，未修飾β-CDより10倍大きなk_2を与える。[5] では，修飾基は深い疎水性の床を形成し，酢酸ニトロフェニルの加水分解についてk_2/K_dで8.3倍のパラ選択性になる[38]。しかし，k_2はメタ，パラほぼ同じ値であり，見かけのパラ体に対する選択的加速はパラ体に対する[5]の強い結合能力によっている。γ-CDの修飾体[6]では，前述したinduced-fit型のコンプレックス形成が起こり，未修飾γ-CDより大きなk_2と強い結合が実現し，k_2/K_dが12倍に増大する[39]。

上記CD系では，アルカリ条件を必要とし，かつ，脱アシル化過程が遅く触媒としての再生能

力がない欠点がある。これらの点を改良する試みが[7]～[10]を用いてなされている。CDの一級水酸基をヒスタミンで修飾した[7]は，中性で触媒能力を示し，かつ，脱アシル化も進行し酵素様の挙動を示す[40]。表3.3.6に速度パラメータを示す。酢酸p-ニトロフェニルの加水分解についてα-キモトリプシンに匹敵する加速が達成されている。[8]は酢酸p-ニトロフェニルおよび酢酸m-ニトロフェニルの加水分解においてα-CDの2500および240倍の加速効果を示した[41]。加水分解は[8]のヒドロキサム酸基のアシル化を経て進行する。脱アシル化は，ジメチルアミノ基による分子内一般酸塩基触媒により促進される。[9]も同程度の加速効果を示す[41]。留意すべきは，これらの触媒基で修飾したCDでは，CDのOHは触媒作用に関与せず，修飾残基であるイミダゾール基やヒドロキサム酸基がアシル化，脱アシル化される点である。この点に関して，キモトリプシンと基本的に異なっている。最近，Benderらは，α-キモトリプシンの活性点を構成する三つの重要な残基，カルボキシル基，イミダゾール基，水酸基を有する[10]を構築した[42]。酢酸p-$tert$-ブチルフェニルの加水分解でキモトリプシン類似の触媒メカニズムを期待しているが，加速の程度は小さく，CDの水酸基が真に基質カルボニルの攻撃部位として機能しているか検討を要する。

表3.3.6 ヒスタミン修飾β-CDによる酢酸p-ニトロフェニルの加水分解[a]

触媒	$k_2(10^{-3}\,\mathrm{s}^{-1})$	$K_d(10^{-3}\,\mathrm{M})$	$k_2/K_d(\mathrm{M}^{-1}\mathrm{s}^{-1})$
[7]	0.82	4.4	0.19
β-CD	≃0	—	—
α-キモトリプシン	6.5	7.7	0.85

a pH 6.8, 25℃

3.5.2 リボヌクレアーゼモデル

リボヌクレアーゼは，RNAのリン酸エステルを加水分解する酵素である。反応は二段階で進行し，第一段階のRNA切断反応で環状リン酸ジエステルが生成する。第二段階は，環状リン酸ジエステルの2個の切断可能な部位の一方を特異的に切断することである。この反応に2個のイミダゾールが関与する。Breslowらは，リボヌクレアーゼの第二段階の反応のモデル系として[11]と[12]を合成した。そして，環状リン酸ジエステルの位置選択的加水分解を実現している[43]。イミダゾール残基のCDからの距離に依存して切断されるP-O結合の位置が異なる触媒挙動の説明として図3.3.8の機構が示されている。

3.5.3 アミノ基転移酵素モデル

ピリドキサミンリン酸はアミノ基転移に関する補酵素であり，アミノ基をケト酸に転移した後ピリドキサールリン酸に変わる。ピリドキサミンをCDに結合した一級側修飾体[13]と二級側修飾体[14]を用いて，ケト酸からアミノ酸が合成された[26),44)]。[14]によるフェニルアラニンおよびトリプトファン合成は，アラニン合成の18倍および25倍の速度で進行する。この結果は，対

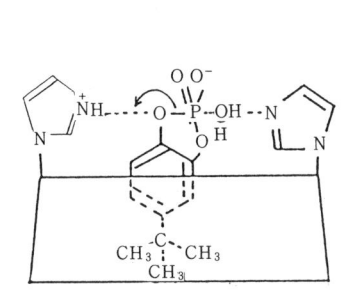

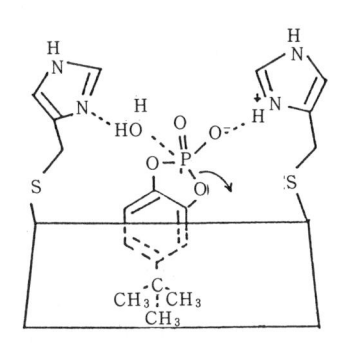

図3.3.8 修飾CDによる位置選択的加水分解

応するケト酸の芳香環がCD空孔に入ることが重要であることを示している。なお，トリプトファン合成に際する不斉誘導は，[13]ではL／D＝2／1に対し，[14]ではL／D＝1／1.8となり逆転する。

3.5.4 カルボニックアンヒドラーゼモデル

この酵素は，次式の反応を加速する。

$$CO_2 + H_2O \longrightarrow HCO_3^- + H^+$$

活性部位には亜鉛イオンが存在し，3個のイミダゾールが配位している。田伏らは，[15]の系を用いて二酸化炭素の水和反応の加速を観察している[45]。

3.5.5 その他

リン酸基を有するCDである[16]は，エーテルの加水分解[46]やイオウ化合物の酸化[47]を加速する。ケト型からエノール型への異性化を加速する例も報告されている[46]。

3.6 おわりに

CDを骨格とする人工酵素系のデザインは，CDの選択的修飾法の開発によって，今や，飛躍的進展が期待できる状況になった。これまでの研究は，修飾残基をX，Y，……とした時，XあるいはX，Xのくっ付け作業に基づいた初歩的レベルのものであった。天然酵素系で，複数官能基の三次元空間内での適材適所配列が実現していることを考えると，これからはCDを中心とする三次元空間内にX，YあるいはX，Y，Zを適切なジオメトリーで配列することが課題となろう。将来，どの程度まで天然酵素のレベルに接近できるのか，また，超酵素の領域に踏み込むことができるのか夢の多い研究分野になっている。

第3章 人工酵素を構築する素材

文　献

1) M.L.ベンダー, M.コミヤマ, "シクロデキストリンの化学", 学会出版センター (1979)
2) R.J.Bergeron, M.A.Channing, G.J.Gibeily, D.M.Pillor, *J.Am.Chem.Soc.*, **99**, 5146 (1977)
3) R.Breslow, P.Campbell, *J.Am.Chem.Soc.*, **91**, 3085 (1969)
4) M.Ohara, K.Watanabe, *Angew.Chem.Intern.Ed.*, **14**, 820 (1975)
5) M.Komiyama, H.Hirai, *J.Am.Chem.Soc.*, **106**, 174 (1984)
6) F.Cramer, W.Dietsche, *Chem.Ber.*, **92**, 1739 (1985)
7) M.Mikolajczyk, J.Drabowicz, F.Cramer, *Chem.Commun.*, **1971**, 317
8) H.P.Benschop, G.R.Van den Berg, *Chem.Commun.*, **1970**, 1431
9) M.Mikolajczyk, J.Drabowicz, *Tetrahedron Lett.*, **1972**, 2379
10) T.S.Straub, M.L.Bender, *J.Am.Chem.Soc.*, **94**, 8875 (1972)
11) F.Cramer, *Chem.Ber.*, **86**, 1576 (1953)
12) D.C.Rideout, R.Breslow, *J.Am.Chem.Soc.*, **102**, 7816 (1980)
13) D.W.Griffiths, M.L.Bender, *J.Am.Chem.Soc.*, **95**, 1679 (1973)
14) A.Ueno, K.Takahashi, T.Osa, *J.Chem.Soc., Chem.Commun.*, **1980**, 921
15) J.Emert, D.Kodali, R.Catena, *J.Chem.Soc., Chem.Commun.*, **1981**, 921
16) N.Kobayashi, Y.Hino, A.Ueno, T.Osa, *Bull.Chem.Soc.Jpn.*, **56**, 1849 (1983)
17) R.L.Van Etten, J.F.Sebastian, G.A.Clowes, M.L.Bender, *J.Am.Chem.Soc.*, **89**, 3242 (1967)
18) A.Ueno, I.Suzuki, Y.Hino, A.Suzuki, T.Osa, *Chem.Lett.*, **1985**, 159
19) R.Breslow, G.Trainor, A.Ueno, *J.Am.Chem.Soc.*, **105**, 2739 (1983)
20) D.E.Tutt, M.A.Schwartz, *J.Am.Chem.Soc.*, **93**, 767 (1971)
21) M.Komiyama, M.L.Bender, *J.Am.Chem.Soc.*, **99**, 8021 (1977)
22) I.Tabushi, K.Yamamura, T.Nabeshima, *J.Am.Chem.Soc.*, **106**, 5267 (1984)
23) S.Onozuka, K.Kojima, K.Hattori, F.Toda, *Bull.Chem.Soc.Jpn.*, **53**, 3221 (1980)
24) K.Takahashi, K.Hattori, F.Toda, *Tetrahedron Lett.*, **1984**, 3331
25) A.Ueno, R.Breslow, *Tetrahedron Lett.*, **1982**, 3451
26) R.Breslow, A.W.Czarnik, *J.Am.Chem.Soc.*, **105**, 1390 (1983)
27) I.Tabushi, N.Shimizu, T.Sugimoto, M.Shiozuka, K.Yamamura, *J.Am.Chem.Soc.*, **99**, 710 (1977)
28) G.Goren, P.Dan, I.Willner, *Chem.Lett.*, **1984**, 845
29) A.Ueno, Y.Tomita, T.Osa, *J.Chem.Soc., Chem.Commun.*, **1983**, 976
30) A.Ueno, K.Takahashi, Y.Hino, T.Osa, *J.Chem.Soc., Chem.Commun.*, **1981**, 194
31) A.Ueno, F.Moriwaki, T.Osa, F.Hamada, K.Murai, *Tetrahedron Lett.*, **1985**, 3339
32) B.Siegel, R.Breslow, *J.Am.Chem.Soc.*, **97**, 6869 (1975)
33) A.Harada, S.Takahashi, *Chem.Lett.*, **1984**, 2089
34) A.Ueno, F.Moriwaki, T.Osa, F.Hamada, K.Murai, *Makromol.Chem.Rapid Commun.*, **6**, 231 (1985)
35) I.Willner, Z.Goren, *J.Chem.Soc., Chem.Commun.*, **1983**, 1469

36) A.Ueno, F.Moriwaki, T.Osa, F.Hamada, K.Murai, *Tetrahedron Lett.*, **1984**, 899
37) J.Emert, R.Breslow, *J.Am.Chem.Soc.*, **97**, 670 (1975)
38) K.Fujita, A.Shinoda, T.Imoto, *J.Am.Chem.Soc.*, **102**, 1161 (1980)
39) A.Ueno, F.Moriwaki, Y.Hino, T.Osa, *J.Chem.Soc., Perkin Trans.*, **2**, in press
40) T.Ikeda, R.Kojin, C.Yoon, H.Ikeda, M.Iijima, K.Hattori, F.Toda, *J.Inclusion Phenomena*, **2**, 669 (1984)
41) Y.Kitaura, M.L.Bender, *Bioorg.Chem.*, **4**, 237 (1975)
42) M.L.Bender, *J.Inclusion Phenomena*, **2**, 433 (1984)
43) R.Breslow, P.Bovy, C.Lipsey, *J.Am.Chem.Soc.*, **102**, 2115 (1980)
44) R.Breslow, M.Hammond, M.Lauer, *J.Am.Chem.Soc.*, **102**, 421 (1980)
45) I.Tabushi, Y.Kuroda, *J.Am.Chem.Soc.*, **106**, 4580 (1984)
46) B.Siegel, A.Pinter, R.Breslow, *J.Am.Chem.Soc.*, **99**, 2309 (1977)
47) T.Eiki, W.Tagaki, *Chem.Lett.*, **1980**, 1063

4 クラウンエーテル・シクロファン

佐々木茂貴*, 古賀憲司**

4.1 はじめに

酵素反応を含め生体内の諸現象では大きな分子(酵素, キャリヤー, 抗体, 受容体 などの天然ホスト)が小さな分子(基質, イオン, 抗原などの天然ゲスト)を包接し形成する非共有結合的な分子錯体(Molecular Complex)が中心的な役割を演じている。近年, 小さな分子量の単純な人工ホストを用いて人工の分子錯体を再現し, 生体類似の効率的な反応の開発を目指した研究が注目を集め, 報告される成果も増加してきた。人工のホスト化合物として, 1) 錯体形成能が大きい, 2) 合成容易, 3) 官能基(反応基, 触媒基)の導入が自由, 4) 結果の解析が容易, などが必要な条件として上げられる。クラウンエーテルはこれらの条件をよく満たしシクロデキストリンとともに最も広く用いられ, 人工ホストの発展に大きく貢献して来た。シクロファンは人工ホストとしては比較的新しいものであるが上記の条件に適い新たなホスト機能が期待されている。本稿では人工酵素の素材の観点からクラウンエーテルおよびシクロファンの性質, 応用等について整理してみた。

4.2 クラウンエーテル[1]

1967年 C.J.Pedersen は C-C-O のくり返しから成る大環状ポリエーテル(例えば[2], [4], [5]など)の合成とそれらがアルカリ, アルカリ土類金属塩および極性有機分子と安定な錯体を形成する事などを報告した。[1a] この特性は従来知られていなかったものであり当時研究されていた天然イオノホアの類似の性質との関連性や応用の可能性などの点から注目を集めた。その後の広範な領域での膨大な研究の結果, 数多くの構造のクラウンエーテルが合成され多くの知見が蓄積された。現在環状のクラウンエーテルと同族の化合物として扱われている鎖状ポリエーテルも含めて, クラウン化合物は構造上の形に基づいて表3.4.1のように分類されている。以下にこれらのクラウンエーテルを素材にした生体モデル系をとり上げ, 実現目標となった生体反応の基本概念とそれに対してホストがいかにデザインされたか解説してみたい。

4.2.1 カチオンレセプターとしてのクラウンエーテル

Pedersenの最初の報告で既に錯形成に及ぼすクラウンエーテル内孔の構造と金属カチオンとの相補性の重要性が指摘されている。例えばジベンゾ18-クラウン-6はK^+, ジベンゾ15-クラウン-5はNa^+, ジベンゾ14-クラウン-4はLi^+とよく錯形成する(表3.4.2, ホスト内孔径とイオン半径の相関

---

* Shigeki Sasaki 東京大学 薬学部
** Kenji Koga 東京大学 薬学部

4 クラウンエーテル・シクロファン

表3.4.1[1h]　クラウン類のトポロジーと分類
（D＝ドナー原子，A＝アンカリング基，⌢＝ドナーを含まない鎖部，
B＝橋頭原子）

Podands(open-chain)	Coonands(cyclic)	Cryptands(spherical)	
{1} Podand (Monocoronand)	{1} Coronand (Monocoronand)	{2} Cryptand	[1] Pentaglyme (Monopodand)
{2} Podand (Dipodand)	{2} Coronand (Dicoronand)	{3} Cryptand (Tricryptand)	[2] (Monocoronand)
{3} Podand (Tripodand)	{3} Coronand (Tricoronand)	{4} Cryptand (Tetracryptand)	[3] Cryptand [ℓ+1, m+1, n+1] (Cryptand)

表3.4.2[2]　クラウンエーテルと金属イオンの半径

クラウンエーテル	半径(Å)	金属イオン	半径(Å)
14-crown-4	0.6-0.75	Li^+	0.78
15-crown-5	0.85-1.1	Na^+	0.98
18-crown-6	1.3-1.6	K^+	1.33

を参照)。この事実は酵素反応のかぎ（基質，ゲスト）とかぎ穴（酵素取り込み部位，ホスト内孔）との関係を想起させ，ホスト－ゲスト相互作用に基づく人工の分子錯体の形成および分子認識の基本となった。クラウン－カチオン錯体では，1）クラウン内孔径とカチオン径，2）ドナー原子のトポロジー，3）ドナー原子とカチオンの硬さ，4）カチオン電荷数，などが重要な因子である事が明らかにされたがここでは1)と2)について代表例を上げることにする（詳細は引用文献を参照）。

図3.4.1にクラウンエーテル，[2] 図3.4.2にクリプタンド[1i]と各カチオンと錯形成能とイオン径との関係を示した。三次元的なドナー配置をもつクリプタンドは二次元的なクラウンエーテル

69

第3章　人工酵素を構築する素材

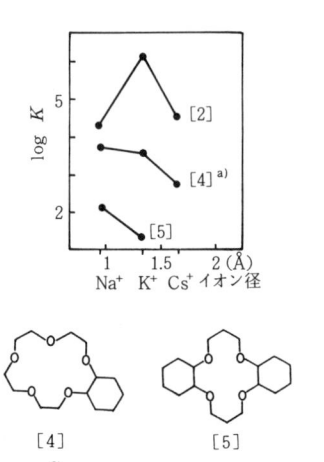

図 3.4.1 [2]　クラウンエーテル錯体の安定度定数（$\log K$）（メタノール中，25℃）

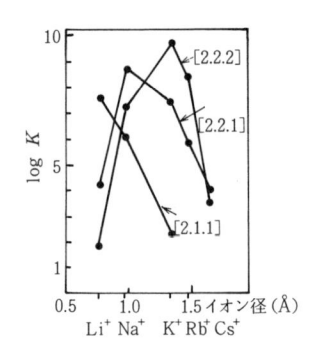

図 3.4.2 [1i]　クリプテートの安定度定数（$\log K$）（メタノール－水95：5中，25℃）

よりも錯形成能およびカチオン識別能ともに優れたホストであることが示されている。

クラウンエーテルはアンモニウム塩のレセプターとしても有用である。Cramらは一級アンモニウム塩とクラウンエーテルとの錯体を詳細に研究し，この錯体ではイオン-双極子相互作用に加えて水素結合の関与が重要であることを見い出した。[3] この発見はホスト-ゲストの概念の出発点となり人工酵素のデザインにも応用されている。アンモニウム塩はクリプタンド[6]とも安定な錯体を形成する（図3.4.3）。[4] この錯体では水素結合受容体（N）が4面体の頂点に位置し NH_4^+ レセプターとしては理想的なホストとなっている。ホスト[7]は-N—H-水素結合が＞O-H-水素結合より強いことに注目し，一級アンモニウム塩に対してデザインされた。[5] [7]は[2]に比べて一級アンモニウム塩に対して30倍強い取り込みを示した。また[7]はK^+に対する親和性は低下しているため選択性の逆転も

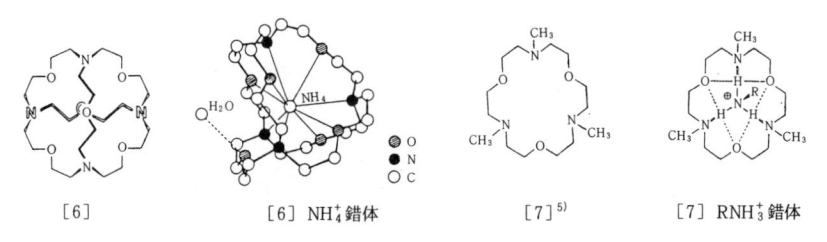

[6]　　　[6] NH_4^+錯体　　　[7] [5]　　　[7] RNH_3^+錯体

図 3.4.3 [4]

実現されている。[6]と[7]の例はホストドナーのトポロジーの重要性を示す好例である。

4.2.2 Induced fit

各種のホストは錯形成によって内孔構造が変化する。この現象はゲストの取り込みに伴うホストドナーの再配列（reorganization）として新たな興味を集めている。[6] 以下に数例を上げた。18-クラウン-6の内孔は2個のCH_2で塞がっているがK^+との錯体では酸素ローンペアが内孔の内側を向いた"クラウン形"となっている（図3.4.4）。クリプタンド（図3.4.5），ビフェニル基をもつホスト（図3.4.6），カルボン酸を有するホスト（図3.4.7）でも同様の再配列が見られる。ジベンゾ-24-クラウン-8・K^+との錯体では2個のK^+がクラウン内孔に取り込まれて平面的錯体を形成している（図3.4.8）。[7] ジベンゾ-30-クラウン-10は内孔は十分大きいものの錯体ではすべての酸素が1個のK^+を包むような再配列が起こっている（図3.4.9）。[8] このような再配列によりホストはそれぞれのゲストに最適な三次元構造を形成していると理解される。

このような現象は生体内のいわゆる

図3.4.4

図3.4.5

図3.4.6

図3.4.7

第3章 人工酵素を構築する素材

induced fitに近い人工の現象である。一方，ホスト構造そのものを最適な三次元のリガンド構造にデザインしておくと(preorganization)ゲストと極めて安定な錯体形成が期待できる。スフェランド[8]はこの考えに基づきデザインされたホストで，実際に錯形成の前後で内孔の大きさはほとんど変化していない(図3.4.10)。[6] このホストはLi$^+$, Na$^+$と非常に安定な錯体を形成し(錯体解離には水-メタノール中加熱を要する)，"preorganization"の有効性が示されている。しかし，生体内ホストの内孔は必要に応じてゲストの取り込み，放出をコントロールしており(induced fit)強固すぎる内孔をもつ人工ホストはそのような生体内反応のモデル化には都合が悪い。例えば膜キャリヤーとしてはクリプタンドよりクラウンエーテルや鎖状イオノホアの方が優れており，[9] このことからもinduced fitの重要性が理解される。

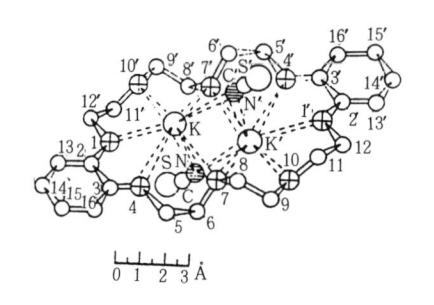

図3.4.8 Dibenzo-24-Crown-8・2KSCN錯体[7]

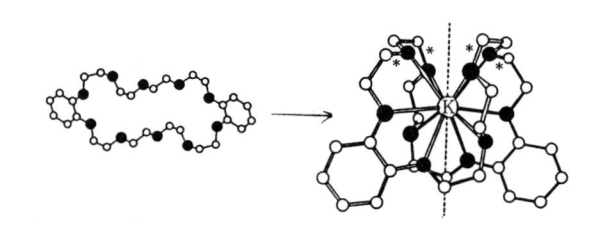

図3.4.9 Dibenzo-30-Crown-10・K錯体[8]

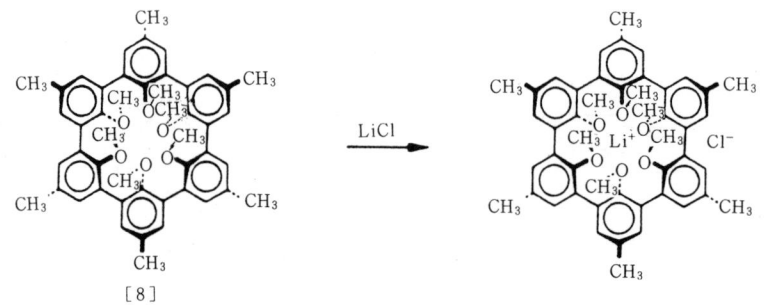

図3.4.10 スフェランドLiCl錯体

酸化還元，光反応，あるいはpHなどを利用してホストの形の自由なコントロールが試みられており，[10] induced fit 現象の再現への一つのアプローチとして興味深い。

酵素におけるinduced fitは取り込みだけでなく触媒作用の駆動力として，また素早い生成物の放出（大きな触媒回転率に必須）の駆動力として重要な役割を持つ．人工のinduced fitの現象がさらに解明され，人工酵素のデザインに生かされることが期待される．

4.2.3 クラウンエーテルを用いた酵素モデル

酵素モデル構築の素材として用いられた最初の錯体は18-クラウン-6と一級アミン塩とのホスト・ゲスト錯体であった．図3.4.11に示されるようにこの錯体ではアンモニウム基のついた炭素の置換基がクラウン平面上に来るため，クラウン環に触媒基（官能基）を導入するとゲスト（アミン塩）の置換基とホスト触媒基の効果的な接近がデザインできる．[3] この方法論に基づいて不斉認識のモデル[11]やプロテアーゼモデル，[12] 著者らのペプチド合成酵素モデル，[22] NADHモデル[13]等多くのモデル反応が開発された．

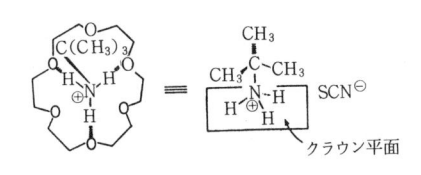

金属イオンとの錯形成もホスト・ゲストの接近に利用された．この方法は上記と異なり金属イオンとその対アニオンの一対をゲストとして扱うもので錯形成の主な駆動力はカチオン-クラウンの相互作用ながらカチオンの近傍のアニオンとホストとの相互作用を期待している．この方法に基づくモデルとしてCramらの不斉マイケル反応，[14] KelloggらのNADHモデルによる不斉還元，[15] Rastetterらによるラクトン環化反応[16]などが知られている．

図3.4.11[3]

クラウンエーテルは非イオン性有機分子との錯形成も知られているが[17]，錯体の安定性に問題があるためか酵素モデルに利用された例はない．現在よく用いられている一級アミン塩以外に各種の有機化合物がゲストとして利用できれば人工酵素の対象とする反応系はさらに拡大されるものと期待される．

三環性クリプテート（例えば[9]）は分子内に2個の内孔を持ち，しかもその内孔は分子の内側にゲストを取り込むという興味ある特性を持っている．[18] このような特性をもつクリプタンドを素材にしてより高度な酵素モデルの基本的概念がLehnらによって提案された．[19] [9]タイプの錯体では2分子のゲストの取り込みが可能であり，側鎖に触媒基を導入するなどしてCo-Receptor, Co-Catalyst, Metallocatalyst[20]などへの発展が考えられる．

4.2.4 今後のクラウンホスト

人工酵素の素材として基本的性質や応用の可能性はすでにかなり明らかにされて来た．今後の

第3章 人工酵素を構築する素材

[9]

Co-Receptor　Co-Catalyst　Metallo-catalyst
印は基質
印は触媒基

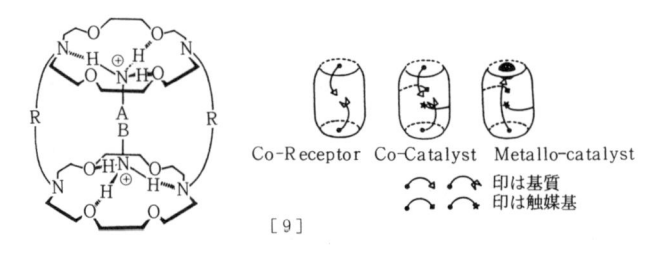

クラウンホストを用いた研究の目標は効率的な触媒回転の機構をも含んだものになると考えられる。[21] その目標の中にはプロテアーゼなど分解酵素だけでなく結合形成を行うモデル[22]の構築も考えられるが，触媒活性実現のために天然酵素から何を学ぶべきか今後の重要な課題である。

4.3 シクロファン[23]

シクロファンは芳香環を有する環状化合物の一般名であるが，ここでは極性官能基をもつ水溶性ホストとしてのシクロファンを扱う。水溶性シクロファンは田伏，村上らによって水溶液中で有機ゲストと錯形成し（これはシクロデキストリン錯体と同様の疎水性相互作用によると理解されている），前述した人工ホストの条件を満たすことが示された。クラウンエーテルが静電的相互作用でイオン性ゲストと錯形成するのと異なり，本質的にはゲストの極性に関係ない疎水性相互作用で錯形成できるため人工ホストとして新しいホスト機能が期待されている。

4.3.1 錯体形成の基本的要因

現在まで各種の水溶性シクロファン（[10]～[19]）[24]の錯体形成能が報告されている。著者らが[14]タイプのホストの優れた錯形成能について報告して以来，[25]同様の骨格を有するホスト（[15]，[17]～[19]など）が他のグループにより開発されこのタイプのホストはシクロファンホストの一つのグループとなった。そこでシクロファンホストの錯体形成の基本的要因について[14]タイプのホストを中心に解説してみたい。[1k]

シクロファン類の取り込みでは水溶液中でのホスト芳香環のコンホメーションが重要な要因の一つである。例えば芳香環が垂直に立って互いに向き合った"face"コンホメーション（図3.4.12(a)）では深みのある内孔が形成されるためゲストの取り込みが期待できる。一方芳香環が水平になった"lateral"コンホメーション（図3.4.12(b)では内孔が塞がっているためゲストの取り込みには都合が悪い。ジフェニルメタン骨格は本来"face"コンホメーションを取りやすいとされている。[26] そこでこの骨格を

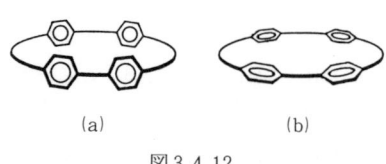

(a)　(b)

図3.4.12

4 クラウンエーテル・シクロファン

有するシクロファンホスト［14］を種々合成
し，錯形成能について系統的に調べた。

ホスト［14b］（CP44）は酸性水溶液中，
各種スペクトルによって疎水性ゲストと錯形
成する事が認められた。また各種の結晶性錯
体も得られたが，これらのうち durene との
1：1錯体の結晶（CP44・4HCl・durene・
4H$_2$O）についてX線構造解析が行われた
（図3.4.13）。[25] その結果，ホストの4つの
ベンゼン環はシンクロファン環に対して垂直に立った"face"コンホメーションをとり，4個の
C－N結合のうち対角の2個のC－Nが gauche となり，長方形（3.5×7.9Å）でかつ深み（6.5
Å）のある内孔が形成され，その内孔にゲスト durene が完全に取り込まれている（full inclu-
sion）ことなどがわかった。これは水溶性シンクロファンが内孔に fit する疎水性ゲストを包接し
た最初の結晶構造の例となった。ホスト単独の結晶もX線構造解析されたが，4個のベンゼン環
のうち2個は lateral コンホメーションをとっており，錯形成にともなって face コンホメーシ
ョンに移行した事がわかった。[27] 同様のコンホメーションの変化は他のホスト［14c］（CP55）
でも観察されており，[27] クラウンエーテルの項で論じられたホストの再配列（reorganization，
あるいは induced fit）がシクロファンでも確められた事は意義深い。

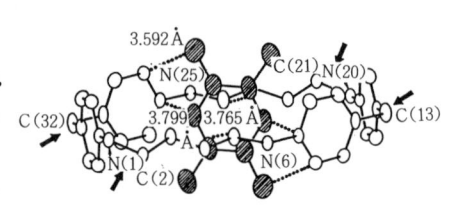

ホスト［14］，［20］と各種ゲスト［21］～［27］との水溶中でのホスト・ゲスト錯体形成
が詳細に調べられた。結果を表3.4.3に抄録したが，以下のことが明らかになった。1）芳香族
酸性ゲストに対しては大きな取り込み能を示すが，脂肪族ゲスト［26］，［27］やカチオン性ゲス
トとはほとんど錯形成しない（静電的相互作用の重要性）。2）ホスト［20］は他のものよりど
のゲストに対しても大きな錯形成能を示した。これはシクロヘキサン環によって内孔の深さが増
大したためと考えられた（内孔の深さの重要性）。3）ホスト［14b］と［14c］ではゲスト
［21］～［25］に対して異なる選択性を示した（内孔の大きさとゲストの大きさの fit の重要性，
後で再び取り扱う）。このように系統的研究によって錯体形成に及ぼすホスト－ゲスト間の立体
構造および静電的相互作用の重要性が具体的に示された。

水溶液中の錯形成は ^{13}C および ^{1}H NMR などによっても調べられた。特に ^{1}H NMR では錯形成
によってゲストの各水素が異なる大きさで高磁場シフトする事がわかった。これはホスト内孔を
形成する芳香環の環電流効果による分子間遮蔽効果がゲストの各水素で異なる事に帰因すると考
えられる。そこでホスト・ゲスト錯体の geometry を想定すると錯体内でのゲストの各水素の高
磁場シフトの値が理論的に予測される。この理論値と実測値の比較によってホスト・ゲスト錯体

表 3.4.3 [1h)] 種々のゲストとの 1：1 錯体安定度定数（K_s）

ゲスト	[14b](CP44)	[14d](CP56)	[20]
[21]	2.0×10^3 (2.3)	8.7×10^2 (1.0)	1.4×10^4 (16)
[22]	2.8×10^3 (11)	2.6×10^2 (1.0)	4.3×10^3 (17)
[23]	1.5×10^3 (0.39)	3.8×10^3 (1.0)	5.3×10^4 (14)
[24]	1.9×10^4 (6.4)	2.9×10^3 (1.0)	3.0×10^4 (10)
[25]	6.3×10^3 (0.15)	4.3×10^4 (1.0)	5.0×10^5 (12)

（ ）は K_c(CP44 or [20]) / K_s(CP56)

の優先的な geometry が推定された。ホスト [14b]（CP44）とゲスト [22] との錯体は擬アキシャル（pseudo axial）包接であることが推定された[28)]（図 3.4.14(a)）。またやや内孔の大きいホスト [14d]（CP56）ゲスト [25] との錯体はエクアトリアル（equatrial）包接が推定された（図 3.4.14(b)）。

ホスト [14b] とナフタレンおよびホスト [14c] とナフタレンの結晶錯体が得られ，これらの X 線構造解析がなされたが，溶液中のデータに基づく予想と矛盾しない事がわかった（図 3.4.15）[27)]。これらの知見からホスト [14b]，[14d] の表 3.4.3 中のゲスト選択性は次のように説明できる。ホスト [14b] は擬アキシアル包接できるゲスト（β-スルホン酸ゲスト [24]）とホスト [14d] はエクアトリアル包接できるゲスト（α-スルホン酸ゲスト [23]）とより安定な錯体を形成しやすい。

以上のようにホスト・ゲスト錯形成における基本的因子が明らかになり，シクロファンによる

第3章 人工酵素を構築する素材

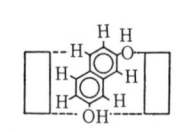

(a) CP 44 による "Pseudoaxial" 包接

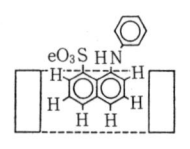

(b) CP 56 による "Equatorial" 包接

図 3.4.14

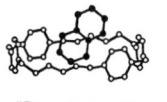

＜CP 44 とナフタレン＞ "Pseudoaxial" 包接

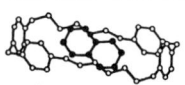

＜CP 55 とナフタレン＞ "Equatrial" 包接

図 3.4.15

錯体形成の現象は錯体の構造も含めてかなり予測できるものとなった。ここで明らかにされたことは今後の人工酵素開発の重要な足掛かりになるものと期待される。

4.3.2 シクロファンを用いた酵素モデル

シクロファンを用いた酵素モデルもホスト・ゲスト錯形成を利用しホスト上の反応基（触媒基）とゲスト反応点との接近を行う点ではシクロデキストリンやクラウンエーテルと同じ方法論が用いられている。ホスト[28]～[31]は今まで合成された酵素モデルの代表例である。[29] シクロファンホストを用いたモデル反応は、シクロデキストリンの場合と同様水溶液中で行われるので実際の触媒回転が期待できる。これは有機溶媒中のクラウンホストを用いた酵素モデルと好対照をなしている。

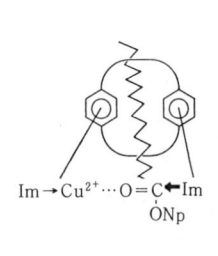

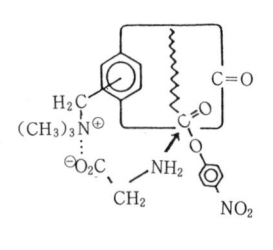

ホスト[29]では2個のイミダゾール基は銅イオンと錯形成し、疎水内孔に取り込まれたゲストの加水分解で触媒基として関与している（図3.4.16）。[29] ホスト[30]はゲストとグリシンとの2分子反応を加速するが、図3.4.17で示されるように疎水性内孔にゲストが取り込まれ、

図 3.4.16   図 3.4.17

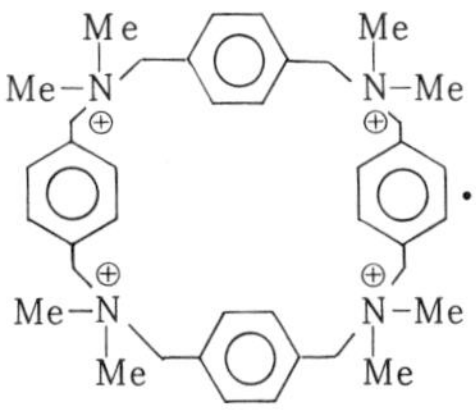

[28]²⁹ᵃ⁾ 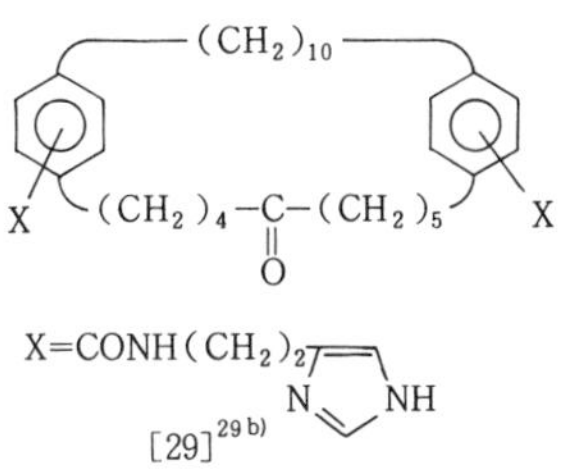 [29]²⁹ᵇ⁾

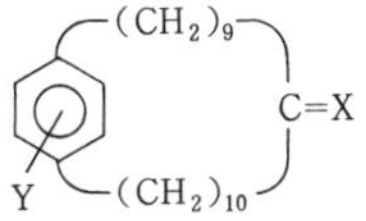

[30]²⁹ᶜ⁾ [31]²⁹ᵈ⁾

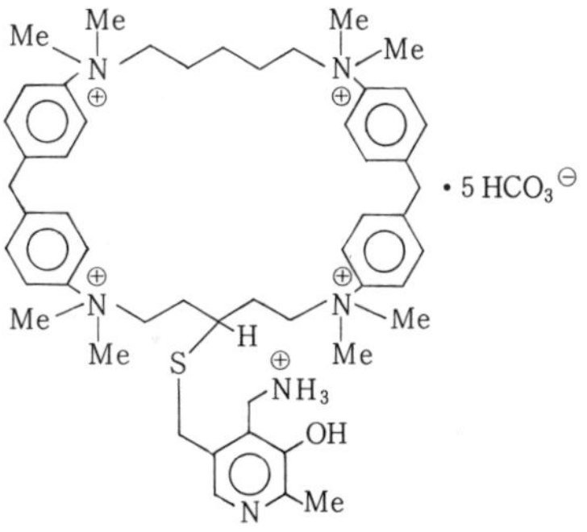

グリシンは極性基と相互作用する事によってゲストどうしが接近させられたと考えられている[29]。ホスト[30]は結合形成反応の触媒としてホストをデザインする時の基本的概念を示したものとして意義深い。[31]は[14]タイプのホストに触媒基が導入されたものでα-ケイ酸との間でアミノ転移反応が加速された[29]。

4.3.3 将来のシクロファン

シクロファンの内孔を三次元的に構築できればホストとして新しい機能が期待できる。例えば"ビス"-シクロファンは2個のゲストを取り込んでその結合形成を触媒できる可能性があり、"トリシクロ"-シクロファンではその三次元的内孔の中で反応を触媒（触媒ポケットの構築）する可能性もある。著者らは[14]タイプのシクロファンを基本にして"ビス"-シクロファンおよび"トリシクロ"-シクロファン（[32]および[33]）を合成した[30]。他のビスやトリシクロ-シクロファンの合成も報告されており[31]、これら三次元の内孔をもつホストを用いてどのような人工酵素がデザインされるのか興味深い。

第 3 章 人工酵素を構築する素材

4.4 おわりに

以上クラウンエーテル，シクロファンについて人工酵素構築の素材という観点から解説した。紙面の都合からかなり重要な部分を割愛した事をお詫びしたい。詳細については文献1)(クラウン関係，特に1h)は最近のトピックスまで扱っている。)，および 2 3)(シクロファン関係)を参照していただきたい。クラウンおよびシクロファンの素材としての長所がうまく生かされ，触媒回転の機構などを組み込んだ真の意味で触媒と言える高効率の人工酵素が開発されることを望みたい。

文　　献

1) a) C. J. Pedersen, *J. Am. Chem. Soc.*, **89**, 2495 (1967); b) 平岡道夫，クラウン化合物，講談社(1978)； c) 小田良平ら編，クラウンエーテルの化学(化学増刊 **74**)，化学同人(1978)； d) R. M. Izatt ; J. J. Christensen, eds., *Synthetic Multidentate Macrocyclic Compounds*, Academic Press, New York (1978) ; e) S. Patai, ed., The Chemistry of Ethers, Crown ethers, Hydroxyl Groups, and Their Sulphur Analogues (*The Chemistry of Functional Groups, Supplement E*), John Wiley & Sons (1980) Chapters 1 - 4. f) F. de Jong and D. N. Reinhoudt, *Stability and Reactivity of Crown-Ether Complexes*, Academic Press, London (1981) ; g) G. W. Gokel and S. H. Korzeniowski, *Macrocyclic Polyether Syntheses* (*Reactivity and Structure Concepts in Organic Chemistry*, **13**, Springer-Verlag, Berlin (1982) ; h) F. Vögtle ed., Host Guest Complex Chemistry I, II and III (*Topics in Current Chemistry*, **98, 101**, and **121**), Springer-Verlag (1981, 1982, 1984) ; i) J.-M. Lehn, *Structure and Bonding*, vol 16, Springer-Verlag (1973) ; j) 木村栄一，金属イオンの識別(長哲郎編，ホスト-ゲストの化学，共立出版，第2章)，(1979) ; k) 小田嶋和徳，古賀憲司，ホスト機能をもつ有機合成物質(平岡道夫ら編著，ホスト・ゲスト ケミストリー，講談社，第4章)，(1984)
2) C. J. Pedersen and H. K. Frensdorff, *Angew. Chem. Intern. Ed.*, **11**, 16 (1972)
3) D. J. Cram, *Application of Biochemical Systems in Organic Chemistry*, J. B. Jones et al., Eds., John Wiley & Sons, New York (1976), p . 815
4) B. Metz, J. M. Rosalky and R. Weiss, *J. C. S. Chem. Commun.*, **1976**, 533.
5) J. - M. Lehn, P. Vierling, *Tetrahedron Lett.*, **21**, 1323 (1980)
6) D. J. Cram and K. N. Trueblood, *Concept, Structure, and Binding in Complexation*, in lh) Vol. I p. 43
7) D. E. Fenton, M. Mercer, N. S. Poonia and M. R. Truter, *J. C. S. Chem. Commun.*, **1972**, 66.
8) M. A. Bush and M. R. Truter, *J. Chem. Soc. Perkin* II, **1972** 345.

第3章 人工酵素を構築する素材

9) 小夫家芳明, in lc) p. 133
10) a) Makoto Takagi and Keihei Ueno, in lh) Vol. Ⅲ p. 39 ; b) Seiji Shinkai and Osamu Manabe, in lh) Vol.Ⅲ, p. 67
11) a) S. S. Peacock ; D. M. Walba ; F. C. A. Gaeta ; R. C. Helgeson ; D. J. Cram, *J. Am. Chem. Soc.*, **102**, 2043 (1980), b) D. S. Lingenfenfelter ; R. C. Helgeson; D. J. Cram, *J. Org. Chem.*, **46**, 393 (1981), c) D.A.Laidler and J. F. Stodart, *Tetrahedron Lett.*, 453 (1979) ; d) S. E. Fuller, J. F. Stoddart, and D. J. Williams, *J. Chem. Soc., Chem. Commun.*, 1093 (1982) ; e) S. E. Fuller, B. E. Mann, and J. F. Stoddart, *ibid.*, 1096 (1982).
12) a) Y. Chao, D. J. Cram, *J. Am. Chem. Soc.*, **98**, 1015 (1976) ; b) Y. Chao ; G. R. Weisman ; G. D. Sogah ; D. J. Cram, *ibid.*, **101**, 4948 (1979) ; c) J.-M. Lehn, C. Sirlin, *J. C. S. Chem. Commun.*, **1978**, 949 ; e) T. Matsui, K. Koga, *Tetrahedron, Lett.*, 1115 (1978) ; f) Idem, *Chem. Pharm. Bull.*, **27**, 2295 (1979) ; g) S. Sasaki ; M. Kawasaki, K. Koga, *ibid*, in press (1985)
13) J. P. Behr ; J.-M. Lehn, *J. C. S. Chem. Commun.*, **1978**, 143
14) D. J. Cram ; G. D. Y. Sogah, *J. C. S. Chem. Commun.*, **1981**, 625
15) R.-M. Kellogg, in 1 h) Vol. Ⅱ, pp 111.
16) a) W. H. Rastetter ; D. P. Phillion, *Tetrahedron Lett.*, **1979**, 1469 ; b) Idem *J. Org. Chem.*, **45**, 1535 (1980)
17) F. Vögtle ; H. Sieger ; W. M. Müller in 1h) Vol Ⅰ pp 107.
18) a) J.-M. Lehn ; M. E. Stubbs, *J. Am. Chem. Soc.*, **96**, 4011 (1974) ; b) R. Mageswaran ; S. Mageswaran ; I. O. Sutherland, *J. C. S. Chem. Commun.*, 722 (1979)
19) F. K. Hibert, J.-M. Lehn, P. Vierling, *Tetrahedron Lett.*, **21**, 941 (1980)
20) A. D. Hamilton, J.-M. Lehn, J. L. Sessler, *J. C. S. Chem. Commun.*, **1984**, 311
21) D. J. Cram ; H. E. Katz, *J. Am. Chem. Soc.*, **105**, 135 (1983) 参照
22) ペプチド結合形成への応用例, S. Sasaki ; M. Shionoya ; K. Koga, *J. Am. Chem. Soc.*, **107**, 3371 (1985)
23) a) P. M. Keehn and S. M. Rosenfeld Eds., *Cyclophanes* Ⅰ & Ⅱ, Academic Press (1983). b) F. Vögtle Ed., *Cyclophanes* Ⅰ and Ⅱ, (*Topics in Current Chemistry*, Vol. 113, 115, Springer (1983)
24) a) I. Tabushi and Kazuo Yamamura, Water Soluble Cyclophanes as Hosts and Catalysts, in 23 a) pp 145, Vol Ⅰ. b) Y. Murakami, Functionalized Cyclophanes as Catalysts and Enzyme Models, in 23a) pp 107 Vol Ⅱ, c) K. Odashima and K. Koga, Cyclophanes in Host-Guest Chemistry, in 23 b) pp 629 Vol Ⅱ ; d) F. Vögtle, T. Merz, and H. Wirtz, *Angew. Chem. Int. Ed. Engl.*, **24**, 221 (1985) ; e) M. Dhaenens, L. Lacombe, J.-M. Lehn, and J.-P. Vigneron, *J. C. S. Chem. Commun.*, 1097 (1984) ; f) F. Diederich and K. Dick, *J. Am. Chem. Soc.*, **106**, 8024 (1984) and references cited therein.
25) K. Odashima, A. Itai, Y. Iitaka, and K. Koga, *J. Am. Chem. Soc.*, **102**, 2504 (1980).

26) D. J. Cram and M. F. Antar, *J. Am. Chem. Soc.*, **80**, 3103 (1958).
27) 小田嶋和徳, 森和彦, 板井昭子, 渡辺亜登美, 飯高洋一, 古賀憲司, unpublished results.
28) K. Odashima, A. Itai, Y. Iitaka, Y. Arata, and K. Koga, *Tetrahedron Lett.*, **21**, 4347 (1980).
29) a) I. Tabushi, Y. Kimura and K. Yamamura, *J. Am. Chem. Soc.*, **103**, 6486 (1981) ; b) Y. Murakami, Y. Aoyama, and M. Kida, *J. Chem. Soc.*, Perkin Trans. II **1980**, 1665. c) Y. Murakami, Y. Aoyama, K. Dobashi, and M. Kida, *Bull. Chem. Soc. Jpn.*, **49**, 3633 (1976), d) J. Winkler, E. Coutouli-Argyropoulou, R. Leppkes, and R. Breslow, *J. Am. Chem. Soc.*, .**105**, 7198 (1983)
30) 頼瓊芳, 小田嶋和徳, 古賀憲司, *Tetrahedron Lett.*, in Press
a) Y. Murakami, J. Kikuchi and H. Tenma *J.C.S., Chem. Commun.*, 753 (1985)
b) J. Franke and F. Vögtle, *Angew. Chem. Int. Ed. Engl.*, **24** 219 (1985).

5 大環状ポリアミン―キャリア,受容体,触媒としての機能性素材

木村栄一[*]

5.1 はじめに

本章でとりあげる飽和大環状ポリアミンの代表例の構造,省略名を図3.5.1に示すが,それらの第一の特徴はその環構成N原子の塩基性にある。環サイズやNドナー種類に応じてpKa値が特異的に変化し[1],環境pHに従って一定数のH$^+$を環内に取り込み(+)電荷密度の高いアンモニウムカチオンとなる。例えば,14員環テトラアミン[14]aneN$_4$は,pH 7でその大部分が二仙カチオン[14]aneN$_4$・2H$^+$として存在する。これらの大環状ポリアンモニウムカチオンは種々

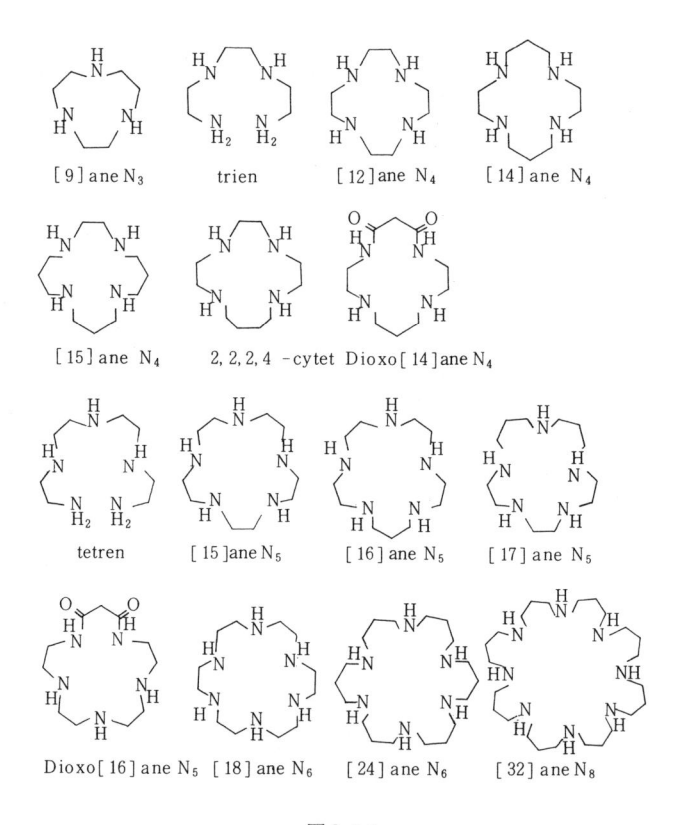

[9]aneN$_3$　　trien　　[12]aneN$_4$　　[14]aneN$_4$

[15]aneN$_4$　　2,2,2,4-cytet　　Dioxo[14]aneN$_4$

tetren　　[15]aneN$_5$　　[16]aneN$_5$　　[17]aneN$_5$

Dioxo[16]aneN$_5$　　[18]aneN$_6$　　[24]aneN$_6$　　[32]aneN$_8$

図 3.5.1

---

[*] Eiichi Kimura　広島大学　医学部

の電子供与原子やアニオンと強い水素結合を形成する。第二の特徴は、協奏的な多座Nドナーキレート構造により、重金属イオンや遷移金属イオンと非常に安定な錯体を形成することである。特に、金属イオンが環内に捕捉された場合、環の外に出るのが困難となりその結果異常な錯安定性がみられる（"大環状化効果"）。第三に、環状構造によってコンフォメーションが最初から限られているので、あらかじめ歪みを予想した分子設計が可能である。その結果、異常錯体構造や反応遷移状態に相当する錯体をつくることが容易である。即ち、大環状ポリアミン錯体に触媒機能や酵素機能を賦与することができる。

大環状ポリアミンのこれらの特徴は、ホモログである大環状ポリエーテル（"クラウンエーテル"）にはみられないユニークな点である。プロトンに対して塩基性のないクラウンエーテルは、逆に一級アンモニウムカチオンに対するドナー配位子となる。また、クラウンエーテルのOドナーはかたい（hard）塩基であるからsoftな遷移金属イオンよりもhardな金属イオン（アルカリ金属イオンやアルカリ土類金属イオン）を環内に捕捉する傾向が強いのと対称的である。以下にこれら化学的原理に基づいた大環状ポリアミンの様々な機能を紹介しよう。

5.2 キャリアおよび受容体機能

5.2.1 アニオン捕捉[2]

大環状ポリアミンは、N原子数を多くしたりかご型構造とすることにより、酸性〜中性水溶液中でハロゲンや酸素原子アニオンと安定なイオン対錯体をつくったり、またアニオンを環内に捕捉した包接化合物をつくる。

二塩基性ジアミンの$2H^+$ジプロトネート体が、球状アニオンであるCl^-と1：1錯体**1**をつくりその構造が報告されたのが包接錯体の最初の例である[3),4)]。この概念を発展させ、球状の多環状テトラアミンの4つのアンモニウムカチオンがちょうど正四面体位に来るよう分子設計すると、その中心にCl^-をより強固に包接する**2**ことができる[5)]。水溶液中でその1：1錯生成定数は、$\log K > 4.0\,M^{-1}$で、その生成定数、Cl^-/Br^-イオン選択性が1よりも大きい。アニオンをア

1　**2**　**3**

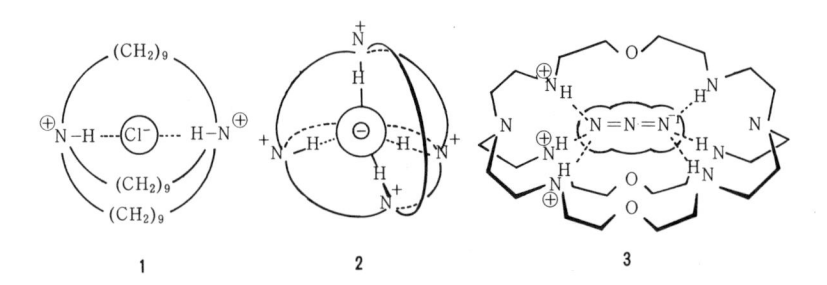

第3章 人工酵素を構築する素材

表3.5.1 環状ポリアミン-ポリアニオン1:1錯生成定数 $\log K$ (M^{-1}) (25℃ and I = 0.2M.)

Polyanion	Ligand								
	[15]aneN$_5$[7)]	[16]aneN$_5$[7)]	[17]aneN$_5$[7)]	[18]aneN$_6$[7)]	tetren[7)]	[24]aneN$_6$[10)]	[32]aneN$_8$[10)]	[32]aneN$_6$[11)]	[38]aneN$_6$[11)]
			(all as H$_3$L^{3+})			(as H$_6$L^{6+})	(as H$_8$L^{8+})	(as H$_6$L^{6+})	(as H$_6$L^{6+})
citrate^{3-}	1.74	2.40	3.00	2.38	1.48	4.7	7.6	4.3	3.15
succinate^{2-}	negligible	2.08	1.97	1.26	negligible	2.4	3.6		
malonate^{2-}	negligible	1.82	1.40	1.52	negligible	3.3	3.9		
oxalate^{2-}				1.79		3.8	3.7		
malate^{2-}	slightly	1.70	1.42	1.18	negligible				
maleate^{2-}		1.88		1.46		3.7	4.1		
fumalate^{2-}		slightly		negligible		2.2	2.9		
glutarate^{2-}								4.4	3.3
adipate^{2-}								3.2	3.3
HPO$_4^{2-}$		2.04		1.15					
AMP^{2-}	3.21	3.12	2.84	3.26				3.4	4.1
ADP^{3-}	3.90	3.18	3.0	5.65				6.5	7.5
ATP^{4-}	4.0	3.62	3.71	6.40				8.9	8.5

5 大環状ポリアミン — キャリア,受容体,触媒としての機能性素材

ジド（N_3^-）のような直線状構造にした場合,その構造と対称性のよい bistren 型環状ポリアミンが安定な 1 : 1 錯体 **3** をつくる[6]。$\log K = 4.6$（水溶液 25 ℃）と,球状アニオン Br^- に対する $\log K = 2.0$ よりも大きくアニオン構造選択性がみられる。いずれの例も錯体は酸性〜中性で安定であるが,アルカリ側ではプロトンがはずれ錯体は解離する。従って,キャリアとして働くために必要な錯生成,錯解離が容易に pH コントロールできるという特徴がある。

環状ペンタアミン[15]〜[17] ane N_5 やヘキサアミン[18] ane N_6 は,中性 pH 付近で大部分が $3H^+$ トリカチオンとして存在し,クエン酸等の生体関連ポリカルボキシレートと水溶液中で 1 : 1 のイオン対錯体 **4** をつくる[7]。しかし,環状トリアミン（例,[9] ane N_3）や環状テトラアミン（[12]〜[15] ane N_4）は錯体をつくらない。N_3 や N_4 系では,$2H^+$ ジカチオンとして存在するからで,静電的引力の強さが錯形成に効くことがよくわかる。また,直鎖状ペンタアミン tetren は,中性 pH で 3 + の割合が多いが,ポリカルボキシレートとの相互作用は弱い。ポリアミンと種々アニオンの 1 : 1 錯生成定数を表 3.5.1 にかかげる。

このポリアニオン錯形成に関連して興味深い観察がある[8]。電気泳動実験において,クエン酸緩衝液中 [14] ane N_4 等多くのポリアミンは程度の差こそあれいずれも (−) 極方向へ動く（ポ

4   **5**

リアンモニウムカチオンとして当然であろう)のに対し,[18] ane N_6 や [16] ane N_5 等は逆の (+) 極方向へ動くのである。緩衝液と強い相互作用をもつポリアミンがこのように奇妙な動き方をする。緩衝液を酢酸やトリス系に変えると N_6 や N_5 も N_4 と同様に (−) 極方向へ移動し異常はみられない。

一般にポリアミンはかさが小さく,(+) 電荷が高い程アニオン錯体をつくりやすい。また,ポリカルボン酸は (−) 電荷密度の高い程アミンとの親和性が強い。例えば,[18] ane N_6・$3H^+$ の場合,修酸＞マロン酸＞マレイン酸＞コハク酸＞フマール酸の順に錯体は不安定となる。同じポリアニオンに対しては,[16] ane N_5・$3H^+$ の方が [17] ane N_5・$3H^+$ や [18] ane N_6・$3H^+$

第3章　人工酵素を構築する素材

よりも錯体をつくりやすい。酸性pH領域では，[18] ane N$_6$ は+4 荷電ともなりモノアニオンのCl$^-$（log K = 1.8）やNO$_3^-$（log K = 2.3）とも1：1錯体を形成する[9]。環状ポリアミン[24] ane N$_6$ や [32] ane N$_8$ は各々+6，+8と高い電荷となるのでアニオン錯体はより安定となる[10]。ジカルボキシレートと相補的な構造関係をもつ[32] ane N$_6$ や [38] ane N$_6$ はそれらと強い1：1相互作用をもつ（**5**）ことが報告されている[11]。

　他の代表的な生体関連ポリアニオンとしてリン酸やATP等のリン酸エステルがある。ポリアンモニウムカチオンがリン酸アニオンと静電的な相互作用することは，スペルミジンやスペルミン等の生体ポリアミンとAMP, ADP, ATP[12]，あるいはDNA, RNAとの錯生成[13]でよく知られている。その化学的相互作用が，生体ポリアミン生物活性の起源であると考えられる。環状ポ

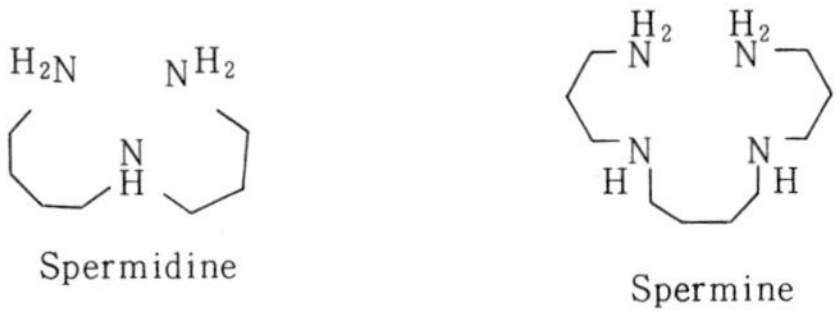

Spermidine

Spermine

リアミン（例，[18] ane N$_6$）はそれらリン酸エステルと生体ポリアミン以上の強い錯体（例 **6**）をつくる（表3.5.1参照）。 脂溶性4級アンモニウムカチオンである界面活性剤DABCOの長鎖アルキル塩はリン酸エステルと静電的イオン結合し（**7**），効率よくATP, ADPを液体膜輸送する[14]。特にATP輸送能が高く（[ADP]/[AMP] = 45，[ATP]/[AMP] = 7500，

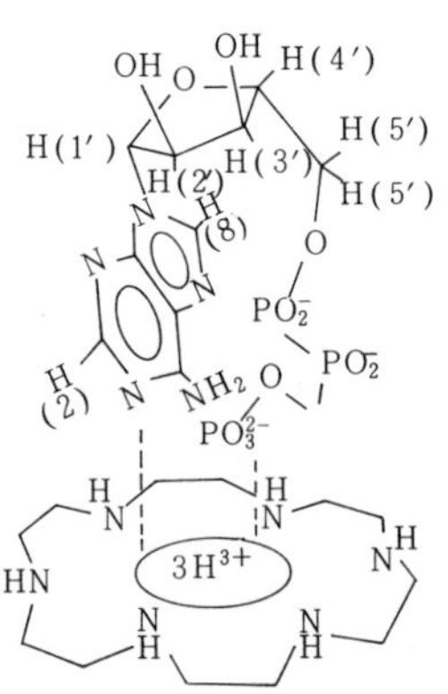

6

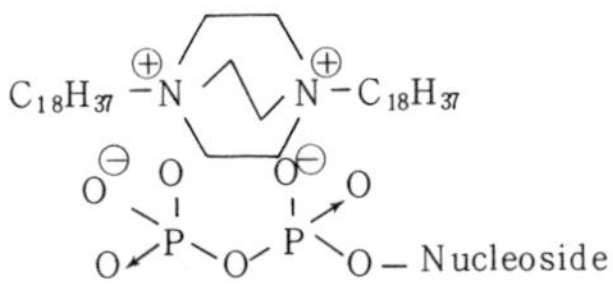

7

5 大環状ポリアミン ── キャリア，受容体，触媒としての機能性素材

pH＝3），ATP の選択的な抽出，分離剤としての用途も考えられる。[18] ane N_6 のようなポリ二級アミンは，pH によって（＋）電荷数が変わるので，ATP^{4-}，ADP^{3-}，AMP^{2-} と（－）電荷の異なるアニオンを識別するのに大変有利である。脂溶性基をつけることによって，選択的抽出，分離も可能であろう。

有機アニオン捕捉剤として，環状ポリグアニジン（例 8）も合成されている[15]。グアニジル基は pK_a ＞ 13 と塩基性が高いので，通常の pH 条件下では必ずプロトン化されたカチオン型で存在する。PO_4^{3-} との 1：1 錯生成定数は $\log K$ ＝ 2.4（水溶液中）である。かご型 4 級アンモニウムカチオン 9 は，水溶液中で X^-，CO_3^{2-}，HPO_4^{2-}，AMP^{2-}，ATP^{4-} 等のアニオンと 1：1 錯体をつくる[16]。その相互作用は，静電的および疎水的要因が考えられ，n ＝ 6 のときは静電作用が効き，n ＝ 8 のときは疎水性作用が効く。例えば，親水性の HPO_4^{2-} との錯生成は，n ＝ 6 では $\log K$ ＝ 2.1 と大きく，n ＝ 8 では $\log K$ ＝ 0.32 と小さい。AMP^{2-} や ATP^{4-} との錯生成では，$\log K$ が n ＝ 6 では 1.99，2.46，n ＝ 8 では 1.40，1.92 である。

[18] ane N_6 は，中性分子であるカテコールとも中性 pH 水溶液中で 1：1 錯体 10 をつくる（表 3.5.2）[17]。錯体中カテコールは中性非解離型をとっている。ベンゼン環に他の官能基（例，ドパミン，R＝$-CH_2CH_2NH_2$；ドパ，R＝$-CH_2CH(NH_2)CO_2H$）があっても錯生成定数はあまり変わらず，18 員環カチオンは他のイオン性基とは相互作用の弱いことが示唆される。また，カテコール水酸基をメチルエーテル化しても錯体の安定性は変わらない。

[18] ane $N_6 \cdot 3H^+$ トリカチオンはさらにヒスタミン 11 やその受容体の拮抗アンタゴニストで抗胃潰瘍薬でもあるシメチジンと 1：1 錯体 12 をつくる[18]。いわば，最も単純化したヒスタミン受容体の化学モデルである。

第3章 人工酵素を構築する素材

表3.5.2 [18]ane N_6・$3H^+$-カテコール[17]およびヒスタミンアンタゴニスト[18]の1：1錯生成定数 $\log K$ (25℃, I = 0.2 M)

	$\log K (M^{-1})$
カテコール	2.21
ドパミン	3.0
ドパ	3.57
アドレナリン	3.0
バニリン	2.69
ヒスタミン	3.01
シメチジン	2.74
ラニチジン	3.78
ファモチジン	4.0

面白いことに，シメチジンはヒスタミンよりも強く [18]ane N_6・$3H^+$と相互作用する．このモデルは，1) シメチジンがヒスタミン受容体をふさぎアンタゴニストとなること，および，2) ヒスタミンとシメチジンは構造類似にもかかわらず，片や胃酸（HCl）分泌を促し，片やそれをとめるという生理事実を化学的に mimic するものである．他のアンタゴニストであるファモチジンやラニチジンも [18]ane N_6 と1：1錯生成するという事実も化学モデルとして想定するこ

との妥当性を高めるものであろう。

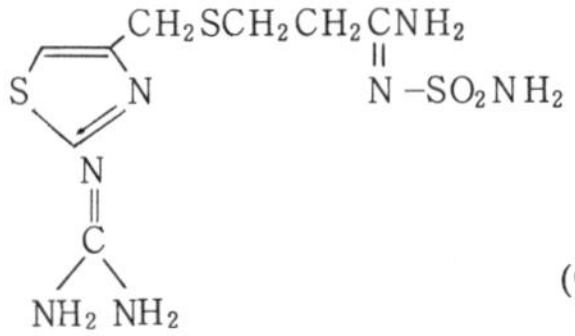

famotidine

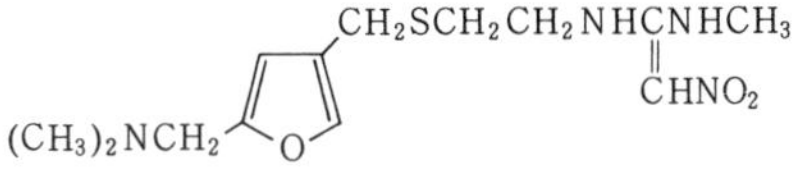

ranitidine

カチオンとアニオン両官能基を持つアミノ酸のような両性分子の認識受容体として合成されたのが，**9**とアザクラウンを含む**13**である[19]。**9**の部分がアニオンとアザクラウンが$-N^{\oplus}H_3$と相互作用することをねらっている。脳における神経伝達物質であるGABA（$^{\oplus}NH_3CH_2CH_2CH_2CO_2^{\ominus}$）との1：1会合定数（MeOH-$H_2O$ 9：1）は250であるが，GABAのCO_2^-基をアルコールに置換した4-アミノ-1-ヘキサノールでは48と1/5に減少し，**13**はGABAのカチオン，アニオンの二重認識が働いていることが示唆される。

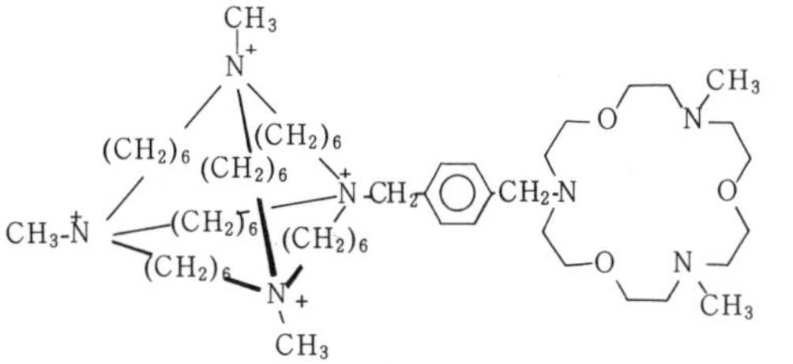

13

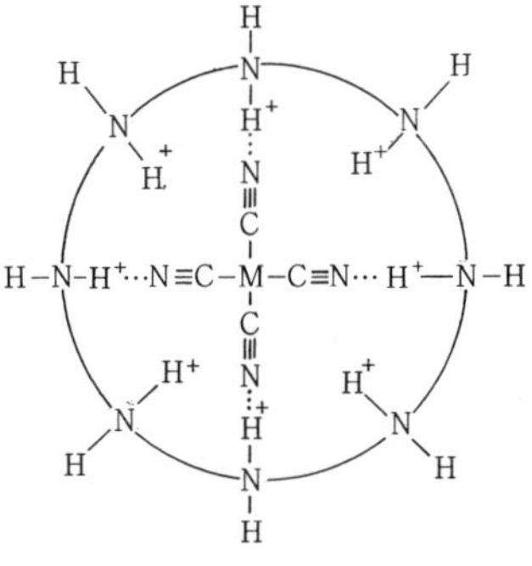

14

[24] ane N_6・$6H^+$ や [32] ane N_8・$8H^+$ は $Fe(CN)_6^{4-}$, $Ru(CN)_6^{4-}$, $CO(CN)_6^{3-}$ のようなポリアニオン性を有する金属錯体と錯体（super complex）14 をつくる[20]。

5.2.2 アルカリ金属・アルカリ土類金属イオンの選択的捕捉

大環状ポリエーテルがアルカリ金属やアルカリ土類金属イオンのような hard 金属イオンと相互作用をもつとき，環サイズがイオン選択性を大きく支配する。Nドナーは，水溶液中で hard 金属イオンとの相互作用が一般に弱いので，大環状ポリアミンによるそれら金属イオンの捕捉についてはほとんど関心が持たれなかった。しかし，最近では大環状ポリアミンが hard 金属イオンと選択的相互作用する例が報告されている。その錯体 15 〜 19 を示す。

5.2.3 遷移金属イオンの分離・抽出

飽和大環状ポリアミンは多座キレート配位子としてあらゆる重金属イオン，遷移金属イオンと安定な錯体をつくるので当然それらイオンの分離・抽出試薬としての用途が考えられる。しかし，錯体はいずれも安定度が大きすぎて（水溶液中における $\log K > 10$）[26]，金属イオン間の選択性を得ることがむずかしい。また，錯体の解離が困難で，普通の pH 変化では金属イオンは遊離できない等問題点が多い。

そこで N_4 化合物の 2 つの N をアミドに変換した環状ジオキソテトラアミン（例，dioxo[14]

5 大環状ポリアミン ― キャリア, 受容体, 触媒としての機能性素材

ane N_4) が考えられた[27]。トリグリシンやテトラグリシンのようなオリゴペプチドは, Cu^{II}, Ni^{II}, Co^{II}, Pd^{II} 等ごく限られた (平面配向性をもつ) イオンとアルカリ水溶液中で相互作用し, その結果アミド水素が解離してアミド N^- イオンを含む平面四配位錯体 **20** をつくる。**20** は酸性水溶液中容易に M^{II} を解離する[28]。グリシル‐ヒスチジル‐リジンは, 生体内においてこ

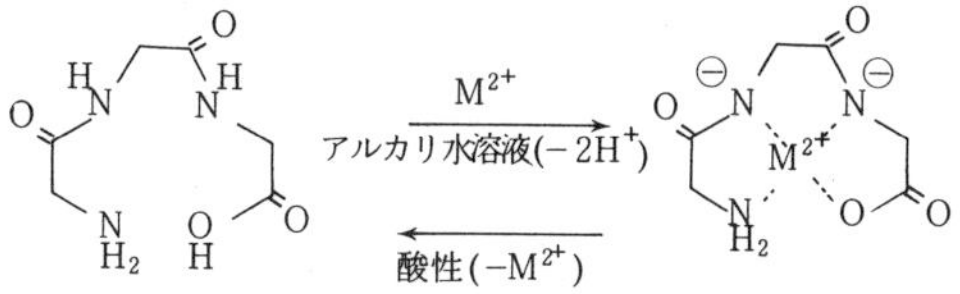

トリグリシン (L) → アルカリ水溶液 ($-2H^+$) / 酸性 ($-M^{2+}$) → **20** M^{2+}-トリグリシン錯体 ($M^{II}H_{-2}L$)

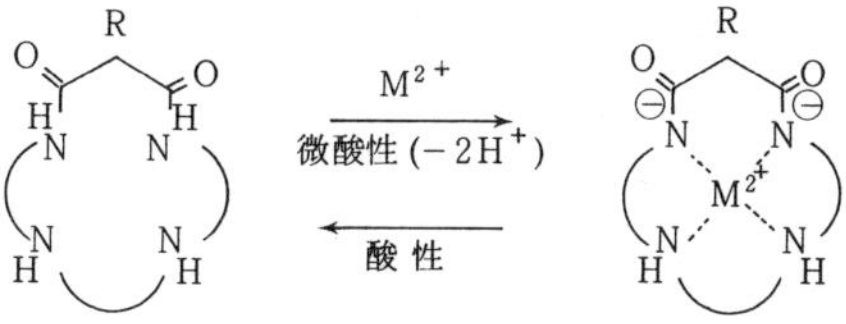

dioxo[13]-[15]aneN$_4$ → 微酸性 ($-2H^+$) / 酸性 → **21** MH$_{-2}$L 錯体

Aqueous layer I   CH$_2$Cl$_2$ layer   Aqueous layer II
pH 4.5   C$_{16}$H$_{33}$ 0.05 M H$_2$SO$_4$

$Cu^{2+}, Ni^{2+}, Co^{2+}, Fe^{3+},$
K^+, Na^+, Ca^{2+} etc   → Cu^{2+}

$2H^+, Ni^{2+}, Co^{2+}, Fe^{3+},$
K^+, Na^+, Ca^{2+} etc   → $2H^+$

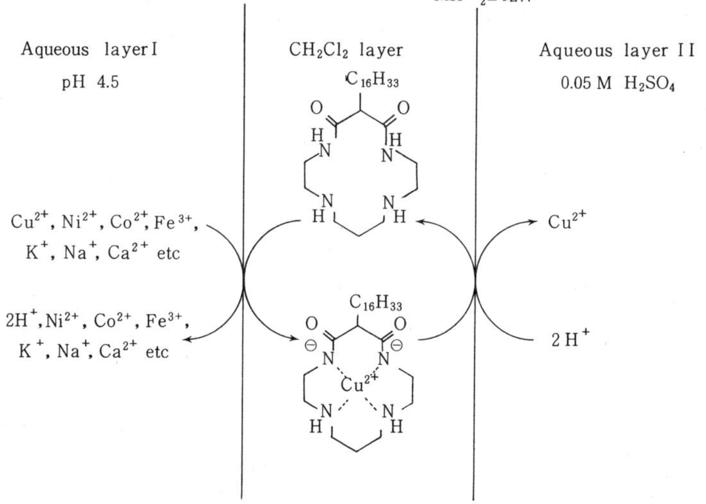

図 3.5.2

第3章 人工酵素を構築する素材

の機構で事実 Cu^{II} キャリアとして機能する[29]。大環状 dioxo [13]〜[15] ane N_4 は, トリグリシンと同じ2つの孤立アミド基をもつ潜在的な四座配位子であり, かつ環状 N_4 のもつ機能を示すことが期待される。事実これらは Cu^{II} [30], Ni^{II} [31], Co^{II} [32], および Pd^{II} [33] とのみ相互作用して中性 pH 以下で2つのアミド水素が解離し 20 以上に安定な錯体 21 をつくる。 Dioxo [14] ane N_4 (L) の錯生成定数 log $K_{MH_{-2}L}$ ($=[MH_{-2}L][H^+]^2/[M^{II}][L]$) は, 1.0 (Cu), −5.5 (Ni), −11.4 (Co) と金属間で大きな差がある。大環状 dioxo N_4 のこの性質を利用して, 図 3.5.2 に示すように Cu^{II} イオンの選択的な液体膜輸送や液体抽出を行うことができる[34]。アニオンの co-transport は必要とせず, プロトン逆輸送を駆動力(プロトンポンプ)とする能動輸送系である。金属イオンの特異的性質に合うように化学構造を修飾することにより, 大環状ポリアミンによる他の金属の選択的抽出も可能となろう。

5.3 金属錯体による生体機能モデルおよび触媒
5.3.1 金属異常酸化状態の安定化

Ni^{III} は異常酸化状態でありフリーの状態では不安定で生成できない(特に水溶液中)が, [14] ane N_4 の Ni^{II} 錯体は簡単に酸化されて ($E°$ for $Ni^{II/III}$ = +0.5 V_{vs}.SCE) Ni^{III} 錯体となる[35]。14 員環 N_4 でがっちり押えこまれているので, Ni^{III} 錯体は結晶としても単離しうるのである[36]。また Ni^{I} も [14] ane N_4 ($E°$ for $Ni^{I/II}$ = −1.58 V_{vs} SCE) 錯体として水溶液中で同定されている[37]。Ni^{III} や Ni^{I} は酸化剤や還元剤あるいは触媒としての用途が考えられる。最近, Ni^{III} が還元酵素系に見出され[38], その化学的意義に興味がもたれている。

Cu^{III} も異常酸化状態で, 酸化剤として用いられるほどであるが[39], オリゴペプチド錯体(例 20 になると安定化する ($E°$ for $Cu^{II/III}$ = +0.68 V_{vs} SCE)[40]。 [14] ane N_4 錯体は, Cu^{III} を安定化しないが[41], ペプチド機能をもつ oxo [14] ane N_4 **22〜24** は安定化する[42]。アミドアニオンが1つ増えるごとに 0.2 V ずつ Cu^{III} を安定化する。Ni^{III} もそれらによって安定化される[27]。

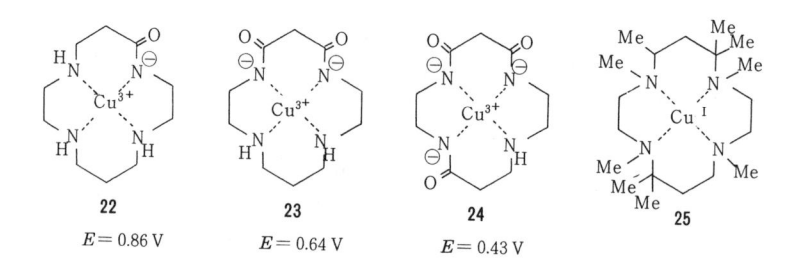

22 $E=0.86$ V

23 $E=0.64$ V

24 $E=0.43$ V

25

テトラNメチル[14]aneN₄ **25** の $E°$ for $Cu^{II/I}$ は +0.69 V$_{vs}$ SCE (中性水溶液) と高く、Cu^I 錯体が単離され空気に触れても安定である[43]。

5.3.2 Ni^{II}-[14]aneN₄ 錯体による $CO_2 \to CO$ 還元触媒

二酸化炭素の二電子還元(式(1))による一酸化炭素への変換は、石油に代わる燃料資源開発法として最近大いに注目されている。

$$CO_2 + 2e^- + 2H^+ = CO + H_2O \qquad (1)$$

その熱力学的な還元電位は −0.65 V$_{vs}$ SCE (pH 5) であるが、実際には −2 V 以上のマイナス電位を流さないとCOはできない。しかしそのような大きな還元電位では、$H^+ \to H_2$ 反応が優先して起こるので低電位で選択的に CO_2 還元のみを行わせる触媒が求められている[44]。最近、Ni^{II}-[14]aneN₄ がその触媒として報告されている[45]。この錯体水溶液に CO_2 雰囲気中 −1.1 〜 −1.3 V$_{vs}$ SCE を流すと CO_2/H_2O 還元選択性は 10^6 以上とCOが効率よく発生する。CO_2 還元は、Ni^{II}-[14]aneN₄ 存在下で −0.8 V あたりから起こる。現在では[14]aneN₄が最もすぐれた配位子のようであるが、将来さらに効率的な大環状ポリアミンがみつかるかもしれない。

5.3.3 Zn^{II}-[14]aneN₄ 錯体による CO_2 捕捉・固定

[14]aneN₄ **26** や [15]aneN₄ の Zn^{II} 錯体はアルコール溶液中 CO_2 を吸収し、炭酸モノエステルイオンとして固定する[46]。できた錯体 **27** は結晶構造解析されている[47]。**27** のアルコール溶液を高温にすると、脱炭酸が起こりアルコラート錯体 **28** が得られる。それを低温にすると CO_2 の再吸収が起こる。アルコキシル基への CO_2 挿入反応によって炭酸モノエステルができる訳である。

5.3.4 Ni^{II}-dioxo[16]aneN₅ 錯体による O_2 捕捉と活性化

Dioxo[16]aneN₅ の Ni^{II} 錯体は square pyramid 構造 **29** をもち[48]、Ni^{II} は高スピン型で、pH 8 における $Ni^{II/III}$ の酸化還元電位は +0.24 V$_{vs}$ SCE と飽和ポリアミン錯体中最も低い[49),50]。

第3章 人工酵素を構築する素材

環状構造に組みこまれたアキシャルNドナー寄与によって，square pyramid 構造を好むNi^{III}（d^7）電子配置が大きく安定化したためである。Dioxo [14] ane N$_4$-Ni$^{II/III}$ の $E°$ =+0.81 V$_{vs}$ SCEと比較するとその効果がよく理解できよう。

この異常に低い $E°$ 値の故に，29 はO$_2$と相互作用をもつ[49),50)]。類似の系のNi^{II}-テトラグリシン錯体 31 ($E°$ =+0.54 V$_{vs}$ SCE) はO$_2$と反応して微量のNi^{III}錯体[32]を生成し，ペプチドが酸化分解をうけることが報告されている[51)]。同じ条件下で[29]は1:1O$_2$付加体 33 を生じ，それは自動酸化をうけ 30 となる。アキシャルNドナーをふくむ環状構造効果によってO$_2$付加体が安定化されたのであろう。33 → 30 の過程で O$_2^-$ またはそれに由来する活性酸素種が発生するはずである。事実ベンゼンを共存させるとフェノールが生成する。生成したフェノールの酸素原子は，全く分子状酸素に由来し，水由来のものではないことが同位元素を用いた実験で確かめられた[52)]。したがって，29 は生体における酸素添加酵素オキシゲナ

ーゼを mimic したモデルということができる。NaBH₄等の還元剤を加えるとフェノール収率も向上するが，残念なことに dioxo [16] ane N₅ 配位子の自己分解反応を伴うので触媒として用いられるまでにはいたっていない。フェノール合成という実用面と同時に興味深いのは，33 における配位 O_2 の構造である。ヘム上における O_2 の可逆的捕捉は，ピケットフェンスモデルで mimic された Fe-O_2 配位様式はほぼ明らかにされている[53]。チトクローム P450 等の O_2 活性化酵素における O_2 の配位状態はまだ不明であるが，33 のようなモデル系で明らかになるのではあるまいか[54]。

5.4 おわりに

紙面の都合で，生体機能モデルの紹介は大きくカットせざるを得なかった。上述の例のほか，O_2 の可逆的捕捉キャリア機能[32],[55]，複核錯体による複核金属酵素モデル[56]，スーパーオキシドジスムターゼモデル[57]，大環状トリアミンによる B や CH の取込み[58]，[18] ane N₆ のすべての N をベンゼン C と結合したヘキサアザオクタデカヒドロコロネン[59]，大環状ポリアミンによる尿路結石溶解作用[60]，アクシャルフェノレート配位した [14] ane N₄ の Fe 錯体[61] 等興味深い例が数多く報告されている。今後は，これまでの基礎研究成果を踏まえ実用化を目指した研究が盛んになることであろう。

文 献

1) 木村栄一，薬学雑誌，**102**，701 (1982)
2) E.Kimura, "Biomimetic and Bioorganic Chemistry," Topics in Current Chemistry Vol. 128 Springer-Verlag Heidelberg (1985)
3) C.H.Park, H.E.Simmons, *J.Am.Chem.Soc.,* **90**, 2431 (1968)
4) R.A.Bell, G.G.Christoph, *Science,* 151 (1975)
5) E.Graf, J.M.Lehn, *J. Am. Chem. Soc.,* **98**, 6403 (1976)
6) J.M.Lehn, E.Sonveaux, A.K.Willard, *J.Am. Chem. Soc.,* **100**, 4914 (1978)
7) E.Kimura, A. Sakonaka, T.Yatsunami, E.Kodama, *J.Am. Chem. Soc.,* **103**, 3401 (1981)
8) T.Yatsunami, A.Sakonaka, E.Kimura, *Anal. Chem.,* **53**, 477 (1981)
9) J.Cullinane, R.I.Gelb, T.N.Margulis, L.J.Zompa, *J.Am. Chem. Soc.,* **104**, 3048 (1982): R.I.Gelb, B.T. Lee, L.J.Zompa, *J.Am. Chem. Soc.,* **107**, 909 (1985)
10) B.Dietrich, M.W.Hosseini, J.M.Lehn, R.B.Sessions, *J.Am. Chem. Soc.,* **103**, 1283 (1981)

第 3 章 人工酵素を構築する素材

11) M.W.Hosseini, J.M.Lehn, *J.Am.Chem. Soc.,* **104**, 3525 (1982)
12) C.Nakai, W.Glinsmann, *Biochemistry,* **16**, 5636 (1977)：S.Bunce, E.S.W.Kong, *Biophys. Chem.,* **8**, 357 (1978)
13) C.W.Tabor, H.Tabor, *Ann. Rev. Biochem.,* **45**, 285 (1976)：T.T.Sakai, S.S.Cohen, *Prog. Nucleic Acid Res. Mol. Biol.,* **17**, 15 (1976)：G.J.Quiglez, M.M.Teater, A.Rich, *Proc. Natl. Acad. Sci. U.S.A.* **75**, 64 (1978)
14) I.Tabushi, J.Imuta, N.Seko, Y.Kobuke, *J.Am. Chem. Soc.,* **100**, 6287 (1978)：I.Tabushi, Y.Kobuke, J.Imuta, *J.Am. Chem. Soc.,* **103**, 6152 (1981)
15) B.Dietrich, T.M.Fyle, J.M.Lehn, L.G.Pease, D.L.Fyles, *J.C.S.Chem., Comm.,* 934 (1978)
16) F.P.Schmidtchen, *Chem. Ber.,* **114**, 597 (1981)
17) E.Kimura, A.Watanabe, M.Kodama, *J.Am. Chem.Soc.,* **105**, 2063 (1983)
18) E.Kimura, T.Koike, M.Kodama, *Chem. Pharm. Bull. Jpn.,* **32**, 3569 (1984)
19) F.P.Schmidtchen, *Tetrahed. Letters,* **25**, 4361 (1984)
20) M.F.Manfrin, N.Sabbatini, L.Moggi, V.Balzani, M.W.Hoseine, J.M.Lehn, *J.C.S. Chem. Comm.,* 555 (1984)
21) M.Kodama, E.Kimura, S.Yamaguchi, *J. Chem. Soc. Dalton Trans.,* 2536 (1980)
22) H.Fujioka, E.Kimura, M.Kodama, *Chem. Lett.,* 737 (1982)
23) S.Ogawa, R.Narushima, Y.Arai, *J.Am. Chem. Soc.,* **106**, 5760 (1984)
24) T.W.Bell, F. Guzzo, *J.Am.Chem.Soc.,* **106**, 6111 (1984)
25) H.Tsukube, *J.C.S. Chem. Comm.,* 970 (1983)
26) 木村栄一，児玉睦夫，有機合成化学，**35**, 632 (1977)：木村栄一，" ホストーゲストの化学 "，共立化学ライブラリー 18，共立出版，p.63-94 (1979)
27) E.Kimura, *J.Coord. Chem.* in press (1985)
28) D.W.Margerum, G.R.Dukes, "Metal Ions in Biological System", ed. H.Sigel, Vol 1, Marcel Dekker, New York, p.157 (1974)
29) L.Pickart, J.H.Freeman, W.J.Loker, J.Peisach, C.M.Perkins, R.E.Stenkamp, B. Weinstein, *Nature* (*London*), **288**, 715 (1980)
30) M.Kodama, E.Kimura, *J.Chem. Soc. Dalton Trans.,* 325 (1979)
31) M.Kodama, E.Kimura, *J.Chem. Soc. Dalton Trans.,* 694 (1981)
32) R.Machida, E.Kimura, M.Kodama, *Inorg. Chem.,* **22**, 2055 (1983)
33) E.Kimura, 未発表データ
34) E.Kimura, C.A.Dalimunte, A.Yamashita, R.Machida, *J.C.S. Chem.Comm.,* in press
35) E.Zeigerson, G.Ginzburg, N.Schwartz, Z.Luz, D.Meyerstein, *J.C.S.Chem. Comm.,* 241 (1979)：
36) T.Ito, M.Sugimoto, K.Toriumi, H.Ito, *Chem. Lett.,* 1477 (1981)
37) N.Jubran, G.Ginzburg, H.Cohen, Y.Koresh, D.Meyerstein, *Inorg. Chem.,* **24**, 251 (1985)
38) N.Kojima, J.A.Fox, R.P.Hausinger, L.Daniels, W.H.Orme-Johnson, C.Walsh, *Proc. Natl. Acad. Sci. U.S.A.* **80**, 378 (1983)
39) M.V.Bhatt, P.T.Perumal, *Tetrahed. Lett.,* **22**, 2605 (1981)

40) F.P.Bossu, K.L.Chellappa, D.W.Margerum, *J.Am. Chem. Soc.*, **99**, 2195 (1977)
41) E.Zeigerson, G.Ginzburg, D.Meyerstein, L.J.Kirshenbaum, *J.Chem. Soc. Dalton Trans*, 1243 (1980)
42) E.Kimura, T.Koike, R.Machida, R.Nagai, M.Kodama, *Inorg. Chem.*, **23**, 4181 (1984)
43) N.Jubran, H.Cohen, Y.Koresh, D.Meyerstein, *J.C.S.Chem. Comm.*, 1683 (1984)
44) B.Fisher, R.Eisenberg, *J.Am. Chem. Soc.*, **102**, 7361 (1980)
45) M.Beley, J.Collin, R.Ruppert, J.Sauvage, *J.C.S.Chem. Comm.*, 1315 (1984)
46) M.Kato, T.Ito, *Inorg. Chem.*, **24**, 504 (1985)
47) M.Kato, T.Ito, *Inorg. Chem.*, **24**, 509 (1985)
48) Y.Kushi, R.Machida, E.Kimura, *J.C.S. Chem. Comm.*, 216 (1985)
49) E.Kimura, A.Sakonaka, R.Machida, M.Kodama, *J.Am. Chem. Soc.*, **104**, 4255 (1982)
50) E.Kimura, R.Machida, M.Kodama, *J.Am. Chem. Soc.*, **106**, 5497 (1984)
51) F.P.Bossu, E.B.Paniago, D.W.Margerum, S.T.Kirksey, J.L.Kurtz, *Inorg. Chem.*, **17**, 1034 (1978)
52) E.Kimura, R.Machida, *J.C.S.Chem. Comm.*, 499 (1984)
53) J.P.Collman, R.R.Gagne, C.A.Reed, T.R.Halbert, G.Lang, W.T.Robinson, *J. Am. Chem. Soc.*, **97**, 1427 (1975)
54) 木村栄一, 町田良輔, 有機合成化学, **42**, 407 (1984)
55) M.Kodama, E.Kimura, *J.C.S. Dalton Trans.*, 327 (1980)
56) J.M.Lehn, *Science*, **227**, 849 (1985)
57) 木村栄一, 八並敦子, 蛋白質核酸酵素別刷 No. 26, p. 177 (1983)
58) J.E.Richman, N.C.Young, L.L.Andersen, *J.Am. Chem. Soc.*, **102**, 5790 (1980) : T.J.Atkins, ibid, 102, 6365 (1980) : J.M.Erhardt, J.D.Wuest, *ibid*, **102**, 6364 (1980) : J.M.Erhardt, E.R.Grover, J.D.Wuest, *ibid*, **102**, 6369 (1980)
59) R.Breslow, P.Maslak, J.S.Thomaides, *J.Am.Chem. Soc.*, **106**, 6453 (1984)
60) E.Kimura, A.Watanabe, H.Nihira, *Chem.Pharm. Bull.*, **31**, 3264 (1983) : E.Kimura, H.Fujioka, A.Yatsunami, H.Nihira, M.Kodama, *ibid*, **33**, 655 (1985)
61) E.Kimura, T.Koike, M.Takahashi, *J.C.S. Chem. Comm.*, 385 (1985)

第3章 人工酵素を構築する素材

6 無機系素材による人工酵素アプローチ

鈴木宏志*

6.1 非酵素的アプローチ

Katchalskyらは原始海洋で生体高分子がモノマーから縮合反応によって合成されるためには[1]、系は著しく希釈された状態に置かれていたと予想されるので、微粒子状の粘土表面にモノマーを吸着させるなど何らかの方法によって、その濃度を増加させることが必要になったと推論した。このような実験に用いられたmontmorilloniteは層間化合物として今日、各方面から注目されているが、Prebiotic Synthesisの実験例として良く引用されるものである。原始地球的オリゴヌクレオチド合成法が無機の鋳型合成法によって試みられたが、一般に収率が低く、2′-5′間でリボースが形成される[2]ので注目されなくなった。

生体高分子の反応に関与したであろう無機化合物、特に無機高分子は進化のごく初期段階に捨てられたものと推定されるので酵素類似反応を検討する上で無機系は注目されないのであろうか？

石油化学工業などで無機系は触媒として多用されているが、ほとんどは金属触媒の担体として用いられている、シリカ-アルミナやゼオライトである。このような背景から無機のバイオミメテック・ケミストリーを考える上で、まず酵素反応を行うものが同時に非酵素的反応を行っているものから接近して見よう。

アデノシン5′-3リン酸(ATP)は、あらゆる動物、植物、微生物に含有され、好意的、嫌気的条件下でグルコースの解糖や好気的細胞のミトコンドリア中のトリカルボン酸回路、およびその回路と連続した呼吸鎖の酸化的リン酸化によって生成している。エネルギーに富むATPは、高エネルギーリン酸エステル結合の開裂により、細胞のエネルギーを要求する組織にそのエネルギーを転移している。ATPの酵素反応では、CO-factorとしてMg(II)、Ca(II)、Mn(II)、Zn(II)などが必要とされる。そのため、古くからATPと金属イオンの相互作用が研究されており、それに伴って非酵素的反応の研究も数多く行われてきた。これらは金属イオン-ATP系を錯体化学的興味のみからとらえても十分注目されるものである。

各種金属イオンが存在した場合のATP非酵素的加水分解反応は、Tetasらにより、pH=5、80℃において加水分解活性をもつ金属の順序は、反応一定時間後の生成物の量から、Cu＞Zn＞Cd＞Mn＞Ni＞Ca＞Co＞none＞Mg＞Baとされた[3]。pH=9においては、Ca＞Mn＞Cu＞Cd＞Zn＞Co＞Mg＞noneの順であるが、pH=5の場合に比較して活性はいずれも低い。Mg、Caイオンは、ATPの酵素的反応にきわめて重要な働きをしているにもかかわらず、非酵素

* Hiroshi Suzuki

6 無機系素材による人工酵素アプローチ

的反応系においては，その効果が十分認められない。Racherらは，70％ジメチルスルホキシド（DMSO）中でATPの末端リン酸が，水分子またはリン酸にすばやく転移することを見出した[4]。加水分解反応では，ATP，Mg，ヒ酸ナトリウム（Na_3AsO_4），tricine-maleateからなる水溶液（pH=8）の系で，37℃，4時間ATPは安定であるが，これにDMSOが存在すると加水分解反応が始まる。また，リン酸転移反応は，ATP，Mg（Ca，Mnを用いてもできる），リン酸ナトリウム，tricine-NaOHを含んだ水溶液（pH=8，37℃）にDMSO（全体積の70％）を加えることにより開始する。この系にさらにマレイン酸，コハク酸などのジカルボン酸を加えると，反応はさらに促進される。

$$Ad-O-\underset{\underset{Mg}{O\cdots}}{\overset{\overset{O}{\|}}{P}}-O-\underset{O}{\overset{\overset{O}{\|}}{P}}-O-\underset{O^-}{\overset{\overset{O}{\|}}{P}}-O^- \longrightarrow ADP + Pi\ \text{または}\ PPi$$
$$\text{AsまたはPi}$$

これらの反応機構は次のように推定された。

ATPの代わりにADPをこれらの系に用いると反応が起こらないことから，MgはATPのα，βリン酸で錯形成をしていると考えられる。そしてPi，Asがγリン酸を攻撃することにより，Pi-Pi，Pi-As結合がそれぞれ生成するが，As-Piの方が容易に加水分解を起こし，Piとなる。これらは，

1) 反応が酵素の活性中心で考えられているのと同様に疎水的雰囲気で起こる（30％水－70％DMSO系），

2) ミトコンドリア，クロロプラスト中のリン酸転移反応を触媒する酵素系と同じく，二価金属イオンが必要とされる。

3) 加水分解反応でのAsの効果は，ミトコンドリア，クロロプラスト中のAsのuncoupling effectに類似している，

4) ジカルボン酸の効果は，Mg依存性ATPaseの効果と同じである。

5) もし，このジカルボン酸が反応系中に生成したH^+の移動に働いているならば，酸化的リン酸化の一つの機構と考えられる疎水膜を通してH^+の移動を推定しているchemiosmotic-hypothesisのモデルとして役立つ，

などの理由から，MgはATPのα，βリン酸と結合していると考えられているが，Schneiderら[5]の各種二価金属によるATP加水分解反応の錯体研究からは，β，γリン酸に結合ということになっている。

無機化合物によるATPをモデルとする非酵素モデル・アプローチは5′-リボシルは重要でないという点にある。しかし酵素・基質間の疎水的雰囲気と同様なものは重要である。非酵素的疎水的雰囲気はホスト・ゲスト・インタカレートによってアプローチする。無機的ホスト・ゲスト

第3章 人工酵素を構築する素材

は次のようなものが代表的である。
(i)グラファイト，(ii)ゼオライト，(iii)チオ尿素および，(iv)尿素

ゼオライトはアルミノケイ酸塩であるが，天然にはSiの一部をPに同形置換したビゼアイト(viséite)とケホヘアイト(kehoeite)等がある。合成ゼオライトの創始者Barrerらはリン酸塩のゼオライトの合成を試みたが，成功しなかった。UCCのFlanigenとGroseは，ゼオライトの骨組み構造のSiとAlの位置を，一部Pで同形置換したいくつかのゼオライトを得ることに成功した[6]。1981年にはUCCのWilsonら[7]はSiを全然含有しないアルミノフォスフェート（$AlPO_{4-n}$）の合成に成功している。14種以上の3次元骨格構造のものが得られているが，酸素環6，8，10および12のもの総てをカバーしていることがおもしろく，非酵素的モデルのアプローチに最適の素材と推定される。ゼオライトはアニオニックなアルミノシリケート骨格に基因してhydrophilicであり，silicaliteは中性なSiO_2骨格に基因して，hydrophobicである。$AlPO_{4-n}$はelectrogravityがAl 1.5，P 2.1の相異に基因してゼオライトとsilicaliteの中間の少しhydrophilicな特性を有している。

ゼオライトに関するBiomimeticな研究で最近注目されているものはフタロシアニン色素を酸素12員環窓内に固定したものである。CASの88-177,622xではCu，CoおよびNiのフタロシアニン錯体を固定しCO，N_2およびO_2の吸着特性を調べている。西独ブレーメン大のMeyerらは[8]詳細にこの研究をトレース検討した。その結果ゼオライトXを用いてCo，NiまたはCuでイオン交換して前処理を行ってから1,2-ジシアノベンゼン（DCB）をキャビティー内でフタロシアニンにするものである。古典的なフタロシアニン合成はDCB，銅粉，CuClとMoO_3を触媒としニトロベンゼン中アンモニア通気下加熱撹拌するが，DCBのみで合成するのがユニークである。ここでの前処理はBrønsted酸点を低下させることにあると結論づけている。第3報はDu PontのHerronら[9]が酸化触媒として用い，iodosylbenzeneを酸化剤とし室温でcyclohexane，cyclododecane，n-pentaneとn-octaneを酸化し，turn over rateの向上からゼオライト・キャビティー固定の効果を説明している。

ATPの5'-リボシルは重要でないとの仮定からアプローチを行ったが，たしかにγ-phenyl-propyl-triphosphateやアデニンN(7)が炭素原子に置きかわったtubercidin 5'-triphosphate-金属錯体の酵素的相互作用もそれを支持しているといえる。しかしゼオライト・フタロシアニン錯体は遷移金属のみで成功していて，ATPも遷移金属との錯体は5'-リボシルが重要な働きをした高次の分子間相互作用をしている。したがって遷移金属と無機高分子との錯体を検討する際には分子集合，分子識別といった特異的非共有結合相互作用が重要となってくる。さらにATPのリン酸は化学量論的に消費されているから，それを補てんするメカニズムも必要となってくる。

無機的素材を用いた人工酵素アプローチの具体例としてゼオライト内固定フタロシアニンを示した。しかし，ここに示されたものは酵素反応をまねるなどおこがましく，まだ全然幼稚なもの

6 無機系素材による人工酵素アプローチ

である。Faujasiteのタコ壷内に固定したのみでゼオライト部分はinertである。AlPO₄-nのようなアルミノフォスフェート素材を高次に修飾したレドックス触媒が近い将来開花するものと思われる。

6.2 高分子的アプローチ

ペンシルバニア州立大のAllcockは最近無機高分子に関するSpecial Reportを発表している[10]。結論は，彼の専門のフォスファゼンの宣伝となっているが，米国の現況が良くまとめられている。無機高分子は無機化学，有機化学と高分子化学のインターフェースでの開発であって有機高分子の長年の業績をトランスファーさせて展開している。高分子は低分子とまったく異なる固相での高分子鎖のカラミを利用してマイクロエレクトロニクスとバイオの2方面に展開されている。前者ではポリアセチレン，ポリフェニレン・サルファイドとポリピロールが興味を持たれている。バイオ面は高分子遷移金属触媒や高分子修飾電極のようなcarrierとしての使い方が第1分類。第2は，酵素，細胞，抗原，有機試薬のようなものを高分子に結合させるtemplateとしての使い方，第3は分子メモリーとしての使い道である。一方，無機高分子が使われる理由は，(i)脂肪族炭素鎖よりも耐酸化安定性が優れている，(ii) 加水分解感受性を調節可能である，(iii)合成ルートの選択性が豊富にある，(iv)炭素骨格を置換するのみで，骨組み屈曲性が変化し溶液特性，固相特性いずれも新規性が発現する。しかし，このような線状無機高分子の現状は全般的にprimitiveな段階にあるとされている。また線状無機高分子としては，

(i) シリケートとシロキサン
(ii) ポリシラザンとポリシラン
(iii) ポリ・サルファー・ニトリル
(iv) フタロシアニン・ポリマー
(v) ポリフォスファゼン

が例示されている。

これら線状有機高分子に学び，開発されつつある線状無機高分子は，いずれも機能あるものをペンダントにした長鎖状物が中心的発想であって，酵素機能のセントラル・ドグマともいえる。疎水的雰囲気や共役電子シフトは全然考慮されていない。

生体系の可逆的分子相互反応はelectrostatic bonding, hydrogen bondingとvan der Waals bondingの影響を受け水の存在に深くかかわっている。水の特性はというと，極性，hydrogen donorとacceptorとcohesivenessにある。その結果，水は分子とイオン間のelectrostatic bondingとhydrogen bondingを弱める働きをしている。逆に非極性分子の相互作用を強めようとしている。水に囲まれている基質は水を排除したがっているが，酵素のactive-site cleftに結合する

第3章 人工酵素を構築する素材

と，水が排除されて，E・S錯体のelectrostaticとhydrogen結合が強まる。基質の非極性部と酵素のactive-siteの3次元構造の反応性はMichaelis-Menten Modelで説明され，E・S錯体の平衡定数と会合の優利性によって表わされる。

したがって有機高分子や無機高分子で酵素をデザインするには，疎水的ポケットを作ることをまず考えなくてはならない。線状有機あるいは無機高分子をゴムの架硫反応のようにしてジスルフィド架橋を生じさせたり，αヘリックスやβ構造を持たせることは大変むずかしい問題である。

一方，結晶性無機高分子には，規則的な孔を有するものがあって，疎水的ポケットとして有用なものが比較的容易に得られる。結晶性ケイ酸塩族を表3.6.1に分類表示する[11]。これらは粘土鉱物とゼオライトのように水熱反応によって生成するものとfelsparや結晶性シリカのように非水的条件で合成されるものに2分される。疎水的ポケットとしてはゼオライトが興味の中心であるが，sodaliteやcancriniteのopen frame workも興味が持たれている。ゼオライトのポケットのpore volumeは多様であって表3.6.2のように豊富にそろっている。ゼオライトはシリカアルミナ共重合体であって，アルミナ含有量が高いとhydrophilicである。アルミナを全然含有しない

表3.6.1 Some mineral syntheses by five methods

Mineral type	Hydrothermal	Pyrolytic	Pneumatolytic	Sintering	Vapour phase
Clay minerals	Kaolinite				
	Dickite				
	Beidellite				
	Sericite				
	Nontronite				
	Montmorillonite				
Micas	Muscovite	Phlogopite			
Zeolites felspathoids	Analcime				
	Mordenite				
	Harmotome				
Sodalite-nosean felspathoids	Sodalite	Sodalite			
	Cancrinite	Nosean			
	Nosean	Hauyne			
		Ultramarine			
Crystalline silicas	Quartz	Quartz	Quartz		Cristobalite
	Cristobalite	Cristobalite			
		Tridymite			
Felspars	Albite	Albite	Albite	Albite	
	Orthoclase	Orthoclase	Orthoclase	Anorthite	
			Anorthite		

表 3.6.2　Intracrystalline pore volumes in selected zeolites（as cm³ H₂O per cm³ of crystal）

Zeolite	Intracrystalline porosity
Analcime	0.18
Natrolite	0.21
Thomsonite	0.32
Heulandite	0.35
Stilbite	0.38
Phillipsite	0.30
Gismondine	0.47
Garronite	0.41
Mordenite	0.26
Ferrierite	0.26
Epistilbite	0.34
Chabazite	0.48
Levynite	0.42
Mazzite	0.37
Erionite	0.36
Faujasite	0.53
Paulingite	0.48

Silicaliteや，非常に少ないZSM-5はいずれも酸素10員環の窓を有して分子形状認識性を有するものとしてベンゼン環を主体にした誘導体を基質にした酵素デザインが開始されている。酸素8員または12員環の窓を有するゼオライトを水熱反応によって合成した後，アルミの含量を低減する方法も種々開発されている。ゼオライト外面は親水性でタコ壺内が疎水性のようなものは文献面では見出せなかった。

ガラス繊維の表面処理剤であるシラン・カップリング剤，液クロ多孔質ガラス・ビーズの表面処理剤であるODSは，人工酵素のactive-siteを修飾する重要な試薬である。シラン・カップリング剤は種々なものが市販されており，また2次修飾も期待される。疎水的ポケット内の修飾ではないが，ガラス表面の修飾では，Schnabelによる人工ヘパリン化[12]や，Jacob[13]による色素形状記憶性が注目されている。

一方，ゼオライト・ポケット内の修飾は各種金属イオンのイオン交換がある。Ru-Yゼオライトから光合成モデルのTris（2,2'-bpy）RuがFe（bpy）$_3^{2+}$と並んで注目されている[14]。

6.3　電子伝達系アプローチ

窒素分子の結合エネルギーは225kcal/molもあってきわめて不活性である。工業的な窒素固定は1910年以降Fritz Haber開発の鉄触媒法により，500℃，300気圧という過酷な方法で行われている。自然界ではnitrogenase complexという錯体酵素によって窒素固定が行われている。nitrogenase complexは，高い還元力を持った電子を供与するreductaseとreductaseの供与する電子を利用してN₂をNH₄⁺に還元するnitrogenaseの2種のタンパクの複合体である。reductaseの高エネルギーはATPから受け取っていて，その中心は鉄タンパクで，65kdalのもの2個から成立っている。nitrogenaseは$\alpha_2\beta_2$のsubunit 200kdalからなるMoFeタンパクである。この6電子還元は還元フェレドキシンともいわれる。フェレドキシンの関与する生物反応は，光合成系，窒素・水素の代謝系，硫酸の代謝系，脂肪酸の代謝系，環状炭化水素の酸化など，きわめて多岐にわたっている。

多数のフェレドキシン・モデル錯体が合成されて，構造・物性面では天然鉄－硫黄活性部位に類似した錯体が得られている。この合成クラスター（cleft）の反応性に着目して，鉄－硫黄クラ

第3章 人工酵素を構築する素材

スターの非酵素的触媒反応がAverillら[15]によってCOの反応が，Schwartzら[16]によってイソシアナイドへのメルカプタンのα,α-付加が，McMillanら[17]によって，アセチレンの水添でcis-1, 2-ethyleneが約60％の収率で生成する。これはD_2源によってnitrogenaseと同じ反応であることが確認されている。この場合，酸化型合成クラスターでは，アセチレン還元反応は進行しないため，非ヘム鉄の生理機能は，単に電子伝達に限られたものではないと考えられるようになってきた。

ここで脱線するが，最近やたらと"cluster"なる言葉が氾濫している。生化学ではCon-Aや非ヘム鉄clusterのようにcleft（裂け目，割れ目）をいっている場合，石油化学の工業触媒屋さんがいっているのは，金属-金属で結びついた3～数十個の金属原子集団のことで，その周囲が，CO, H, NC, アルキル基などの炭化水素基，ハロゲン，イオウ，リン，酸素およびそれらの化合物などの配位子や基でおおわれた多核錯体をいっている。また，ゼオライト屋さんは，ホスト・ゼオライト・ケージ1個当り金属原子が1～6個relaxに存在するものをいっており，イオン交換によって導入した金属イオンを還元的および／または酸化的高温処理されて，一般には電荷を有していないものをいっている。

Kanatzidisらは合成クラスター（NHIP）をPrismatic coreで表現しようとしているが，最近の報文[18]に詳細に報告されている。NHIPのoligonuclear Fe/S coreはタンパクマトリックスの脱プロトンcysteinyl S原子に結合している。合成クラスターとしてはタンパクに代わって脂肪族または芳香族チオレート・ターミナル・リガンドを使っている。従来のクラスターと異なってmetastable（準安定状態）非ヘム鉄がポイントであると述べている。これらクラスターはテトラエチルアンモニウム・ハイドロキサイドで安定化されている。一方，ゼオライトの生成触媒としてOHは必須であるが，助触媒として有機カチオンがポイントとなっている。1961年に有機カチオンの卓効が発見されてからテトラメチル，テトラエチルおよびテトラプロピル・アンモニウム・ハイドロキサイドの3種の有機カチオンが必要であって，特に酸素10員環の窓を有するものでは，このような有機カチオンがtemplateとなっている。

合成クラスターをできあがったゼオライト・ケージに導入するのは困難であるが，水熱生成反応時に組み込むことによって，この無機リガンドが得られるであろう。nitrogenaseのFeがMoに置換したFe$_7$MoS$_6$ pentlandite coreに関してはChristouら[19]が紹介しているが，同時にここHarvardでは$[Co_8S_6(SPh)_8]^{3-,5-}$も合成目的に入っている。

電子伝達系およびレドックス系の金属-硫黄活性中心を有するものは，他にブルー銅タンパクとモリブデン含有酸化酵素が注目されている。

6.4 おわりに

　無機系素材を用いて，人工的酵素を開発するStrategy & TacticsをATPの非酵素モデルで入り，まずリン酸の化学量論的アプローチを行った。結論として疎水的ポケットが必要であること，およびその設計に当たっては具体的素材としては目下ゼオライト以外考えにくいこと。しかし例示したフタロシアニン，(bpy)$_3$Ruいずれもゲストを綴込める容器にすぎず，ホストの機能としてはprimitiveである。Collmanらのpicket-fence[20]やFTF$_4$(face to face Porphyrin)[21]のような機能を無機ホストで発現させなければならない。

　AllcockのReviewに述べられているような線状無機高分子によっては高い機能は期待されない。

$$\begin{matrix} 3次元網状構造 \\ 無機高分子 \end{matrix} > 生体高分子 > \begin{matrix} 線状有機高分子 \\ \| \\ 線状無機高分子 \end{matrix}$$

　筆者は，常々上記のような機能が最終的に考えられるとしている。生体高分子，有機線状高分子は，水中，中性，室温が使用条件である。有機溶液あるいはバルク条件を考慮するならば3次元無機材となってしまう。有機3次元は大変むずかしく，当分検討の対象にならないだろう。

　金属－硫黄活性中心の人工的アプローチは，ゼオライト・ケージ内綴込めよりも，デザイン的にはlayered化合物の方が好適であろう。しかし層状化合物に関する研究はゼオライトよりもさらにprimitiveな段階であって具体的なものが示せなかったのが大変残念である。

　あと，アロステリック酵素モデルと補酵素機能の利用でアプローチする方法があるが紙面の都合で割愛した。人工酵素，Biomimetic Chemistryなどまだ具体的に述べることができる段階であろうか？　有機化学者によって，それらしき基礎研究が若干ある程度であって，無機素材面は，まだ基礎研究の蓄積も全然ない。おこがましくて安心して評論することは不可能である。

　酵素機能のモデル化と無機反応の高次化を考える上で修飾電極は忘れることのできないテーマである。反応液中の基質との電子授受が必要なケースは良くある。このようなアプローチに関しては次の3つのケースが具体的にある。第1はグラファイト修飾電極でEvansら[22]は熱分解グラファイト表面を酸素プラズマ処理によってCOOH，OH基等を生じさせている。Millerら[23]はグラファイトedge面に有機修飾をしている。グラファイトと同じ層状化合物でNaモンモリロナイトにRu(bpy)$_3^{3+}$を修飾した[24]や電解不斉合成もある[25]。第2はItayaらのPrussian Blue修飾電極[26]各種カチオンに対してゼオライトに似た特性を示すとしている。第3は導電性ポリマー・コーティングである。Feldmanら[27]はPoly(pyrrole)によって化学的電荷貯蔵性を検討している。

　とりとめもない愚文を脱稿し深く反省しております。次回このようなチャンスがあればもっと勉強して内容の充実に努力したい所存である。そして，その時には以下のようなaccountsにしたいと考えている。

　アロステリック酵素，補酵素および修飾電極的アプローチも加え，本文の2倍ぐらいの主文

第3章 人工酵素を構築する素材

を構成したい。そしてゼオライトの疎水ポケット機能もさらに発展し，その他の疎水ポケット素材も多数提案されていることを期待したい。

第2に，石油化学の工業触媒屋さんが，仕事がなくなったので，最近やたらと"次世代"とか"超機能"といった言葉を冠して，展開している無機材表面科学の高感度分析機器によるキャラクタリゼーションをbiological field に移設して展開してみたい。Nakamuraら[28]の総説やIwasawaら[29]の論文は大変示唆に富んだもので，読者の参考になるものと考えている。

第3の記述は，ドラッグ・デザインの開発によって豊富に蓄積されたコンピューターによるknowledge engineering environmentを無機系の人工酵素開発にテクノロジー・トランスファーしたい。製薬分野では，過去に合成された化合物の構造上の特徴と薬理活性試験の結果を，その物理化学的な意味も考慮しながら統計的に解析を行う定量的構造活性相関分析（QSAR）がベースになっていると聞く。無機系人工酵素にQSARに相当するようなデータベースが10年かかっても完成するとは考えられない。したがって製薬のQSAR思考にある，構造修飾の変化に伴う疎水性，電子的効果，立体効果の変化の関数であるπ, δ, F, Es, MR, Vwなどをことごとくinheritanceしてコンピューター計算を行う，無機系素材のX線結晶回析は，ことごとくコンピューター・グラフィック化する（3次元化）。

以上のように，1)生体機能の解析，2)無機系素材と金属との複合構造のEXAFSなどの分析データ（できれば3次元化）および3)知識工学的環境下のコンピューター計算の3つがWELL・TEMPEREDされて，本分野は急速に進展するものと思われる。

文　献

1) Paecht-Horowitz, M., Berger, J., Katchalsky, A., *Nature*, **228**, 636 (1970)
2) Weimann, B.J., Lohrmann, R., Orgel, L.E., Schneider-Bernloehr, H., Sulston, J.E., *Science*, **161**, 387 (1968)
3) Tetas, M., Lowenstein, J., *Biochemistry*, **2**, 350 (1963)
4) Nelson, N., Racher, E., *Biochemistry*, **12**, 563 (1973)
5) Schneider, P.W., Brintzinger, H., *Helv.Chim.Acta*, **47**, 1717 (1964)
6) Flanigen, E.M., Grose, R.W., *Advan.Chem.Ser.*, **101**, 76 (1971)
7) Wilson, S.T., Lok, B.M., Messina, C.A., Cannan, T.R., Flanigen, E.M., *J.Am.Chem.Soc.*, **1982**, 104, 1146
8) Meyer, G., Wöhrle, D., Mohl, M., Schulz-Ekloff, G., *ZEOLITES*, **1984**, Vol.4, 30
9) Herron, N., et al., Chem & Eng.News, pp.30, Sept.17, 1984
10) Allcok, H.R., Chem.& Eng.News, March 18, pp.22, 1985

11) Barrer, R.M., *ZEOLITES*, pp.130, 1981, Vol.1, October
12) Schnabel R., 5th Intl.Sympl on Fresh Water from the Sea, **4**, 409 (1976)
13) Sagiv, J., *Israel J.Chem.*, **18**, pp.346, 1974
14) Dewilde, W., Peeters, G., Lunstord, J.H., *J.Phys.Chem.*, **1980**, 84, 2306
15) Averill, B.A., Orme-Johnson, W.H., *J.Am.Chem.Soc.*, **100**, 5234 (1978)
16) Schwartz, A., Tamelen, E.E., *J.Am.Chem.Soc.*, **99**, 3189 (1977)
17) Mcmillan, R.S., Renaud, J., Reynolds, J.G., Holm, R.H., *J.Inorg.Biochem.*, **11**, 213 (1979)
18) Kanatzidis, M.G., Hagen, W.R., Dunham, W.R., Lester, R.K., Concouvanis, D., *J.Am.Chem.Soc.*, **1985**, 107, 953
19) Chistou, G., Hagen, K.S., Holm, R.H., *J.Am.Chem.Soc.*, **1982**, 104, 1744
20) Collman, J.P., Gange, R.R., Halbert, T.R., Marchon, J.C., Reed, C.A., *J.Am.Chem.Soc.*, **95**, 7868 (1973)
21) Collman, J.P., Anson, F.C., Barnes, C.E., Susana Bencosme, C., Geiger, T., Evitt, E.R., Kreh, R.P., Meier, K., Pettman, R.B., *J.Am.Chem.Soc.*, **1983**, 105, 2694
22) Evans, J.F., Kuwana, T., Henne, M.T., Royer, G.P., *J.Electroanal.Chem.*, **80**, 409 (1977)
23) Firth, B.E., Miller, L.L., Mitani, M., Rogers, T., Lennox, J., Murray, R.W., *J.Am.Chem.Soc.*, **98**, 8271 (1976)
24) Ghosh, P.K., Bard, A.J., *J.Am.Chem.Soc.*, **105**, 5691 (1983)
25) Yamagishi, A., Aramata, A., *J.Chem.Soc.Chem.Commun.*, **1984**, 452
26) Itaya, K., Ataka, T., Toshima, S., *J.Am.Chem. Soc.*, **1982**, 104, 4767
27) Feldman, B.J., Burgmayer, P., Murray, R.W., *J.Am.Chem.Soc.*, **1985**, 107, 872
28) 表面, Vol.21, 565 (1983)
29) Iwasawa, Y., et al., *J.Catal.*, **82**, 289, 375 (1983)

第4章 人工酵素の機能

1 酸素輸送機能をもった人工酵素

岩下雄二*

1.1 はじめに

　酸素の生体における働きは多様であり，酸化によるエネルギーの発生ばかりでなく，生体防御においては活性酸素の形で侵入物の破壊に用いられており，また最近ではマクロファージの発生する活性酸素が発癌に関与していることも報告されている。
　このような多様な酸素の働きに対応して，酸素を基質とする酵素もモノオキシゲナーゼや早石らの研究で有名なジオキシゲナーゼあるいは酸素毒性から生体を守るスーパーオキサイドジスムターゼやカタラーゼ等多岐にわたっている。
　これらの中で，ヘモグロビン等のタンパクは単に酸素の運搬に与っているのみという意味からは単純な機能しか行ってない酵素ともいえよう。
　しかし，ヘモグロビンやミオグロビン等による酸素運搬は，生理学的には最も重要なテーマの一つであり，医学的にも生化学的にも詳細な研究が行われている。
　酸素運搬という現象を熱力学的側面から見れば酸素の可逆的結合ということにつき，人工的にヘモグロビン等の酸素運搬酵素の機能を有する物質を作り出すことはさして難しくないようにも思われる。事実，生体内での酸素運搬体のモデル化合物を作るアプローチ法として，
1) 酸素溶解能の高い液体（フロロカーボン，シリコンオイル）の利用
2) 酸素を配位子とする金属錯体の合成
3) 天然タンパク（ヘモグロビン等）の化学修飾等が採用されている。
　実験が，in vitro のモデル系で行われた場合，これらのどの方法も有効な酸素の運搬を再現することが明らかにされた。
　しかし，これらの物質を動物の体内で酸素運搬を行わせるため，即ち人工血液として用いようとすると，in vitro 系では経験されない多くの問題が生じてくる。
　これは血液を送るためのポンプの一種として，人工的置き換えが容易とみられてきた心臓が，長期に使用可能な人工心臓として未だ実現していないのと似た状況にあるともいえよう。

---

　*　Yuji Iwashita　味の素㈱　中央研究所

1 酸素輸送機能をもった人工酵素

本節では,生体で用いる人工酸素運搬体即ち代用血液の研究の現況と今後の見通しについて述べる。

1.2 酸素運搬体の備えるべき性質
1.2.1 酸素運搬能

酸素運搬能とは酸素分圧の高い場所で酸素を結合し,酸素分圧の低いところでこれを解離する能力であり,ヒトを例にとれば肺の中の酸素分圧約 100 mmHg で酸素を結合し,平均静脈圧 40 mmHg でこれを解離する能力である。これをさらにわかり易くするために横軸に酸素分圧をとり縦軸に酸素運搬体の酸素結合率をとった酸素解離曲線が用いられる。図 4.1.1 にヒトヘモグロビンとミオグロビンの酸素解離曲線を示した。

また,酸素運搬体の酸素に対する親和度を示す指標の一つとして,酸素運搬体に結合した酸素のうち 50 % が解離する時の酸素分圧が P – 50 としてよく用いられる。

表 4.1.1 に,動物内で酸素運搬に関与しているタンパク質の例とその P – 50 を示した[1]。

この表からわかるとおり,ヒトの代用血液として用いられるには,37 ℃ で P – 50 は 27 mmHg 近くであることが望ましいことがわかる。

また,酸素解離曲線が図 4.1.1 で示されたようにシグモイドであることが必須であるかどうかは議論のあるところである。図 4.1.1 から同時に読みとれるものは,ヒトヘモグロビンは生理的条件下では,結合している酸素の約 25 % しか組織に供給しておらず,残りの 75 % は余力として非常時に備えているということである。

1.2.2 血流内寿命

哺乳動物において酸素運搬タンパクは,赤血球という細胞の中に含まれ,このため血流内での寿命は 120 日と長い。

しかし,何らかの原因で赤血球の外に出たヘモグロビンは,尿中への排泄や,ハプトグロビンとの結合によって数時間のうちに失われてし

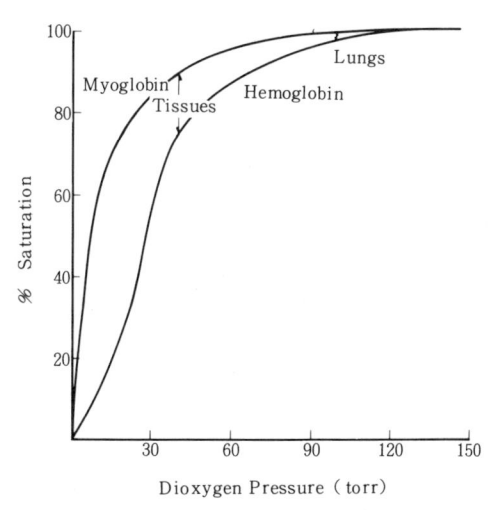

図 4.1.1 ヒトヘモグロビンおよびミオグロビンの酸素解離曲線

第4章 人工酵素の機能

表4.1.1 酸素運搬能をもつ酵素

酵素(金属)	動物	存在場所	$P-50^{**}$(mmHg)
Hemoglobin(Fe[*])	ヒト	赤血球	27
	トリ	赤血球	58
	昆虫	—	3
Myoglobin(Fe[*])	ヒト	筋肉	2
Erythrocruorin(Fe[*])	みみず	血漿	8
Chlorocruorin(Fe[*])	海虫	血漿	27
Hemerythrin (Non-heme Fe)	海虫	赤血球	3
Hemocyanin (Cu)	タコ	血漿	5
	ロブスター	血漿	14
Hemovanadin(V)	ホヤ	赤血球	2

* Heme-Fe, ** 37℃, pH 7.4

まう。代用血液として,外部から血流中に投与された酸素運搬体も,腎臓の糸球体を通っての尿への排泄や,血管壁を通って組織液への漏出,食細胞による貪食によって急速に血流中から失われ,本来の酸素運搬の役割を果たすことができなくなる。

他方,人工酸素運搬体は,生体からみた場合,本質的には異物であるから,あまり長期にわたって生体内に蓄積することは好ましくない。

血流内で投与された酸素運搬体の量が半分になる血流内半減期を目安とした時,現在血漿増量剤として臨床的に用いられているデキストランやヒドロキシエチルスターチの半減期である12時間以上であることが望ましいと思われる。

1.2.3 安全性

代用血液が生体内で用いられる以上,医薬に要求される急性毒性,亜急性毒性,発癌性などの毒性の低いことは当然である。

血液は動物の体重の約8%を占めており,代用血液の投与量も通常の医薬とは比較にならないぐらい多い。

このために他の医薬ならあまり問題にならない低い毒性も生体の機能を損う可能性がある。

酸素運搬体が高分子である時に特に気をつけねばならぬことは,抗原性の問題である。代用血液を長期にわたって投与されることは少ないと考えられるが,アナフラキシーはしばしば重篤な反応をひきおこすから,免疫系や網内系への影響とともに抗原性の問題には十分注意する必要がある。

また血液凝固のホメオスタシスを乱さないことも代用血液の重要な要件の一つである。

この他に,酸素運搬体の溶液の物性,即ち粘度,膠質浸透圧,晶質浸透圧,pH緩衝能もまた血液の果たしている役割からも重要な物性であるが,紙数の関係からここでは詳しくは触れない。

1.3 人工的酸素運搬体
1.3.1 フロロカーボン

代用血液の研究が, 米国L.C.Clarkのパーフロロカーボンの高い酸素運搬能の発見[2]（1966年）によって大きな刺激を受けたことは疑いえない。

R.P.Geyerらは, 乳化したフロロカーボン液を用いて, ラットの血液を完全に置換して生命の維持に必ずしも天然の血液が必要でないことを証明した。ミドリ十字株式会社は, 独自のフォミュレーションに基づいて, フロロカーボン人工血液の商品化を試みており, 臨床試験を含む多くの研究成果を発表しているが, 優れた総説[3]も数多いので, ここでは触れない。

しかし1983年FDAが, Fluosolの医薬としての製造申請（Alpha Therapeutics Inc.）を却下したところから, フロロカーボンを用いる代用血液の研究が一つの転機を迎えていること[4]は疑いえない。

1.3.2 合成酸素運搬体と人工赤血球

ヘモグロビンの酸素を結合している部分がヘムであることから, ポルフィリン錯体を用いて酸素運搬体を創出する試みが数多くなされたが, ヘム鉄の急速な酸化のために成功しなかった。

むしろ, ロジウムを用いるVaska錯体[5]やコバルト錯体が可逆的に酸素を配位し, 酸素運搬体として機能することが明らかにされた。

鉄-ポルフィリン錯体を用いる酸素運搬体の調製は, Stanford大学のJ.P.Collmanのいわゆる Picket Fence Porphyrin によって初めて成功した[6]。

これら酸素錯体の研究は, 酸素-金属結合の性質, 構造等の解明には大いに役立ったが, これらの錯体を代用血液として用いるには未だ解決せねばならない問題が数多く残されている。

その重要なものが, これらの大部分が小分子でありかつ脂溶性であるため, 血流中に直接投与できないという問題である。

このため, これら酸素運搬体をマイクロカプセルやリポソーム中に封じ込めた人工赤血球が提案されている。

堀らは, 合成酸素運搬体を, また近藤らはヘモグロビンをマイクロカプセル化し, 酸素運搬能を有する人工赤血球として提案している[7]。

近藤らは皮膜として, リジン誘導体とテレフタル酸の重合体を用いて直径 $0.4\ \mu m$ の人工赤血球をえた。

一方, リポソームを用いる試みとしてL.Djordjevichらが, 溶血液をコレステロールとレシチンを用いて作った"hemosomes"の調製と評価結果を報告した[8]。また土田らは, Collman型のポルフィリン錯体をホスファチジルコリンの二重層からなるリポソームに封入し, 酸素解離曲線を測定し, この約 $300\ \text{Å}$ の径をもつ人工赤血球の $P-50$ が約 $40\ \text{mmHg}$ ($37\ ℃$)であること

第4章 人工酵素の機能

を報告している[9]。

しかし，これら人工赤血球を用いる動物の交換輸血実験は未だ成功していない。これは径の大きな人工赤血球が栓塞をひきおこすためとも考えられており，動物の異物排除機構の監視をくぐり抜けることがいかに難しいかを示している。

しかし，このような人工細胞がもし安全に生体に投与できるならば，酸素運搬だけでなくその応用は広いと考えられ研究の今後の進展が待たれる。

1.3.3 ハイブリッド型酸素運搬体

(1) ストローマフリーヘモグロビン

代用血液の実験は古くは他動物の血液の輸出に始まり，血液型の概念が1901年に確立された。近年に至り，血液型が赤血球膜成分に由来することが明らかにされて以来，膜成分を含まないヘモグロビン液（ストローマフリーヘモグロビン）の調製の試みが続けられ，1968年にはS.F.Rabinerによって膜成分を1%以下にしたヘモグロビン液（ストローマフリーヘモグロビン液をSFHと略記する。）の調製と犬やウサギの交換輸血が報告された[10]。このSFHは，これまでのような抗原・抗体複合体の生成をひきおこさないために腎毒性も低く，酸素運搬能と血漿量維持作用をもつ代用血液として期待され，米国やソ連においては臨床試験まで行われた。

しかし，SFHには，二つの根本的な欠陥があることが明らかにされた。即ち，P-50が15 mmHg程度と低いことと血流内半減期が約3時間程度と短いことである。例えば，ラットの血液をSFH液で交換した場合では，5時間程度で死亡し，剖検によると腎に尿円柱が生じまた強い貧血症状が見られる。

(2) 多糖類によるヘモグロビンの化学修飾

SFH液の血流内半減期が短かいという問題を解決するために，トロント大のS.Tamらはヘモグロビンにデキストランを結合させ，半減期を6倍程度延ばすことに成功し，犬を用いた実験を行いヘマトクリットを3程度まで下げても長期生存が可能なことを明らかにした[11]。

また，J.Baldwinらはヒドロキシエチスターチを過ヨウ素酸ナトリウムで酸化することにより，ジアルデヒド型にし，ヘモグロビンと反応させ，ヒドロキシエチルスターチ修飾ヘモグロビンを作った[12]。これらの高分子多糖によるヘモグロビンの化学修飾は，SFH溶液の血流内半減期が短すぎるという問題は解決し，また尿中にヘモグロビンが出るというヘモグロビン尿症もおさえることに成功した。

しかし，SFH溶液の酸素親和性が強すぎるという問題は解決できず，多糖類との化学結合によってP-50はますます低下し，3 mmHgとなってしまった。

この問題を解決するため，P.G.Piettaらは，デキストランと6臭化ヘキサン酸をカセイソーダの存在下反応させ，カルボキシ基を有するデキストランを調製し，さらにこの化合物を N - ヒ

ドロキシコハク酸イミドで活性エステルとした。

一方，ヘモグロビンを R. E. Benesch の方法によって，ピリドキサール-5'-リン酸と反応させ，予め P-50 の高い誘導体とした上で，上記のデキストランの活性化エステルと反応した。

期待に反して，えられたデキストラン-ピリドキサール化ヘモグロビンの P-50 も 10 mmHg 程度であり，十分の酸素運搬能をもたせることはできなかった[13]。

一方，岩崎らは，フラクトースの重合体であるイヌリンを無水コハク酸と反応させて，カルボキシル基を導入させたあと活性エステルとし，ピリドキサール化したヘモグロビンと反応させ，ラットの血流内での半減期が 21 時間，P-50 が約 17 mmHg の優れた酸素運搬体を報告している[14]。

(3) 架橋型ヘモグロビン

血流内寿命を延長する手法が，酸素運搬体の分子量を増やすことで解決できるならば，最も手近な方法は，架橋剤を用いてヘモグロビン重合物をうることである。

架橋剤として，グルタルアルデヒドを用いて，代用血液用ポリヘモグロビンをうる方法については，既に 1974 年に西独 Biotest 社の K. Bonhard らによって特許が出されている[15]。

一方，岩下らも，ポリエチレングリコールで修飾したヘモグロビンが代用血液として優れていることを報告した[16]。その後浅倉らは，脂質の分解物，マロンジアルデヒドとヘモグロビンの反応を研究し，架橋はリジンの側鎖のアミノ基を介して行っていることを明らかにしている。

またアルデヒドによる架橋が進むにつれて，ヘモグロビンの 4 個のサブユニットの示す協同性は低くなり，Hill 係数で 2.8 から 1.0 まで下がると同時に，酸素親和性も強まり P-50 値が 10 分の 1 程度になる。さらに，ヘム鉄の酸化によるメト化変性もアルデヒドによる架橋が進むにつれておこりやすくなるなどの事実を明らかにしている[17]。

このように架橋剤によるヘモグロビンの高分子化は，動物の血流中における寿命を延長することができるが，同時にヘモグロビンの本来の立体構造を乱して，酸素運搬能や安定性を低くしていることが明らかとされた。

実用的見地からみて興味深いのは，ウシヘモグロビンのグルタルアルデヒド架橋による酸素運搬体の調製である。

ウシのヘモグロビンは，β鎖の N 末端がメチオニンであり，P-50 が 28 mmHg という高い酸素運搬能を有し，グルタルアルデヒドで架橋後も P-50 が 20 mmHg という値を保っている。また血流内半減期は，ウサギの血液の 40％ を置換した場合，約 10 時間であった[18]。

ウシの血液が資源的に豊富であることを考える時，抗原性の問題について安全性が明確にされるならば，ウシヘモグロビンの代用血液への利用は一つの有力な方法となろう。

一般に投与された物質が腎臓の糸球体を通過して尿中に現れる限界は約 5 万ダルトンともいわ

第4章 人工酵素の機能

表4.1.2 化学修飾ヘモグロビンの酸素運搬能

Hemoglobins	Chemical Modifiers	P-50(torr)	n**	文献
Hb*	Pyridoxal-5′-Phosphate(PLP)	39	2.6	20
Hb	$CHOCO_2H$	37	2.4	23
Hb	2-Nor-2-formylpyridoxal-5′-phosphate	～48	1.9	24
Hb	Glutaraldehyde	3	-	15
Bovine Hb	Glutaraldehyde	20	2.1	18
PLP-Hb	Glutaraldehyde	20	1.6	21
Hb	Malondialdehyde	2	1.2	17
Hb	Albumin	5	-	25
Hb	Dextran	3	-	11
Hb	Carboxylic Dextran	10	-	13
Hb	Hydroxyethyl Starch	3	-	12
Hb	Dimethyl Suberimidate	13.2	1.6	26
PLP-Hb	Inulin	17	2.3	14
PLP-Hb	Polyethylene Glycol	21	2.3	22
PLP-Hb	3.5-Bis-dibromosalicyl fumarate	30	2.2	19

* Human Hemoglobin, ** Hill constant

れ，分子量6万8,000ダルトンであるヘモグロビンが容易に糸球体濾過を受ける理由として，ヘモグロビンは，

$$\alpha_2\beta_2 \rightleftarrows 2\alpha\beta$$

の解離によって，3万4,000ダルトンの分子種を生ずるためとされている。このことは，もしヘモグロビンの4つのサブユニットの解離を分子内の架橋によって妨げれば，酸素運搬能を損うような過度の化学修飾を行わずに血流内寿命を延長させることができることを示唆している。

R.W.Tyeは，彼の特許の中で，ヒトヘモグロビンを無酸素条件下で，ビス（3,5-ジブロモサリチル酸）フマレイトと反応すると，この試薬はβ鎖の1-バリンと82リジンの間を架橋し，ヘモグロビンの4つのサブェットの解離を防げると主張している[19]。

さらに彼は，この分子内に架橋したヘモグロビンを，ピリドキサール-5′-リン酸と反応させることによって，酸素親和性を下げ，P-50が30mmHgで，血流内半減期（ウサギの血流内に投与）は約20時間になったと主張している。

この物質の動物実験による評価結果が待たれるところである。

表4.1.2に，これまで報告された人工酸素運搬体をめざした化学修飾ヘモグロビンの酸素運搬能を示した。

(4) 代用血液として酸素運搬体の評価

赤血球中では，ヘモグロビンが総タンパク量の97％を占めている外，2,3ジホスホグリセリンが存在し，β鎖間隙に配位することで，酸素親和性を下げ，ヘモグロビンが組織に酸素を渡す

のを助けている。しかし細胞ないしはカプセル等の系を用いない限り，2,3 ジホスホグリセリンを単に混合しただけでは，長時間にわたり酸素親和性を低下させることはできない。

このため，ピリドキサール-5′-リン酸やグリオキシル酸を用いて，ヘモグロビン β 鎖の N 末端バリンのアミノ基とシッフ塩基を形成させ，ひきつづき還元することにより，これらの酸性の分子を固定化し，ヘモグロビンの P-50 を 35 mmHg 程度にする方法がとられる[20]。

このようなピリドキサール化ヘモグロビンを架橋化等によって高分子化すれば，代用血液として用いることのできる酸素運搬体をうることができる。

今日まで，動物の血液を 90％以上交換して長期に生存させることに成功したのは，フロロカーボンを除けば，F. Devenuto による，ピリドキサール化ヘモグロビンのグルタルアルデヒド架橋体[21]（ポリヘモグロビン）と岩下らによるピリドキサール化ヘモグロビンのポリエチレングリコール修飾体（安定化ヘモグロビン）の 2 つの報告があるのみである[22]。この 2 つの化学修飾ヘモグロビンは，P-50 が 16～22 mmHg，血液内半減期が 16～20 時間とほぼ同一の性質を示しており，その化学構造を除けば，溶液の物性に大きな差違はない。

最も大きなちがいは，グルタルアルデヒド架橋ヘモグロビンの分子量が 6 万～100 万ダルトン広い分子量分布をもち，その溶液の粘度が全血に比して高いのに比べ，ポリエチレングリコール修飾ヘモグロビンの分子量は，ほぼ 9 万から 13 万の範囲にあり，粘度もほぼ全血に等しいという点である。

分子量 6 万のヘモグロビン類は解離によって尿中に出るため，腎機能に何らかの影響があると思われるが，ポリヘモグロビン液についての詳細な安全性研究は未だ発表されていない。

ともあれ，酸素運搬体としての人工酵素である化学修飾ヘモグロビンは基礎研究の段階を終え，医薬として応用研究に入ることができるようになったといえよう。

今後は，前にも触れたアナフラキシーの問題を含む安全性の検討，さらに大量生産の問題，保存安定性，経済性の問題等，多角的な検討に耐えるものだけが開発競争の中で生き残ってゆくこととなろう。

1.4 おわりに

本節では，酸素輸送能をもつ人工酵素を天然物（ヘモグロビン）と合成物（アルデヒド架橋体，高分子）のハイブリッドから作ろうとする試みにしぼって述べた。

このため，フロロカーボンやリポソームを用いる研究について十分ふれなかったことをおわびしたい。

タンパク質の化学修飾で人工酵素をえようとする試みは，広い意味でのプロテインエンジニアリングともいえ，今後とも酵素機能の分子論的設計の有力な一手法となるであろう。

第4章 人工酵素の機能

　一方このようにしてえられた代用血液を天然の血液と比べた場合，半減期は短かく免疫機能はもたない等の多くの欠点をもっている。
　他面，血液型合わせなしで使用できる，長期保存が可能である。また心筋梗塞や脳梗塞で細化して赤血球が通れぬようになった血管を通じても酸素の供給ができるなど天然血液にはない利点ももっているのである。
　現在，世界の血液需給はプラズマ利用と血球利用のアンバランスの問題を抱え，他方で血清肝炎や AIDS 等輸血による感染が深刻な問題となっている。
　ここで述べた代用血液の開発が，このような問題の解決の一助となることを願って結びとしたい。

文　　献

1) N.M.Senozan, *J.Chem. Educ.*, **51**, 503 (1974)
2) L.C.Clark, F.Gollan, *Science*, **152**, 1755 (1966)
3) T.Mitsuno, H.Ohyanagi, R.Naito, *Ann. Surg.*, **195**, 60 (1982)
4) *Chem. Week*, Dec 12, 82 (1984)
5) L.Vaska, *Science*, **140**, 809 (1963)
6) J.P.Collman, J.I.Bauman, K.S.Suslick, *J.Am. Chem. Soc.*, **97**, 7185 (1975)
7) 近藤保, 化学の領域増刊 **135** 号，バイオマテリアルサイエンス第2集， 109 (1982)
8) L.Djordjevich, I.F.Miller, *Exp. Hematol.*, **8**, 584 (1980)
9) *C.& EN.*, Jan 14, 42 (1985)
10) S.F.Rabiner, J.R.Helbert, H.Lopas, L.H.Friedman, *J.Exp. Med.*, **126**, 1127 (1967)
11) S.Tam, J.Blumenstein, J.T.Wong, *Can. J.Biochem*, **56**, 981 (1978)
12) L.C.Cerny, D.M.Stasiw, E.L.Cerny, J.E.Baldwin, B.Gill, *Clin. Hemorheol.* **2**, 355 (1982)
13) P.G.Pietta, M.Pace, G.Palazzini, A.Agostoni, *Preparative Biochem.*, **14**, 313 (1984)
14) K.Iwasaki, K.Ajisaka, Y.Iwashita, *Biochem. Biophys. Res. Commun.*, **113**, 513 (1983)
15) 特開昭 51-63920 （西独 ビオテスト－セルム－インスチチュート）
16) U.S. 4,301,144
17) K.Kikugawa, H.Kosugi, T.Asakura, *Arch. Biochem. Biophy.*, **229**, 7 (1984)
18) M.Feola, H.Gonzalez, P.C.Canizaro, D.Bingham, P.Periman, *Surg. Gynecol.Obstet.*, **157**, 399 (1983)
19) R.W.Tye. Intern. Patent. Application, PCT/US 84/ 00696 (1984)
20) R.Benesch, R.E.Benesch, S.Kwong, A.S.Acharya, J.M.Manning *J.Biol. Chem.*, **257**, 1320 (1982)

21) F.DeVenuto, A.Zegna, *J.Surg. Res.,* **34**, 205 (1983)
22) K.Iwasaki, Y.Iwashita, submitted for publication in "Artificial Organs"
23) A.DiDonato, W.J.Fautl, A.Acharya, J.Manning, *J.Biol. Chem.,* **258**, 11890 (1983)
24) R.Benesch, L.Triner, R.E.Benesch, S.Kwong, M.Verosky
    Proc. Natl. Acad. Sci, USA, **81**, 2491 (1984)
25) N.A.Fedorov, V.S.Yarochkin, V.B.Koziner, A.A.Khachaturyan
    G.Y.Rozenberg, *Dokl. Akad. Nauk SSSR,* **243**, 1324 (1978)
26) G.A.Jamieson, T.J.Greenwalt "Blood Substitutes and Plasma Expanders" p.163
    (1978)

第4章 人工酵素の機能

2 物質変換・合成機能をもった人工酵素

古川敏郎*

2.1 はじめに

「物質変換・合成機能をもった人工酵素」は範囲が広く,重要なテーマであり,筆者の力の及ぶところではないが,種々の事情で引き受けることになった。昭和59年3月,工業技術院の指導の下に日本機械工業連合会の委託を受け,日本産業技術振興協会が行った「産業材料理論開発システムに関する調査研究」[1]が出版された。この委員会に参加して感じたことは「人工酵素」の定義も,研究上の攻め方および目標点,到達点即ち現状の評価も人により大変異なっているということである。

本分野の全体像をつかむには,バイオミメティックの観点から,吉田善一教授らの文部省科研費特定研究「生体機能の化学的シミュレーションと有効利用」[2](昭和55～57),前述の「調査研究」,さらに田伏教授による「人工酵素の開発」[3],「90年代の人工酵素」[4]などの総説がありそれらを参照いただきたい。

与えられたテーマの研究を網羅することは紙数の関係もあり困難である。ここでは,変則的であるが,人工酵素へのアプローチの方法を下記のように,反応を横軸にとって,整理することを試みた。

反応	アプローチ
窒素の固定と還元	全方向から
加水分解・付加反応	ホスト・ゲスト分子設計
還元反応	補酵素のモデル化→不斉認識能のデザイン→電子伝達系の設計
酸化反応	金属酵素の活性中心モデル,酸化還元電位
C-C結合生成反応	生体系類似反応を有機化学的にシミュレート
その他の反応と補足	

2.2 人工酵素のめざすもの

日本の化学工業は,大量生産を主とした重化学工業から特殊化をめざすファインケミストリーへの比重を高めつつあり,選択的反応の重要性がますます大きくなっている。したがって,酵素の持つ特異性と加速性の利用が工業界から注目されている。一方酵素は熱やpHに不安定であり,高価であり,一般に有機溶媒中で使用できないといった欠点がある。そこでこれらの欠点を克服できる人工酵素が要求されている。

---

* Toshiro Furukawa 三井石油化学工業㈱ ポリマー応用研究所

2 物質変換・合成機能をもった人工酵素

人工酵素は天然酵素を見習ってその素物性を調べ，1) これに近似する構造と機能を持つ，2) 機能さえ同じであればよい．とする2つの考えがある．人工酵素を構築するに当り酵素の理解は不可欠であり，現在，各種酵素について解析が精力的に進められているが，完全にできているものは少なく，また機能発現には立体的構造を持つ分子設計が必要である．ここでは天然酵素と同じものを作るのではなく，同等またはそれ以上の機能を持つ触媒をめざす．したがって持つべき機能要素は①基質の取り込み，②特異な触媒活性，③生成物のはき出し，④触媒の有効回転，⑤安定性などである．

2.3 各論

いまだ上記機能を完全に満足する人工酵素は開発されていない．以下では反応別に人工酵素へのアプローチ，デザインを2.1に述べた方法でまとめた．したがって，重要な研究が抜けるケースもあることをご了解いただきたい．

2.3.1 窒素の固定と還元

自然界では年間約1.5億トンの窒素が微生物，藻類などにより還元固定され，それを行っているのはニトロゲナーゼと呼ばれるモリブデンを含む酵素である．その人工酵素への研究を，①酵素の解析，②手本にした人工酵素の構築，③他の錯体の機能を研究する，④安定化を図る，といった段階で整理する．

(1) 酵素の解析

ニトロゲナーゼはモリブデンと鉄を含むMo・Feタンパクと鉄のみを含むタンパクからなり，前者が直接窒素の固定に，後者は還元のための電子伝達の働きをしている．Mo・Feタンパクを酸処理してえられるMoを含む低分子は必須の活性部位[5]とみなされている．Mo・Feタンパクの単結晶のX線解析[6]は行われたが活性部位の高次構造はいまだ解明されていない．が，しかし，活性部位のいくつかのモデルが合成され提案されている[1]．

(2) 酵素をまねた人工酵素

活性中心にモリブデン錯体を用いるMo-チオール錯体[7]，Mo-システイン錯体[8]，Mo-シアノ錯体，アルキルモリブデン酸塩[9]などの研究や，D. Coucouvanis[10]，T. Tanaka[11]，J. Chatt[12]，千鯛[13]，井上[14]らのMo-Fe-SクラスターまたはFe-Sクラスターによる還元反応の研究が行われている．

ペプチドを配位子として用いるMo-グルタチオン[15]，Mo-(Cys-Ala-Ala-Cys)$_n$錯体[16]などが検討されている．その他の高分子としてはシステインとγ-ベンジルグルタミン酸コポリマー Mo錯体[17]，架橋デキストリンを結合させたMo錯体[18]，SH基を導入したポリスチレンMoおよびFe錯体[19]による窒素還元反応が研究されている．

第4章　人工酵素の機能

(3) 窒素固定の機能を持たせるアプローチ

窒素分子がRu錯体に配位することをAllenが発見して以来，V，Ti，Crなどのピロカテコール錯体による窒素の固定[20]，アルキルチタン塩化物あるいはチタン塩化物によるアンモニア，有機アミン，ニトリルの合成[21]など多数の研究がある。高分子チタノセン錯体[22]や高分子ホスフィンCo錯体などによる窒素還元反応も検討された。

(4) 安定化を図る

ニトロゲナーゼを寒天で固定化[23]するとnativeより活性が増加し安定化することが判った。同様に高分子を配位した方が未担体の金属錯体より優れた触媒活性と強い配位能を持っており，このことは人工酵素へのアプローチの方向を示している。

活性部位のモデルとして合成された代表的な4種のものが提案されており，人工ニトロゲナーゼの分子設計も考えられている[1]。

この分野については，全くの素人なので評価ができず，文献の羅列に終った。興味のある方は原報をご参照いただきたい。

ただ単純に窒素固定用の人工酵素の工業的見通しとなると，ハーバー・ボッシュ法を経済的に越えることは困難のように思われる。しかし，21世紀に向けて食糧問題は最大の課題であり，ここでえられる活性部位などの基礎研究が，窒素の活性化機能を軸にアミノ酸・タンパク質の化学へと展開されることを期待している。

2.3.2　加水分解反応・付加反応（ホスト化合物のデザインを中心にして）

(1) 固定化酵素利用の現状

加水分解，付加反応を行う天然酵素には安定なものが多く，古くからデンプンのアミラーゼによる糖類の製造が工業的に行われ，最近では，田辺製薬の千畑らにより，世界ではじめて，固定化酵素（固定化菌体を含む）を利用し，D，L-アシルアミノ酸の選択的加水分解によるL-アミノ酸の光学分割[24],[25],[26]が工業的に成功[27]している。その他辻ら[28]のリパーゼによるエステル合成，山根らの固定化リパーゼによるグリセリドの連続合成などの研究がある。また同じく田辺製薬ではフマル酸へのアンモニアの付加反応によるアスパギン酸の製造[29]も固定化菌体[30]で実施している。これらの実例は，天然酵素も安定でさえあれば，固定化などの手法で（ごく広義の人工酵素）工業的に使用できることを示している。

(2) ターンオーバー能を持つホスト化合物のデザイン（結合部位と触媒部位の分子設計）

一般的にいえば，人工酵素の天然酵素に及ばない第一の欠点はターンオーバーしないか，してもおそいことである。これを解決する一つの手段はホスト化合物のデザインである。既に第3章「人工酵素を構築する素材」で述べられているが，人工酵素の構築にはゲスト（反応の基質）に合ったホスト化合物をどのようにデザインするかが重要である。

2 物質変換・合成機能をもった人工酵素

人工酵素による加水分解反応の研究は多数あるが,それらは総説[1),2)]を参照いただくこととし,ここではいかにしてターンオーバー能を持つ人工酵素に到達したかを戸田ら[31)]の研究を中心に述べる。

シクロデキストリン(CDと略す,第3章参照)は6～8個のグルコースが環状に結合した円筒状分子(図4.2.1のように略す)で,これは疎水性相互作用で包接化合物を形成し,酵素での基質の結合部位の役割をする。

Benderら[32)]はCDをα-キモトリプシンのモデルとして研究した。ただしターンオーバーしない,pH 10以上でないと作用しないという欠点があった。

Tabushiら[33)],Breslowら[34)]はCDの1級水酸基側に疎水基を導入し,Capped-CDを合成し,基質取り込み能を増大させることができた。しかしターンオーバーの点で問題があった。

戸田ら[31),35)]はCDの広い口にある2級水酸基に酵素活性部位であるイミダゾール基を導入した。Cramerら[36)]はCDの狭い口にある1級水酸基にイミダゾール基を導入した。後者では活性は増大しなかったが,戸田らの化合物ではpH 7で活性を示した。その差は図4.2.1のように,取り込まれたp-ニトロフェニルアセテートと触媒活性基との立体配置が異なるためであろう。前者は基質特異性(図4.2.2と表4.2.1),ターンオーバー性を示した(図4.2.3,表4.2.2)。即ち酵素と同じ機能要素(前述2.2)をそろえた人工酵素であり,分子設計の重要さを示した点で興味深く,示唆に富んだ研究である。

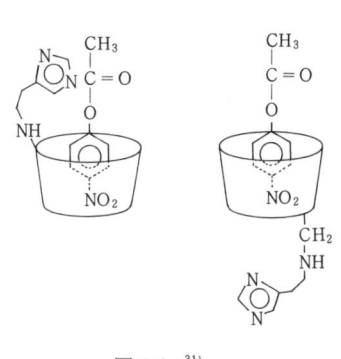

図4.2.1[31)]

(3) 選択性発現のデザイン(純人工ホスト・シクロファンによるナフタレン基質の加水分解)

第3章で述べられているが,シクロファンは環を構成する芳香環とメチレン鎖で作られる疎水内孔を持ち,前述のCDが半人工ホストで構造が決まっているのに対し,基質の選択的取り込みを発現するための内孔の構造を自由にデザインできるのが大きな特徴である。最近の研究成果は,小田嶋,古賀の総説[37)](図4.2.4)および研究[38)]を参照されたい。

田伏ら[39)]は図4.2.5,表4.2.3に示すようにナフタレン基質の加水分解でβ選択性をえている。解析の結果表4.2.3に示すように,これは取り込みの強さ($1/K_m$)ではなく,取り込まれてからの反応性(k_{cat}/k_0)の差であることを示した。反応全体の選択性は取り込みが好都合な形で起こること,およびホストとの相互作用により有効な遷移状態が作られることが重要な因子である。

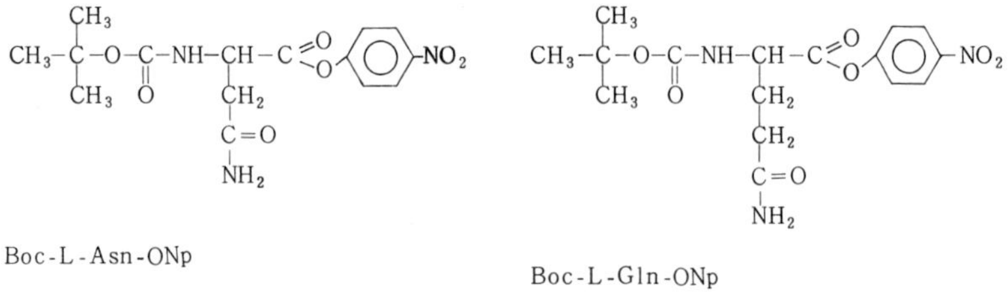

第4章　人工酵素の機能

Boc-L-Asn-ONp

Boc-L-Gln-ONp

図 4.2.2[31]

表 4.2.1[31] Catalytic rate constants in the hydrolysis by β-CD-histamine

Substrate	k_{cat}(10^{-2}sec^{-1})	k_m(10^{-4}M)	k_{cat}/k_m(sec^{-1}M^{-1})
Boc-L-Asn-ONp	1.48	18.6	7.97
Boc-L-Gln-ONp	0.582	3.04	19.2

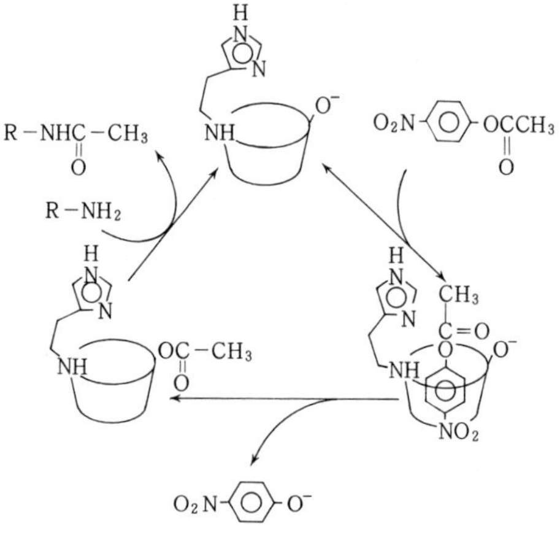

図 4.2.3[31]

表 4.2.2[31] Catalytic rate constants in the hydrolysis of PNPA

Catalyst	k_{cat}(10^{-3}sec^{-1})	k_m(10^{-3}M)	k_{cat}/k_m(M^{-1}sec^{-1})
β-CD-histamine	0.82	4.4	0.19
β-CD-NH$_2$	0.066	—	—
β-CD	≃ 0	—	—
α-chymotrypsin	6.5	7.7	0.85

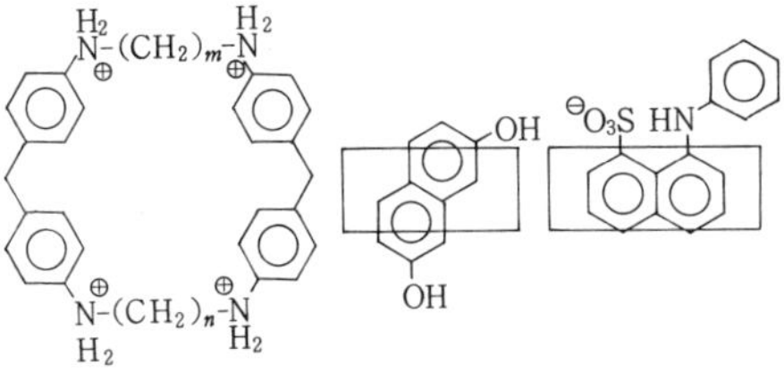

2 物質変換・合成機能をもった人工酵素

図 4.2.4[37,38]

1 a: $m=n=4$
   b: $m=5, n=6$ 〔1〕a   〔1〕b

表 4.2.3 ナフタレン基質の加水分解反応における基質選択性[39]
(20 ℃, pH8.1)

ゲスト		$1/k_m$(M^{-1})	k_{cat}/k_0
〔3〕	(α)	5.6×10^3	6.0
〔4〕	(β)	1.9×10^3	25

(4) 付加反応

ここでいう付加反応とは加水分解の逆反応で合成されるペプチド合成,エステル合成であるが,紙数の都合で省略する.

2.3.3 還元反応

生体内での酸化還元反応の代表的な補酵素はNADHまたはNADPHおよびフラビンである.ここでは補酵素NADHのモデル反応,不斉認識のデザインおよび電子伝達系へのつながりの順に述べる.

(1) 補酵素NADHのモデル反応

NADHの反応部である1,4-ジヒドロニコチンアミド〔5〕は全体としてHを放出して芳香化することで還元剤として機能する.NADHのモデル化合物を合成し,それを用いて酵素類似の還元反応を行うのが目的である.初期のWestheimerらの研究,Hantzschエステル〔6〕にはじまり人工酵素へアプローチする研究は多数ある.ここではOhnishiら[40]の金属イオンの有無により反応生成物が全く異なり,Mg^{2+}が存在すると式(1)の〔8〕のみが選択的に生成され,存在しないと〔8〕,〔9〕の混合物が生成する例を示した.詳しくは新海[41]の総説を参照いただきたい.

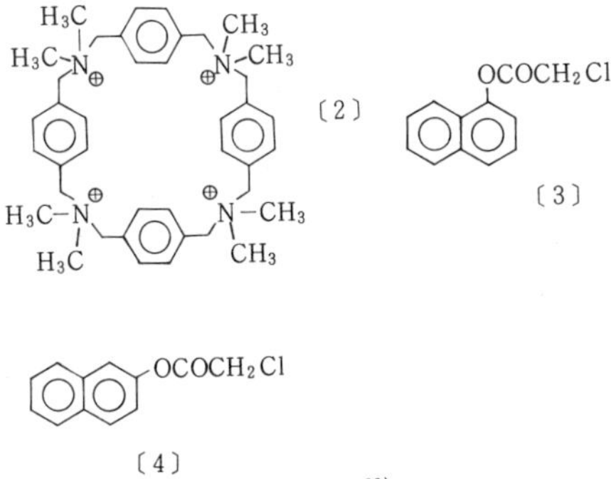

図 4.2.5[39]

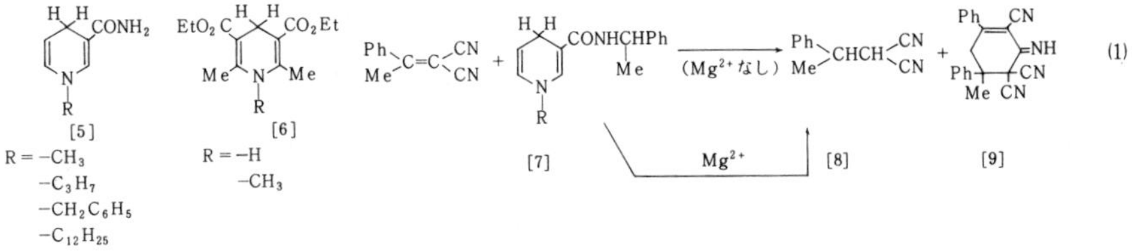

〔5〕 R = -CH$_3$, -C$_3$H$_7$, -CH$_2$C$_6$H$_5$, -C$_{12}$H$_{25}$
〔6〕 R = -H, -CH$_3$

第4章 人工酵素の機能

(2) 不斉還元反応

NADH依存性酵素の特徴は，水素移動が立体特異的に起こることである。非酵素系で(NADHモデル反応)立体特異的な水素移動を起こすにはどうするか，Ohnishiら[42]は3位のアミドに光学活性なα-フェネチルアミノ基を導入した[7]を用いれば，Mg^{2+}の存在下で，[10]が還元され，Rのα-フェネチルアミノ酸ならばRのアンデル酸エステルが11～21％の光学収率でえられることを見い出した。Ohnoら[43]はキラル中心と反応性水素の距離が短ければ，より高い収率が期待できると考え，キラルな炭素に水素が直接結合している[11]を合成した。Mg^{2+}の存在で[10]を還元し，94.7～97.6％という高い光学収率でマンデル酸をえた。その他の例を表4.2.4[44]に示した。

表4.2.4　カルボニル化合物の不斉還元[44]

基質	11 の配置*	生成物	% e.e.
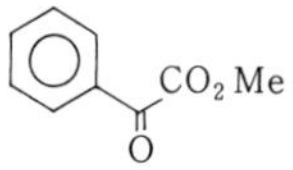 PhCO-CO₂Me	RR SR SS	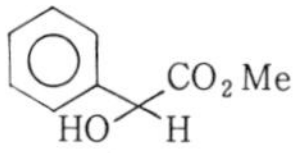 Ph-CH(OH)-CO₂Me	97.6(R) 96.5(S) 94.7(S)
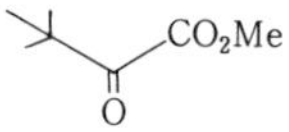 (CH₃)₂CH-CO-CO₂Me	RR	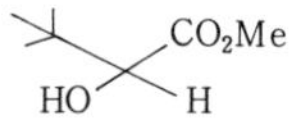 (CH₃)₂CH-C(OH)(H)-CO₂Me	>99 (R)
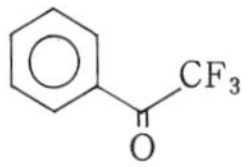 Ph-CO-CF₃	RR SR	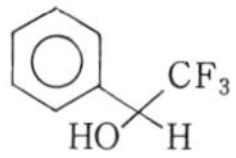 Ph-CH(OH)-CF₃	70.3(R) 70.5(S)
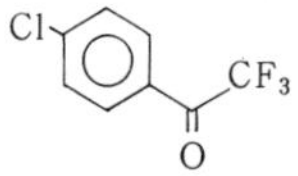 4-Cl-C₆H₄-CO-CF₃	SS	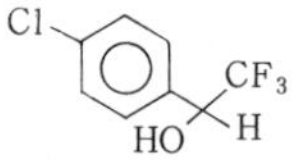 4-Cl-C₆H₄-CH(OH)-CF₃	>95 (S)
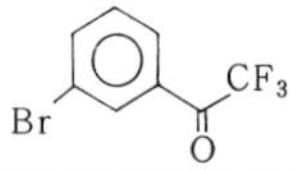 3-Br-C₆H₄-CO-CF₃	RR	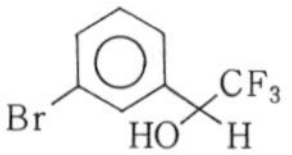 3-Br-C₆H₄-CH(OH)-CF₃	89.2(R)

* 4位炭素の配置X，ベンジル炭素の配位Yの化合物をXY-[11]とする。

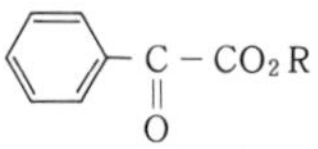

〔10〕 PhCO-CO₂R

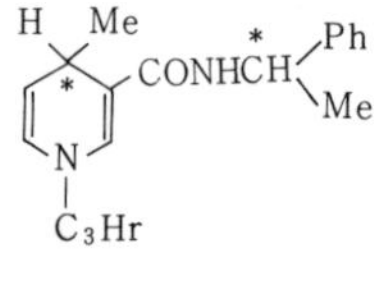

〔11〕

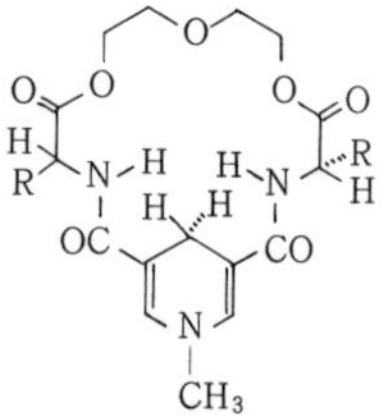

〔12〕

126

クラウンエーテルとNADHモデル化合物を組み合わせて選択性を出す研究[45)~47)]があり，Kellogら[48)]の[12]は不斉認識能が高い。[10]の還元反応での光学収率は86%であるが，[12]は酸化型を還元して再使用できる可能性がある。

今後の課題はモデル化合物が，触媒的に用いられるようになること，酸化反応(研究[49),50)]はあるがいまだ少ない)に応用できるようになること，他の電子伝達系とつながることであろう。

(3) 新しい電子伝達系の開発とその高分子膜への応用[51)]

"電子伝達系へのつながり"をどう解釈するか(定義するか)の問題はある。遠藤[51)]は可逆的に酸化還元を行う，アロキサン類，ビオロゲン類，補酵素であるリポ酸の関与する新しいredox系を紹介し，それらの機能団を持つ高分子膜が合成され，酸化還元反応へ応用される可能性を示した。

筆者は大変興味深く感じたので，その総説[51)]から一例を紹介する。ヒドロキシアミン($PhCH_2ONH_2$)は水エタノール中で$NaBH_4$で還元されないが，リポ酸誘導体とFe^{2+}が触媒量存在すると式(2)により還元が進行し，アルコールがえられた。リポ酸構造を持つポリマーで，この反応を検

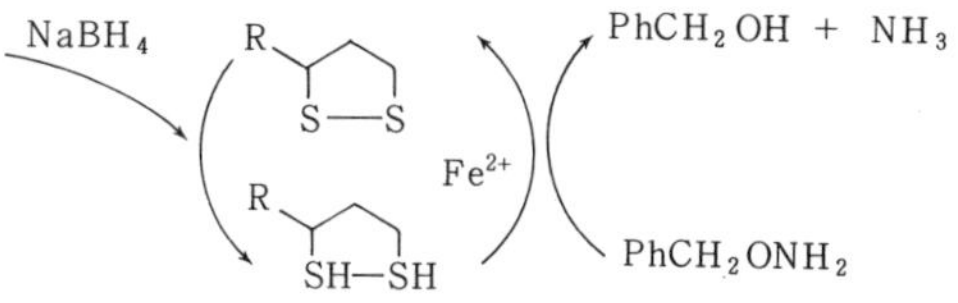

$$NaBH_4 + \begin{pmatrix} R-\overset{S-S}{\diagdown} \\ R-\overset{SH-SH}{\diagdown} \end{pmatrix} \xrightarrow{Fe^{2+}} \begin{matrix} PhCH_2OH + NH_3 \\ PhCH_2ONH_2 \end{matrix} \quad (2)$$

討したところ，ポリマーの種類により反応は異なり，図4.2.6のP-I(疎水性のポリマー)では反応しないが，他の親水性ポリマーではほぼ定量的に進行した。

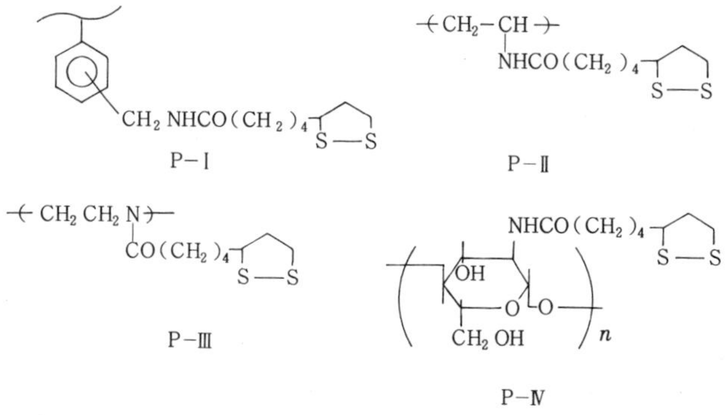

図 4.2.6

新しい高分子電子伝達触媒として期待が持てる上，新しい電子材料ともなるであろう。皆様も読まれてはいかがですか。

2.3.4 酸化反応

京大早石教授が発見された酸素添加酵素を中心テーマに，それから酸素添加反応の触媒系の構築へと，世界的にしのぎをけずる研究が展開されている。即ち，①酸素添加酵素そのものの解析的研究，②金属酵素を範とする金属錯体による酸素添加反応へのアプローチ，などに大きな研究のエネルギーが注がれている。

①については，1981年11月11日から15日まで酸素添加酵素の発見25周年を記念し，"Oxygenase and Oxygen Metabolism" と題する国際シンポジウムが箱根で開催された。その概要は牧野[52]の見聞記を参照いただきたい。

金属酵素の構造と機能について，例えばヘム酵素ペルオキシダーゼを中心に森島，小川の総説[53]がある。そこではFT-NMRでの測定でヘムを含む酵素の基質との結合による構造変化の重要性を示した。X線と異なり，生体分子を溶液中(生まで)追跡できるFT-NMRの有効性が示されている。これら多くの基礎的知見がなくては人工酵素の構築はありえないのである。

(1) 金属酵素の活性中心モデル

チトクロムP_{450}モデルといいかえた方がよいと思うが，このモデル研究は近年大きな成果が上っている領域である。

①酸素錯体の生成・活性中間体の構造

チトクロムP_{450}の触媒サイクルは式(3)のように表わされる。P_{450}についての酸素錯体の生成，活性中間体の構造などの知見は，人工酵素構築の基礎ではあるが，ここでは触れないので，土田[54]，青山ら[55]の総説を参照されたい。

$$\underset{A}{Fe(III)(ls)} \xrightarrow{S} \underset{B}{Fe(III)(hs) \cdot S} \xrightarrow{e} \underset{C}{Fe(II)(hs) \cdot S} \xrightarrow{O_2} \underset{D}{Fe(II)(O_2)(S)}$$

$$\xrightarrow[2H^+]{e} \underset{A}{Fe(III)(ls)} + SO + H_2O \qquad (3)$$
$$(ポルフィリン配位子省略)$$

②P_{450}モデル反応

TabushiらはP_{450}モデル反応を継続して研究しており，$NaBH_4-Mn(III)(TPP)-O_2$系でオレフィンを酸化してアルコール[56]を，条件によってはエポキシ化[57]を起こすことを示した。その上Grovesら[58]のエポキシ化では立体特異性がないが，Tabushiらの反応は立体特異的である。

吉田寿勝[59]は文部省特定研究「ジオキシゲナーゼ類似作用をもつ金属錯体の構造と機能」の中でバナジウム(III, V)錯体を触媒とする3,5-ジ-t-ブチルカテコールの酸素酸化反応を示した。

面白いのは扁平上皮がんや悪性リンパ腫に対し制がん剤として広く用いられているブレオマイ

シン(分子量 1,500 の糖ペプチド)は 2 価鉄イオンと酸素分子が補欠因子として関与し,酸素添加反応により DNA を分解する(酵素?)触媒である[60]。ブレオマイシン鉄錯体は,人工酵素の分子設計に示唆を与えるものである。

吉田善一ら[61]はヘムによる酸素分子の活性化と酸素添加機能を活用した新合成法の開発を,西長[62]はオキシゲナーゼのモデル反応として可逆的に酸素と安定な錯体を形成するCo(II)-シッフ錯体を用いるフェノール類の酸素酸化を研究している。

③その他の酸化反応

金属錯体との境界線を引かないとすれば,多くの研究が含まれるが,Andrewsら[63]の次式の反応は生成した NO 錯体が酸素で自動的に再酸化される興味ある反応であり,例示した。

$$Pd(CH_3CN)_2(Cl)(NO_2) + \underset{O_2\text{で自動的に酸化}}{\underbrace{}\begin{matrix}R\\ \| \\ \end{matrix}} \longrightarrow [Pd(CH_3CN)_2(Cl)(NO)]_n + \begin{matrix}O\\ \| \\ \end{matrix}R \qquad (4)$$

(2) 酸化還元電位の制御機能を人工配位子で発現

木村ら[64]は大環状オキソアミン配位子を有するNi^{II}錯体[13]が可逆的に酸素分子を活性化し,しかもベンゼンが共存するとフェノールを生成することを見出した。さらにトルエンからはクレゾールが,O/m/p=56/14/30 で生成し,メチル基の酸化は起こらなかった。現状ではフェノールの収率は低く,工業化については未知数である。しかし,生体内で酵素が行っている酸化還元電位の制御機能を人工配位子によって発現し,原理的に人工酵素の可能性を持っているので興味深い。収率が低いのは木村ら[65]によれば,分子状酸素との反応で生じる三価のニッケルにより,配位子自身が酸化破壊されてしまうためである。$NaBH_4$の添加で収率が数倍上がることから,すぐれた還元系を見つけることが,工業化への課題であろう。

この研究例を見ると,配位子の理論的な設計ができれば,

④最適な酸化還元電位による高活性化

⑩異性体の選択性の制御

⑪高い熱および化学的安定性

⑤有機溶媒中での酸化反応

など実用化の目標に近づき得る反応系だといえる。

2.3.5 C-C 結合生成反応

生物は C-C 結合を作りながら生体に必要な成分を生合成しており,代表例は,

①二酸化炭素の固定→糖の生成

②脂肪酸生合成

③テルペノイド生合成

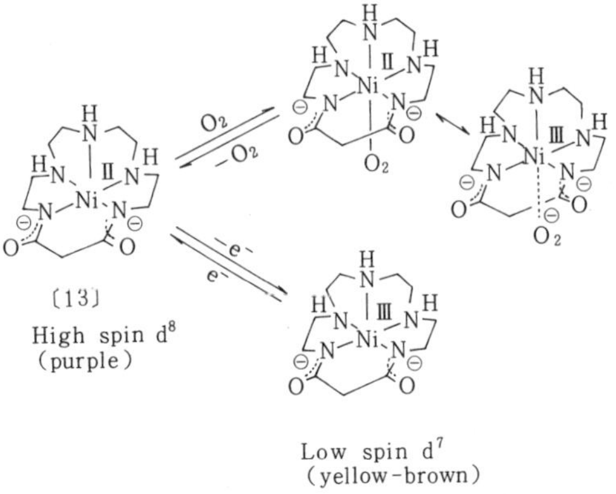

第4章 人工酵素の機能

図 4.2.7 [65]

④ C-C結合の組みかえ，異性化反応

などである．人工酵素によるC-C結合生成を考えるのはかなり将来のことであろう．

C-C結合生成反応の作戦は，生体内反応機構やルートとは全く独立に，生体系と類似の反応を有機化学的に非常に大胆にシミュレートしたものである．

(1) 二酸化炭素の固定

二酸化炭素を可逆的に取り込み活性化して有機物へ固定化できる金属錯体の研究が，マグネシウムウレイド[66]，マグネシウムメチラート[67]，シアノメチル化銅-ホスフィン錯体[68]などで行われている．資源問題の一環として重要である．

(2) 生理活性化合物

生合成類似の高選択的反応が，有機金属化学を中心に研究されている．例えば，プロスタグランジンの生合成ルートは長鎖不飽和脂肪酸から折りたたまれて，その骨格が作られるのに対し，有機金属を用いる野依ら[69]の3成分連結法では一挙にその骨格が立体選択的に合成される．

(3) 光学活性(立体規制)化合物の合成

最近の不斉合成触媒の中には酵素に近い立体規制ができるものが開発されつつある．環状ペプタイドを触媒とする不斉シアノヒドリン化反応[70]，アルカロイドを触媒とする不斉マイケル付加反応[71]，不斉配位子を有する有機金属錯体を触媒とする不斉グリニヤー・クロスカップリング反応[72]，不斉還化反応[73]等である．石油化学でもチーグラー触媒を改良し，光学活性ではないが立体規制の優れたポリプロピレン用触媒[74]~[77]が実用化されている．

2.3.6 その他の反応と補足

大変独断的なまとめ方をしたために，重要な点が抜けている．ここで補足しておく．

2 物質変換・合成機能をもった人工酵素

(1) アミノ基転移反応（アミノ酸の合成）

アミノ基転移反応はビタミン B_6 酵素が触媒する見事な不斉合成である。Snellら[78]は Cu^{2+} の存在でピリドキサミンモデル反応で数% e.e. のグルタミン酸をえた。田浦ら[79]は不斉金属錯体で，Breslowら[80),81)]は β-CDとピリドキサミンを結合した人工酵素で，葛原ら[82]はビタミン B_6 に不斉場を直接導入してアミノ酸の不斉合成を実現している。B_6 のアナログを選択することによって不斉合成が可能であるが触媒のターンオーバー性が重要な課題である。

(2) フラビン補酵素モデル

NADHと共に重要な補酵素であり，このモデル反応は多数報告されている。都合で割愛したが，新海[83]の総説を参照されたい。

(3) 膜，ミセル

反応の場として重要な膜やミセルに関して述べる機会がなかった。国武ら[84]，田伏らの立派な研究があるが，都合で割愛したことをお許しいただきたい。

(4) コンピュータの利用による酵素から人工酵素のデザインへ

本分野へのアプローチは日進月歩である。やや古いが文献1)の345頁に筆者が書いた拙い一文が何かの糸口になれば幸せである。

2.4 おわりに

人工酵素こそ21世紀へ向けて，有機化学，無機化学，生物化学，分析化学，コンピュータなどの総合科学の力で作り上げたいターゲットである。酵素の見事さを越えられるのはいつか？ 化学の進歩はカタストロフィーだともいわれる。しかしこれまでに注がれたエネルギーが壁を破る break through もあってよいだろうとも思う。最後に，自分に与えられた責任を十分果せなかったことをお詫び致します。

文 献

1) 「産業材料理論開発システムに関する調査研究」昭和59年3月 (財)日本産業技術振興協会
2) 文部省科研費特定研究「生体機能の化学的シミュレーションと有効利用」以下「生体機能」と略す，昭和55〜57年度成果報告書 昭和58年12月
3) 田伏岩夫ら，BIO INDUSTRY，1, 28 (1984)
4) 田伏岩夫，バイオテクノロジー・ライフサイエンス (技術予測シリーズ第3巻) p 70 日本ビジネスレポート㈱

第4章 人工酵素の機能

5) V. K. Shan et al., *Biochem. Biophys. Res. Commun,* **81**, 232 (1978)
6) M. S. Weininger et al., *Proc. Natl. Aca. Sci. USA,* **79**, 378 (1982)
7) G. N. Schrauger et al., *J. Am. Chem. Soc.,* **97**, 6088 (1975)
8) F. A. Schulz et al., *J. Am. Chem. Soc.,* **97**, 6591 (1975)
9) G. N. Schrauzer et al., *Z. Naturforsch Tiel B* **37**, 380 (1982)
10) D. Coucouvanis et al., *J. Am. Chem. Soc.,* **102**, 1732 (1980)
11) K. Tanaka et al., *J. Am. Chem. Soc.,* **104**, 4258 (1982)
12) J. Chatt et al., *J. Chem. Soc, Dacton,* **1977**, 1852
13) 千鯛真治ら, 生体機能, 研究報告 **3**, 46 (昭和56年)
14) 井上博夫, 生体機能, 研究報告 **6**, 176 (昭和57年)
15) H. J. Evans et al., *Proc. Natl. Acad. Sci. USA,* **70**, 339 (1973)
16) 中村晃ら 第29回錯塩討論会要旨集 p 352 (1979)
17) A. Nakamura et al., *Polymer J.,* **12**, 891 (1980)
18) M. Ichikawa et al., *Chem. Letter,* **1975**, 285
19) A. Nakamura et al., *Polymer J.* **13**, 845 (1981)
20) L. A. Nikonova et al., *J. Mol. Cat.,* **1**, 367 (1975/6)
21) E. E. Tamelen et al., *J. Am. Chem. Soc.,* **89**, 5705 (1967), 同 **92**, 5253 (1970)
22) 土田英俊ら Polymer Preprint. Jpn, **27**, 1028
23) I. Karube et al., *Engyme Micro Technol.,* **3**, 309 (1981)
24) I. Chibata et al., *Agric. Biol. Chem.,* **21**, 291 (1957); *ibid* **21**, 300 (1957); *ibid* **21**, 304 (1957)
25) T. Tosa et al., *J. Ferment. Technol.,* **49**, 522 (1971)
26) T. Tosa et al., *Enzymologia,* **40**, 49 (1971)
27) 千畑一郎「固定化酵素」p.128 (1975年) 講談社
28) 辻阪好夫ら, 化学と生物, **16**, 393 (1978)
29) 千畑一郎「固定化酵素」p.151 (1975年) 講談社
30) I. Chibata et al., *Appl. Microbiol.,* **27**, 878 (1974)
31) 戸田不二緒 文部省科研費特定研究, 「生体機能」p 133 (昭和58年12月)
32) M. L. Bender (小宮山ら訳)「シクロデキストリンの化学」(1979年) 学会出版センター
33) I. Tabushi et al., *J. Am. Chem. Soc.,* **98**, 7855 (1976)
34) R. Breslow et al., *ibid* **102**, 762 (1980)
35) F. Toda et al., *ibid* **97**, 4432 (1975)
36) F. Cramer et al., *Angew. Chem.,* **78**, 641 (1966)
37) 小田嶋, 古賀, 化学, **37**, 396 (1982)
38) K. Odashima et al., *J. Am. Chem. Soc.,* **102**, 2504 (1980); *Tetrahedron Lett.,* **21**, 4347 (1980)
    T. Soga et al., *ibid,* **21**, 4351 (1980)
    K. Odashima et al., *ibid,* **22**, 5311 (1981)
39) I. Tabushi et al., *J. Am. Chem. Soc.,* **100**, 1304 (1978); *ibid,* **103**, 6486 (1981)
40) Y. Ohnishi et al., *Chem. Lett.,* **1978**, 915
41) 新海征治, 化学, **35**, 170 (1980)

42) Y. Ohnishi et al., *J. Am. Chem. Soc.*, **97**, 4766 (1975)
43) A. Ohno et al., *Chem. Commun.*, **1978**, 328
44) 大野惇吉　化学, **34**, 156 (1979)
45) J. P. Behr et al., *Chem. Commun.*, **1978**, 143
46) D. M. Hedstrand et al., *Tetrahedron Lett.*, **1978**, 1255
47) T. J. van Bergen et al., *J. Am. Chem. Soc.*, **99**, 3882 (1977)
48) J. G. de Vries et al., *ibid*, **101**, 2759 (1979)
49) K. Wallenfels et al., *Angew. Chem. Intern. Ed.*, **4**, 869 (1965)
50) Y. Ohnishi et al., *Tetrahedron Lett.*, **1978**, 4035
51) 遠藤剛，膜, **9**, 146 (1984)
52) 牧野龍，化学, **37**, 300 (1982)
53) 森島績，小川諭，化学, **35**, 688 (1980)
54) 土田英俊，化学, **37**, 549 (1982)
55) 青山安宏，生越久靖，化学, **37**, 777 (1982)
56) I. Tabushi et al., *J. Am. Chem. Soc.*, **101**, 6456 (1979)
57) I. Tabushi et al., *ibid*, **103**, 7371 (1981)
58) J. T. Groves et al., 生体機能, **102**, 6375 (1980)
59) 吉田寿勝　生体機能　p 81 (昭和 58 年 12 月)
60) 杉浦幸雄，田中久　*ibid*, p 105 (昭和 58 年 12 月)
61) 吉田善一，生体機能　研究報告　6　p 217 (昭和 57 年)
62) 西長明　化学増刊 61「Bioinorganic Chemistry」p 179 (1974年) 化学同人
63) M. A. Andrews et al., *J. Am. Chem. Soc.*, **103**, 2894 (1981)
64) E. Kimura et al., *J. Am. Chem. Soc.*, **104**, 4255 (1982)
65) 木村栄一ら，有機合成化学, **42**, 407 (1984)
66) H. Sakurai et al., *Tetrahedon Lett.* **21**, 1967 (1980)
67) H. L. Finkbeiev et al., *J. Am. Chem. Soc.*, **85**, 616 (1963)
68) T. Tsuda et al., *ibid*, **100**, 630 (1978)
69) 野依良治　生体機能　研究報告　6，p 225 (昭和 57 年度)
70) J. Oku et al., *J. Chem. Sos. Chem. Commun.*, **1981**, 229
71) K. Herwann, *J. Org. Chem.*, **44**, 2238 (1979)
72) 林民生　化学増刊 97「不斉合成と光学分割の進歩」p 77 (1982) 化学同人
73) A. Nakamura et al., *J. Am. Chem. Sos.*, **100**, 3443 (1978)
　　T. Aratani et al., *Tetrahedron Lett.*, **20**, 1707 (1979)
74) 特開昭 52 - 151691
75) 特開昭 53 - 108088
76) N. Kashiwa et al., *Polymer Bull.*, **12**, 99 (1984)
77) 柏典夫ら，日化協月報，7月号, 17頁 (1985)
78) E. E. Snell et al., *J. Am. Chem. Soc.*, **76**, 648 (1954)
79) 田浦俊明, 化学, **38**, 191 (1983)
80) R. Breslow et al., *J. Am. Chem. Soc.*, **102**, 421 (1980)
81) R. Breslow et al., *ibid*, **105**, 1390 (1983)

82) 葛原弘美, 有合化, **41**, 134 (1983)
83) 新海征治, 化学, **35**, 346 (1980)
84) 国武豊喜, 「生体機能」p 161 (昭和 58 年 12 月)

3 電子,プロトン輸送機能をもった人工酵素

大倉一郎*

3.1 はじめに

　電子,プロトン輸送機能をもつ酵素は,呼吸による酸化的リン酸化を行っているミトコンドリアの細胞膜中に,また光合成系では光リン酸化を行っているチラコイド膜中に多く存在する。膜を通しての電子輸送では,プロトンの輸送と共役している場合が多い。そこで電子の輸送に重点を置いて述べることにする。酵素による電子輸送機構は不明な点が多いが,トンネル効果によるものとされている[1]。

　図4.3.1は光合成微生物である緑藻を例として電子輸送経路の概略を示したものである。緑藻のクロロプラストは高等植物のクロロプラストと同様に,光化学系Ⅰ（PSⅠ）と光化学系Ⅱ（PSⅡ）から成り立っている。PSⅡは光酸素発生に関与する系である。PSⅠはフェレドキシンを光還元し,これが電子伝達体となり,酵素ヒドロゲナーゼに電子を輸送する。この酵素は水のプロトンに電子を与え水素を発生する能力をもつ。

　詳細な生体系での電子輸送機能については他の文献[3]に譲り,ここではフェレドキシン,チトクロームなどと類似の電子輸送機能を持つ人工化合物および光合成系をモデルとした人工電子輸送系について述べる。

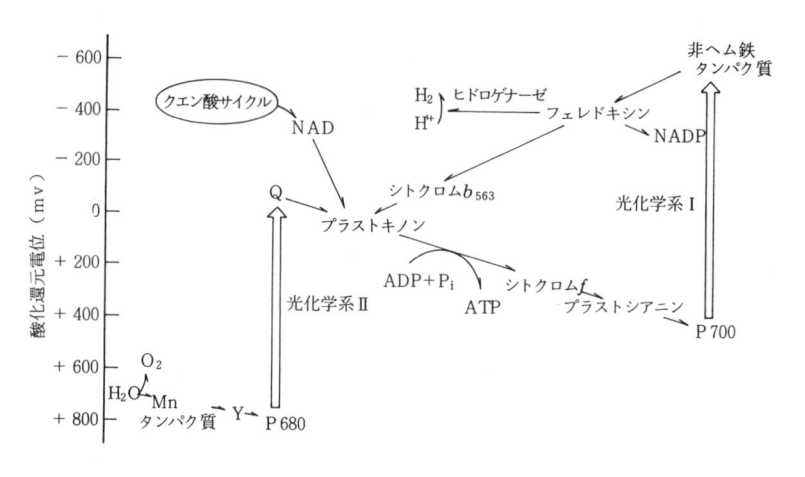

図4.3.1 クロロプラストの光化学系[2]

---

* Ichiro Okura　東京工業大学　工学部

第4章 人工酵素の機能

3.2 人工電子伝達体
3.2.1 フェレドキシン類似錯体

フェレドキシンは非ヘム鉄の一種であり，鉄と不安定イオウとを含み，システイン残基とでクラスターを形成している。その構造は基本的には4つの型に限定されている（図4.3.2）。

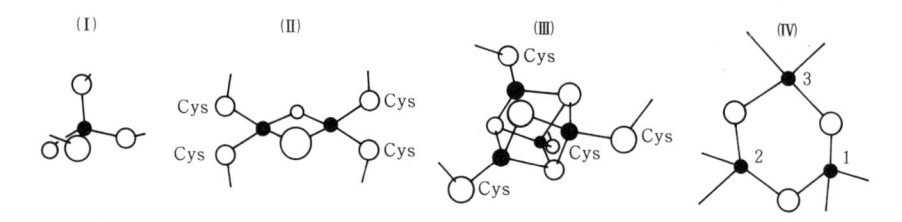

Ⅰ：1Fe（ルブレドキシン），Ⅱ：2Fe-2S*，Ⅲ：4Fe-4S*，Ⅳ：3Fe*-3S*

図4.3.2　鉄－イオウクラスターの型[4]

非ヘム鉄は構造の違いにかかわらず低い酸化還元電位を持ち，可視領域に特徴的な吸収を持つなど共通した物理化学的性質を備えている。これは鉄の電子状態がおもに活性部クラスターの型で決められており，配位子であるポリペプチド鎖がこれに微妙な影響を及ぼしていると考えられる。そこで非ヘム鉄中のクラスターと類似の構造を持つ錯体の研究が近年活発に行われており，主なモデル錯体を以下に述べる。ここで述べる錯体はいずれも電子伝達体としての機能を有するものである。

1分子中に鉄原子1個を有するルブレドキシンの活性部位モデルとしては錯体 [Fe(S_2-O-$xy/y/$)$_2$]$^{2-}$ が研究されている[5),6)]。これは図4.3.3に示した構造をしており，ルブレドキシンの活性部位構造に近い。鉄－イオウ結合距離，結合角はそれぞれ0.1 Å，5°以内で一致する。可視，ESR，メスバウアーなどの分光学的性質も非常によく似ている。しかし酸化還元電位はDMSO中で－800 mVであり，ルブレドキシンの－57 mVとは溶媒の誘電率の差を補正しても異なる。

よりルブレドキシンに近いモデルとしてペプチドを配位子とする錯体の合成が試みられている。ルブレドキシンのポリペプチド鎖のシステイン残基周辺は－Cys－X－Y－Cys－のアミノ酸

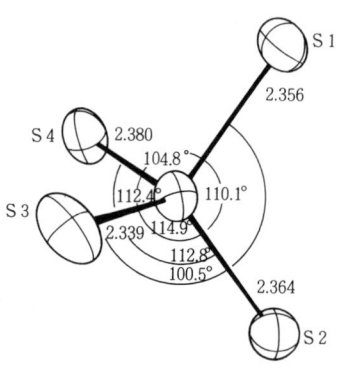

図4.3.3　Fe[(SPMe$_2$)$_2$N]$_2$

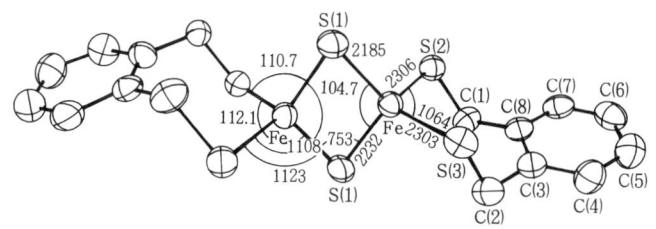

3 電子,プロトン輸送機能をもった人工酵素

図 4.3.4　$[Fe_2S_2(S_2\text{-}O\text{-}xyl)_2]_2^-$

配列をしているので,同様の配位子を持つ構造のクラスターが合成されている。中村ら[7]によって合成されたZ-Cys-Ala-Ala-Cys-OMe(Zはカルボベンゾキシル基)とFe(III)の錯体はルブレドキシンと良く似たCDスペクトルを示し,システイン残基周辺の二次構造がルブレドキシンと良く一致していると考えられる[8],[9]。

2Fe-2S*型モデルとしてHolmらは次の錯体を合成した[10]。この錯体のX線解析結果を図4.3.4に示す。

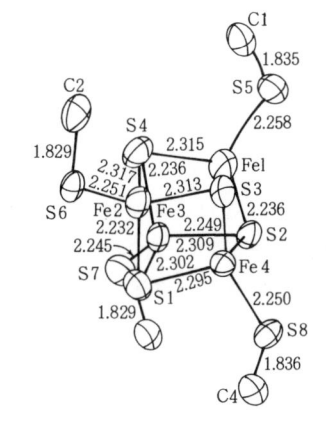

$$FeCl_3 + \begin{array}{c}\text{SH}\\\text{SH}\end{array} \xrightarrow[\text{ii) } R_4N^+]{\text{i) NaHS/NaOMe}}$$

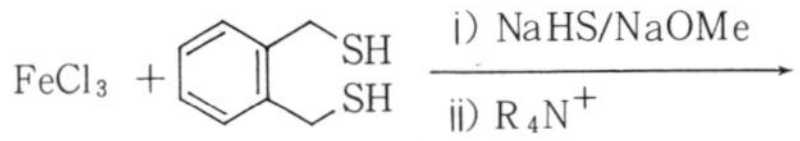

$(R_4N)_2[Fe_2S_2(S_2\text{-}O\text{-}xy/y)_2]$

図 4.3.5　$[Fe_4S_4(SCH_2Ph)_4]^{2-}$

植物由来の2Fe-2S*型フェレドキシンの構造が解明されたのはこの錯体の構造が解明された後であり[11],2Fe-2S*型フェレドキシンモデルとして意義深いものである。この場合にも,Z-Cys-Ala-Ala-Cys-OMeのようなペプチドを配位子にもつクラスターが合成されている[7]。

4Fe-4S*型の錯体は次式に示す方法で合成される[12],[13]。

$4FeCl_3 + 12NaSR \longrightarrow (4/n)[Fe(SR)_3]_n$

$\underline{4NaHS + 4NaOMe}$
$Na_2[Fe_4S_4(SR)_4] + RSSR + 6NaSR$

$\xrightarrow{R_4N^+} (R_4N)_2[Fe_4S_4(SR)_4]$

第4章 人工酵素の機能

SRとしてSCH$_2$phを用いた場合の構造を図4.3.5に示す。構造的には4Fe-4S*型フェレドキシンに極めて類似しているが, 酸化還元電位は-1.8Vでフェレドキシンの-0.5Vとかなり異なる。しかし, その後合成された[Fe$_4$S$_4$(S-(RS)-Cys(Ac)-NHMe)$_4$]$^{2-}$ はフェレドキシンに非常に近い酸化還元電位を示す[14]。

3.2.2 人工ヒドロゲナーゼ

ヒドロゲナーゼは種々の嫌気性バクテリア中に含まれ, プロトン還元による水素発生反応を触媒する酵素である。電子伝達体ではないが, この酵素ヒドロゲナーゼにもフェレドキシンに類似の4Fe-4S*型クラスターが含まれている。ヒドロゲナーゼの活性点は4Fe-4S*クラスターと考えられるが, 配位子にチオフェノール, t-ブチルメルカプタン, メルカプトエタノールなどを用いた4Fe-4S*型錯体ではヒドロゲナーゼ活性が見られない。しかし4Fe-4S*クラスターを除いたアポタンパクが配位した4Fe-4S*錯体(再構成タンパク)はヒドロゲナーゼ活性を有するので, ヒドロゲナーゼ活性の発現には4Fe-4S*クラスターの配位子が重要な役割をしていることがわかる。アポタンパクの代りに牛血清アルブミンを用いると, ヒドロゲナーゼ活性を有する4Fe-4S*型錯体を合成することができる[15),16)]。

3.2.3 チトクロームC$_3$の機能

特殊な性質をもつ電子伝達体の一例としてチトクロームC$_3$を取り上げる。チトクロームC$_3$は硫酸塩還元菌(Desulfovibrio vulgaris)において, ヒドロゲナーゼの基質として働く。すなわち, ヒドロゲナーゼの存在下で以下の反応が起こる。

酸化型チトクロームC$_3$ + 2H$_2$
$\rightleftharpoons$ 還元型チトクロームC$_3$ + 4H$^+$

井口ら[17)]はチトクロームC$_3$に少量のヒドロゲナーゼを添加することにより, 分子から分子へ触媒なしで直接電荷が移動できることを見出し(図4.3.6), 電子伝達可能な固体膜が形式できるとしている。チトクロームC$_3$のイオン化電圧は極端に低く(還元型で4.6 eV), 電子授受について両性的性質を示すグラファイト(4.7eV)よりもさらに低い値を示し, 一連の有機固体の中では極めて異常な特性といえよう。10^3 Å程度の薄膜にした固体チトクロームC$_3$は, その約90%以上が還元された状態になると56Ωcmという高い電導が観測されている。この現象はAC, DCいずれの測定方法によっても同様な傾向を持つ結果が得られて

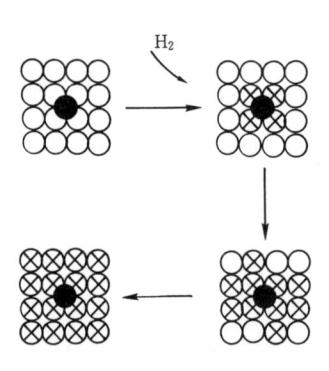

● ヒドロゲナーゼ
⊗ チトクロムC$_3$(還元型)
○ チトクロムC$_3$(酸化型)

図4.3.6 ヒドロゲナーゼを介しての水素からチトクロムC$_3$への電荷移動機構

おり，分子スイッチとしての機能を持たせることが可能であろう．

3.3 人工エネルギー変換系（水の光分解システムを例として）

太陽エネルギーの化学エネルギーへの変換の中で最も重要な課題は水の光分解である．水の光分解法を大別すると，1) 半導体光触媒を用いる方法，2) 天然の葉緑体をそのまま用いる方法，3) 電子供与体を用いることにより水を還元的に光分解する方法，の3方法がある．

1) 半導体光触媒を用いる方法

自然界においては，緑色植物により可視光で水を分解し，炭酸ガスを固定して太陽エネルギーを貯蔵している．TiO_2などの半導体を用いると，葉緑体の機能と類似した反応プロセスで水を光分解することができる．このプロセスでは，(1)触媒の光励起と電荷分離－還元体（電子）と酸化体（正孔）の生成，(2)還元体とH^+との反応，酸化体とOH^-との反応などの各ステップが効率よく起こる必要がある．

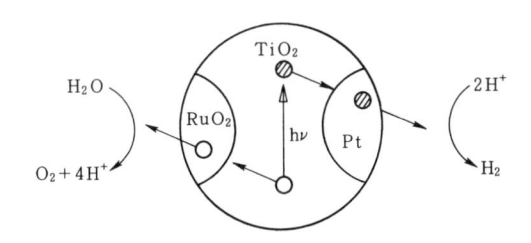

図4.3.7 $RuO_2/TiO_2/Pt$ 微粒子半導体による水の光分解の模式図

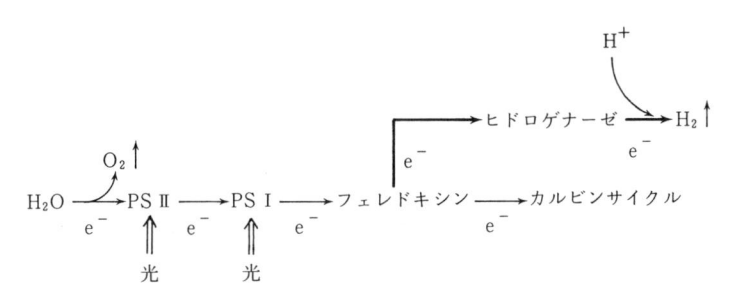

図4.3.8 光合成系における電子の流れ
（太線はヒドロゲナーゼにより奪れた電子の流れを示す）

第4章　人工酵素の機能

表4.3.1　葉緑体－フェレドキシン－ヒドロゲナーゼ系による光水素発生

葉　緑　体	反 応 時 間	発　生　水　素　量	文　献
0.8 mg	15 min	0.25 μmol	19
1　mg	1 hr	10 μmol（6.5 hr 継続）	20
1　mg	7～8 hr	60～70 μmol	21
1　mg	1 hr	30～50 μmol（2 hr 以上継続）	22

（最高 188 μmol/mg-葉緑体/2 hr）

坂田ら[18]は TiO_2 などの微粉末半導体光触媒（コロイド状態）を用い，これに水素発生用触媒としてPtを，酸素発生用触媒として RuO_2 を担持することにより，さらに効率のよい水の光分解用触媒の調製を行っている．図4.3.7は反応プロセスを模式的に示したものである．光合成系と類似の反応様式で水の光分解が起こっているといえる．

2) 葉緑体を用いる方法

緑色植物による光合成では，水を酸化することにより水から電子を奪い，太陽エネルギーを利用して電子を高エネルギー状態に押し上げ，フェレドキシンを介してカルビンサイクルに伝達している．この系にヒドロゲナーゼを加え，フェレドキシンに与えられた電子を横取りすれば，図4.3.8の太線で示す方向に電子が移動し，水素の発生が見られよう．このような観点から，葉緑体を光増感剤とし，これとフェレドキシンおよびヒドロゲナーゼとを組合せた系による水素の発生が報告されている．

主な結果をまとめて表4.3.1に示す．いずれの場合にも，葉緑体1mg当り1時間で発生する水素量は10 μmol 程度であるが，Raoら[22]は2時間の光照射で188（μmol/mg-葉緑体）の水素が得られたと報告している．しかし，いずれの系においても失活が見られ，現時点では長時間一定速度で水素を得ることは困難である．失活の原因は主に水素発生と同時に発生する酸素によるものであり，酸素によってヒドロゲナーゼやフェレドキシンが阻害されるためである．長時間定常的な水素の発生を可能にするため，発生酸素による阻害を防ぐ努力がなされている．第一の方法は，発生した酸素を反応させて除去する方法であり，グルコースおよびグルコースオキシダーゼを系に導入し，発生する酸素を消費しようとするものである．また，適当な分離膜を使うことにより水素発生と酸素発生とを分離して行い，酸素による阻害を防ぐことも考えられている．第二の方法は酸素によって阻害されないヒドロゲナーゼの開発である．Kamenら[23]はClostridium pasteurianumから抽出したヒドロゲナーゼをガラスビーズに固定化することにより酸素に対する安定性が増加することを見出し，酸素の発生を伴う葉緑体－フェレドキシン－ヒドロゲナーゼ系に有効であろうと述べている．いずれにせよ，このシステムでは発生酸素による失活防止法を開発しなければ，長時間継続する大量の水素発生は望めない．

3　電子，プロトン輸送機能をもった人工酵素

3) 電子供与体を用いる方法

　電子供与体を用いる光水素発生反応は模式的に図4.3.9で表わすことができる。この反応では電子供与体(D)が酸化されて水素が発生する。全体として次式で書き表わすことができる。

$$D + H^+ \xrightarrow{h\nu} Dox + \frac{1}{2}H_2$$

光増感剤には太陽エネルギーを効率よく利用するためにルテニウムビピリジン錯体や金属ポルフィリンが用いられている。電子伝達体としてはメチルビオローゲンに代表されるビオローゲン類が主に用いられる。水素発生には二電子還元が必要であるため電子プールを必要とする。そのために白金コロイドやヒドロゲナーゼが用いられている。電荷分離効率を上げるためにミセル系[24]やリポソーム系[25]も開発されている。

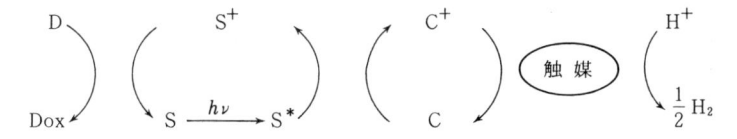

図4.3.9　電子供与体存在下における光水素発生反応の模式図
　　　　（ここでDは電子供与体，Sは光増感剤，Cは電子伝達体を表わす）

文　　　献

1) B.Chance, "Tunneling in Biological Systems", Academic Press, New York (1979)
2) 八木達彦, "バイオミメティックケミストリー" 化学総説, Vol. 35, p. 173 (1982)
3) 堀尾武一, "生体物質の化学構造と機能", 化学総説, Vol. 6, p. 25 (1974)
4) R.Cammack, *Nature*, **286**, 442 (1980)
5) R.W.Lane, J.A.Ibers, R.B.Frankel, G.C.Papaefthymiou, R.H.Holm, *J.Am.Chem. Soc.*, **99**, 84 (1977)
6) R.W.Lane, J.A.Ibers, R.B.Frankel, R.H.Holm, *Proc. Natl. Acad. Sci., U.S.*, **72**, 2868 (1975)
7) N.Veyama, M.Nakata, A.Nakamura, *Bull. Chem. Soc. Jpn.*, **54**, 1727 (1981)
8) J.J.Mayerle, S.E.Danmark, B.V.Depamphilis, J.A.Ibers, R.H.Holm, *J.Am.Chem. Soc.*, **97**, 1032 (1975)
9) J.J.Mayerle, R.B.Frankel, R.H.Holm, J.A.Ibers, W.D.Phillips, J.E.Weiher, *Proc. Natl. Acad. Sci., U.S.*, **70**, 2429 (1983)

第4章 人工酵素の機能

10) R.H.Holm. *Acc. Chem. Res.,* **10,** 428 (1977)
11) T.Tsukihara, K.Fukuyama, H.Tahara, Y.Katsube, Y.Matsuura, N.Tanaka, M. Kakudo, K.Wada, H.Matsubara, *J.Biochem.,* **84,** 1645 (1978)
12) T.Herskovitz, B.A.Averill, R.H.Holm, J.A.Ibers, W.D.Phillips, J.F.Weiher, *Proc. Natl. Acad. Sci., U.S.,* **69,** 2437 (1972)
13) B.A.Averill, T.Herskovitz, R.H.Holm, J.A.Ibers, *J.Am. Chem. Soc.,* **95,** 3523 (1973)
14) C.L.Hill, J.Renaud, R.H.Holm, L.E.Mortenson, *J.Am. Chem. Soc.,* **99,** 2549 (1977)
15) I.Okura, S.Nakamura, K.Nakamura, *J.Mol. Catal.,* **6,** 73 (1979)
16) I.Okura, S.Nakamura, *J.Mol. Catal.,* **9,** 125 (1980)
17) 井口洋夫, 科学, **51,** 369 (1981)
18) T.Kawai, T.Sakata, *Nature,* **282,** 283 (1979)
19) J.R.Benemann, J.A.Berenson, N.Kaplan, M.D.Kamen, *Proc. Natl. Acad. Sci., U.S.,* **70,** 2317 (1973)
20) K.K.Rao, L.Rosa, D.O.Hall, *Biochem. Biophys. Res. Comm.,* **68,** 21 (1976)
21) I.Fry, G.Papageorgiou, *Z.Naturforsch.,* **32-C,** 110 (1977)
22) K.K.Rao, I.N.Gogotov, D.O.Hall, *Biochimie,* **60,** 291 (1978)
23) D.A.Lappi, F.E.Stoizenbach, N.A.Kaplan, M.D.Kamen, *Biochem. Biophys. Res. Comm.,* **69,** 878 (1976)
24) K.Kano, T.Matsuo, *Photochem. Photobiol.,* **27,** 695 (1978)
25) Y.Sudo, F.Toda, *Nature,* **279,** 807 (1979)

第5章　人工酵素応用開発の展望

津田圭四郎*

1　はじめに

　人工酵素には酵素の面と触媒の面とがある。

　触媒は化学反応を促進する作用をし，生体触媒はこの意味であり，化学工業において物質の生産に用いられる。

　しかし酵素の生体内での役割は反応助成ばかりでなく，エネルギーおよび情報の変換・伝達も行っている。

　化学工業の内でコモディティ製品工業は有機工業品中間体等を製造する分野で，固体触媒が重要な位置を占め，大量生産方式で石炭から石油へと原料を移す時期には有機金属触媒が重要な役割をした。

　ファインケミカル製品の化学工業は石油危機等による資源問題もあり，コモディティ工業からその比重が移され，高付加価値多種少量生産方式へと向かっている。その対象は医薬，農業，食品等の生化学工業分野に属するものばかりでなく，エレクトロニクスにおける情報関連材料の分野まで含んでいる。高選択性，高効率の触媒が要求され，有機金属錯体触媒の進歩に負うところが大きい。

　生化学工業分野は基本的には発酵工業で酵素，微生物が利用され，汎用品としてはアルコールがあげられる程度で，主体は医薬，農業，食品工業である。

　人工酵素は以上の三つの分野において，それぞれの役割が期待されている。触媒として使用法も異なり，設計思想も目的に応じた対応が必要である。

2　酵素と人工酵素

　酵素は生体内での反応を助める極めて優れた触媒である。1) 基質に対する特異性が極めて高く，副反応が少ない。2) 反応速度が著しく高い。3) 常温，常圧の反応で省エネルギー型である。4) 水銀，カドミウム等の重金属を使う無機触媒に比しタンパク質を使う無公害型である。し

---

　*　Keishiro Tsuda　工業技術院　繊維高分子材料研究所

かし欠点もあり，①一般に生体分子は不安定で，熱にも弱い。②雑菌に汚染され失活する。③水溶液中で働くが，有機溶液中では一般に使えない。④化学工業で使われる反応に酵素が見出されていないものも多い。⑤生体内から微量の酵素を取り出すため高価である。また，基質特異性が高いことも欠点になることがある。

3 酵素の人工化

　酵素の人工化の目的は酵素機能の向上である。安定性，耐熱性，至適pH，基質特異性等を望ましい方向に変えることである。このために酵素の改質が行われる。生物学的に突然変異を起こさせたり，化学修飾したりする従来の方法に加え，最近組換えDNA技術を用いる方法が開発された。この方法は合成DNAを用いるため，タンパク質の任意のアミノ酸が置換ができ，原理的には全く新しい酵素を作ることも可能である。シクロデキストリン等ホスト・ゲスト効果等を利用する人工酵素の他にこの新しい型の人工酵素が加わったわけである。

　ここで人工化の意味は，「機能物質を作る時に人為的設計思想に基づき，化学反応（主として有機合成）を用いる」こととする。したがって酵素の生物学的変異手段は人工化とはしないし，合成核酸により部分改変された酵素は人工酵素である。しかし組換えDNA法ではより自然の酵素に近いし，ホスト・ゲスト効果を使う場合はその酵素機能は抽象化され人工化される。また両方法ともその開発の基本原理は酵素の構造の解明に負っている。

3.1 酵素の構造と機能

　酵素は20種類のL型αアミノ酸が個々の酵素に対応した配列で重合した**鎖状分子（1次構造）**からなり，立体構造（3次構造）を形成し，その活性部位で基質と選択的に特異的反応を行う。

　この場合活性部位を構成する官能基であるアミノ酸残基は1次構造では離れた位置にあるのが普通である。1次構造と3次構造の中間的構造として，2次構造（αヘリックス，βシート構造など），超2次構造としてドメイン，モジュールの各構造がある。さらに分子によっては，立体構造をとるサブユニットが一定数集まって完全な分子を構成するものがあり，これは4次構造といわれる。一次構造から高次構造を形成する指令は遺伝的にアミノ酸配列の中に書き込まれていると考えられている。現在この指令の解読はできていないので，酵素機能と構造との関係を知るためにはその立体構造の解析によらなければならない。

　最近構造既知の酵素を組換えDNA技術により改質し，耐熱性，活性の増大等が実現され，構造解析への要求が急激に高まっている。

3.2 データベースとデータバンク

　タンパク質の一次構造のデータベースの蓄積はＤＮＡ塩基配列決定手法の進歩により急速に進んでいるデータバンクとしてアメリカではNational Biomedical Research Foundation(NBRF)，日本では蛋白質研究奨励会等がある。

　タンパク質の３次構造はアメリカではBrookhaven National Laboratoryで集められ，1985年４月で270件である。原子座標，温度因子等が収められている。学術的利用には大阪大学蛋白質研究所から，民間企業は㈳化学情報協会から情報が入手できる。最近タンパク質のＸ線構造解析の結果の報文発表はあるが，原子座標を公表しない例が世界的に増しているという。

4　タンパク質の構造解析

　前節までの状況の説明からタンパク質の構造解析に対する要求はきわめて高くなっている。ここで測定法の現状について概説する。

　タンパク質の立体構造，すなわち原子の座標まで求める方法は現在ではＸ線結晶構造解析だけである。その方法は試料の結晶化・重原子置換，Ｘ線回析測定，構造解析計算とあり，構造決定には数ヵ月から数年を要する。各段階に問題があり，光源，検出器，表示方法等について改善されつつある。最近温度因子の人工ワクチンへの応用が見出され，Ｘ線解析の用途はさらに広まった[1]。

　タンパク質の３次構造は電子顕微鏡により解析されるが，試料の構造に制限のあること，解析力が低いことなどの難点がある。またNOE法でのNMR測定により溶液中のタンパク質の形がわかるようになってきた[2]。ここでは分子中の水素原子間の距離の情報をDistance-constraint アプローチ[3]で処理し立体像が求められる。分解能により現在はアミノ酸残基数が100以下という限界がある。

5　タンパク質の構造予測法

　タンパク質のアミノ酸配列（一次構造）には立体構造形成の指令があるはずで，各構造の階層性による独立性をある程度仮定すれば，一次構造から２次構造，２次構造から３次構造の予測が可能となる。

　現在予測率の高い方法として２次構造の予測がある。分子の表面予測もこれに属する。共に実用性が高い。

　２次構造予測の活用[4]の例としてKaiserら[5]のアポリポプロテイン等の場合がある。生理活性ペプチドの合成に利用し成功したという。２次構造の予測法はChou-Fasman法を始め種々な方

法が提案されているが[6)~11)], 現時点での予測率は50～60%である。パラメーターに構造の解明されたタンパク質の統計値を用いるため, タンパク質の数が増せば値が変わるなどの問題点がある。

アミノ酸配列の親水性の高い部分は折れ曲り部分になる確率が高い。タンパク質の表面は一般に親水的であるから, 折れ曲り構造は抗体に対する抗原になりやすいという予測[10),11)]がされる。これから合成ワクチンの合成という分野が開かれた[12)]。これも2次構造予測法の応用である。

3次構造の予測は2次構造の場合より, さらに困難である。分子を構成する原子間の相互作用ポテンシャルを仮定し, 構造を変えながら分子全体の自由エネルギーを計算すると, 極小点が多数あるため, 最小点を決定することは困難である。しかも水分子も考え, 分子量が大きくなると, 自由度が増し, 分子形の決定は現在の計算機の能力を越えてしまう。したがって現在3次構造の予測は計算の各段階に大幅な近似を入れ, 第1次近似の構造を求める段階である。また, この方法の他の用途は, ある構造からの変形の計算は可能なので, タンパク質の安定性, アミノ酸置換の影響, 熱的なゆらぎの予測である。これらは有用であり, 熱的ゆらぎ[12)]の予測は先にも述べた合成ワクチンの設計法として用いられている。

3次構造の予測法としては先に述べたDistance-constraint アプローチ[3)]がある。アミノ酸残基間の距離, S-S結合等の要素間距離の情報の質, 量に得られたモデルの質が依存する。その他アミノ酸配列の相同性により構造既知のタンパク質を参考に構造を推定することも行われている。

6 酵素の改質, 合成

タンパク質の合成は化学合成から始まった。アミノ酸残基数約50以下の場合は生理活性物質等は実用的に合成されている。アミノ酸残基数100を越す場合も固相合成法, 溶液法により合成が成功しているが実用的ではない。アミノ酸残基数124個のリボヌクレアーゼAが溶液法で合成され[13)], 生理活性が認められた。化学合成法ではD型あるいは特殊なアミノ酸も要素に入れられる利点がある。

タンパク質を組換えDNA技術を用い合成核酸の助けにより合成し, 部分的に構成アミノ酸を変えて(Site-directed, mutagenesis), 成果が示されたのはごく最近のことである。チロシルtRNA合成酵素ではその活性の増大[14)], T4リゾチームの耐熱性の向上[15)], トリプシンの基質特異性の変化[16)]等が報告されている。これらはいずれもX線によりその構造が解明されている。この方法は部分的アミノ酸置換により, 祥質を変えて成功した例である。このような置換をする場合, アミノ酸置換の構造変化に及ぼす影響を知っておくことが望ましい。このような置換に対する統計的研究がある[17)]。

酵素の化学修飾は従来から実用的に行われ[18]，固定化は酵素の連続使用を可能にするばかりでなく一種の修飾法とも考えられる[19]。活性の安定化，至適pH域および基質特異性の変更，有機溶媒中での使用も可能となる。

修飾のための構造変換の手段としては，固定化法，化学修飾法，組換えＤＮＡ法の順に厳密になっていく。

7 人工酵素

人工酵素を作る目的は生体反応の要素の抽出である。酵素の活性部位の構造と類似の構造を作り，その機能を再現するとき，酵素の活性部位の構造とは若干異なる構造で類似の機能を発現する場合，さらに構造もその機能の発現機構も異なるが機能は類似する場合とに分かれ人工酵素はデザインされる。

酵素の活性部位は基質の取り込み部位と反応部位に分けて考えられるが，反応に関与する官能基は疎水的活性部位の場の中に相互にその機能を連結するように配置され，外部環境とは異なり高効率に作用する。また金属が錯体を形成し活性部位を形成し高機能の反応を行っている。

酵素の取り込み部位として疎水場を用いるシクロデキストリン[20)~22)]，シクロファン[23)]，静電場を用いるクラウンエーテル[24)]がある。いずれも分子識別能がある。これに官能基をつけて触媒としての反応を特異的に行わせるように設計する。金属錯体の形成はさらにその反応を高機能化するのに用いられる。

シクロデキストリンは分子識別機能のある触媒作用がクラマーにより発見されて以来最も研究の多い物質である[25)~27)]。グルコースが環状に6，7または8個連結した物質でＸ線的にも構造解析が進んでいる[28),29)]。分子識別能はキャップ化[30)]等により改善され，イミダゾール基，アミノ基等の官能基を導入して，加水分解に始まり酸化，脱炭酸，付加，転移等の反応が研究されている。

シクロファンはベンゼン環を含んだ環状分子で分子識別能を疎水性によりシクロデキストリン同様に発現している。官能基を導入し触媒反応の種類が変えられる他，完全人工系であるため設計の自由度が高い。

金属イオンを特異的に吸着するクラウンエーテルは，ポリエーテルの他にポリアミン[31)]やポリアミドがある。中心の金属イオンを取り込み部位とし，クラウンにつけた官能基を反応部位として種々の触媒が研究[32)]されている。ポリペプチドのシーケンシャル重合の研究が行われ，金属錯体の効果の一つが見られる。この金属錯体の効果は人工酵素の基本要素の一つであり，金属酵素の機能のシミュレートという面と，近時有機合成工業における金属錯体触媒の著しい展開の面とがその底流をなしており，期待の大きい研究領域である。

第5章 人工酵素応用開発の展望

酵素反応の特長は補酵素を持つものがあることである。補酵素はアポ酵素と結合して作用を発現するが酵素作用の構造特異性は大部分補酵素に集中している。その大部分がビタミン類であり，NADP，ATPなどのエネルギー関連物質が含まれている。

官能基を包含する活性部位をミセル，リポソーム等の疎水性領域で模倣する研究がある。さらに官能基の単独，あるいは連繋作用を高分子中で行わせる方法として高分子触媒の研究がある。上述の均一触媒に対し不均一触媒であり，より工業的には実用に近い形である。先の酵素の固定化された高分子担体も同じ範ちゅうに入る。

8 物質の生産

物質の生産は物質の反応による生成とその分離とに分けられる。これは工業的立場で生体内では物質の生成と輸送になる。

8.1 物質の反応・変換

化学工業の現在の問題は資源確保と製品の高級化である。資源確保としては，CO_2，N_2 固定，また工業的に酸化反応が重要である。高級化としては不斉合成を始めとして，ファインケミカル製品生産技術が求められている。

O_2，N_2 等の固定技術はオキシゲナーゼ，ニトロゲナーゼ等をモデルとする。これらは金属錯体酵素であるため，有機金属錯体を持つ人工酵素の研究が主体になっている。

8.1.1 酸化反応，酸素化反応

酸化反応は化学工業において重要な反応であり，省エネルギー，高選択性の反応を求めて，オキシゲナーゼ，ペルオキシダーゼの機能発現が目標とされる。オキシゲナーゼの活性部位における金属の役割は不明であるが，大環状オキソアミン配位子をもつNi（II）錯体の機能が注目されている[31]。

酸化反応として，肝臓のミクロソームにあるシトクロムP450によるものがある。この酵素は電子伝達系をも構成するものであるが，脂肪族炭化水素の末端メチル基の特異的酸化反応を行う。活性中心は鉄ポルフィリン錯体でチオレート配位をしていることが推定されている。これに対し分子内でチオレート配位をする化合物が合成されている[32]。反応として，ヨードシルベンゼンまたは過酸化水素とテトラフェニルポルフィリン鉄とを用いオレフィンの立体特異的酸化，飽和炭化水素の水酸化などを行った報告[33],[34] などがある。

また酸化反応としてエポキシ化もある。高級オレフィンのエポキシ化は酵素により可能で，人工酵素の目標の1つとなっている。例としてアリルアルコールのエポキシ化がある[35]。不斉合成

でも純度が高く抗生物質等の合成中間プロセスに使われている。

8.1.2 窒素の固定

ニトロゲナーゼはMo,Feを含むことからMo錯体中心の研究[36]，Mo以外の錯体の研究[37]が行われている。ここでは錯体が反応時に不安定であるという問題がある。酸化鉄をドープした酸化チタン粉末を窒素ガス中で太陽光に当てアンモニアを得た報告もある[38]。

8.1.3 アミノ基転移反応

ビタミンB_6酵素は100%光学活性なアミノ酸を生成する。Cu^{2+}[39]やβ-CD[40),41)]とピリドキサミンからアミノ酸の不斉合成を行ったもの，ビタミンB_6に不斉場を導入したキラルなピリドキサミンアナログを用いZn^{2+}存在下でアミノ酸の不斉合成（不斉収率90%以上）を行った報告がある[42]。

8.1.4 炭素－炭素結合

生体系では，炭素－炭素結合として，二酸化炭素の固定，脂肪酸およびテルペノイドの合成が行われ，一般に補酵素の関与する複雑な多酵素系の反応である。

二酸化炭素の固定は資源的にも重要な反応でC_1化学にも関連している。植物および動物の体内での反応をそれぞれ模擬した反応が研究されているが，遷移金属錯体触媒が主要な要素となっている。

炭素－炭素結合を生成する生理活性物質の合成がある。生体中の反応を模したプロスタグランジンの多成分一段連結法による合成[43]およびポリケトンを経るポリオールの合成[44]等である。ここでも不斉合成が行われている。

8.1.5 ポリメラーゼ機能

タンパク質合成系でポリメラーゼは核酸の情報を転写している。人工高分子系では鋳型重合に核酸を使うなどの研究がある[45]。活性化ヌクレオチドはZn^{2+}存在下重縮合してpoly C存在下でpoly Gを合成する[46]。これは核酸の相補性を利用したものである。この相補性を使った人工制限酵素が最近話題になっている[47]。

8.2 物質の分離，輸送

物質の分離および輸送に利用されるタンパク質の機能は物質に対する選択的吸脱着機能である。気体とイオンが対象であるが，その吸脱着の機構，およびその応用は異なる。

8.2.1 酸素の運搬体

ヘモグロビンはミオグロビンと共に酸素および一酸化炭素を吸脱着し生理作用を営んでいる。その構造はX線結晶解析により早くから解明され，作用機構も詳細に研究されてきた。モデルとしての研究も多く，ヘム部分を模して鉄錯体であるポケットフェンス鉄ポルフィリン[48]など，また鉄以外の

金属を用いたCo,Cu錯体などが合成された。その酸素等に対する吸脱着機能はある程度達成されても，人工血液に用いるためにはグロビンに対する結合方法[49]，複合された人工ヘモグロビンの血液中での生体適合性等が次に問題となる。これに対し機能発現様式の全く異なるフルオロカーボン[50]が現在試みられている。酸素の吸着機能は人工血液ばかりでなく，人工肺，酸素分離膜（酸素富化膜）等の材料にも要求される。ヘムの研究はチトクロームP450など金属錯体生体分子の典型として波及効果が大きい。

8.2.2 イオンの運搬体

生体中でイオンの選択吸着はイオノフォア，イオンチャネルとして働いている。

抗生物質のイオノフォアであるモネシン，ノナクチン，バリノマイシンなどはK^+イオンやNH_4^+イオンなどを選択的に包接し輸送する。この機能はクラウンエーテル，アザクラウン化合物，クリプタンドなどにより再現できる。金属イオンばかりでなく陰イオン，有機イオンに対するクラウン化合物も合成されている。環状でないものもあり，イオン運搬体，イオン分離膜，イオン電極[51]，さらにイオンの有機溶媒への可溶化作用は相間移動触媒にも利用されている[52]。

イオノフォア類似作用をもつ抗生物質にグラミシジンSなどがある。類似機能をもつペプチドが合成され，抗菌作用が目指されている。

イオンチャネルは人工的な合成が試みられている段階である。

包接作用の利用としてはシクロデキストリン等も物質分離や光学分割の材料への応用がされている[53]。

9 エネルギー変換

エネルギー変換を電子伝達系と光合成系と高エネルギー物質とに分けて記す。

電子伝達酵素については先に述べたチトクロームP450，ニトロゲナーゼの他，ミトコンドリアやクロロプラストの膜中にあり，光エネルギーの電気エネルギーや化学エネルギーへと変換する構造要素となっている。この中のサイトクロームC_3については微量のヒドロゲナーゼを加え薄膜化し，水素圧を高めると導電性が増大し，3.3×10^2 S cm^{-1}の値が得られるという報告がある[54]。

人工系での有機導電材料はTTF・TCNQなどの荷電移動錯体，ポリアセチレン，(SN)x，一次元金属（錯体）ポリマー等がある。その性能の向上が期待されている。

光合成系は光・電エネルギー変換系と，光・化学エネルギー（水素）発生系とに分けられる。

光電気エネルギー変換は藻類電極[55]，有機色素電極[56]が研究され，徐々にその性能は向上している。

水素発生は，薄類[57]クロロプラスト・ビオローゲン，ヒドロゲナーゼ系[58]，半導体[59]Ptコロイ

ド[60]，半導体担体系[61]，ミセル[62]，リポソーム[63]などが用いられている。一般に効率は低い。

高エネルギー物質としてエネルギー貯蔵物質がある。ノルボナニエンは光エネルギーを熱エネルギーとして取り出せるように貯蔵することができる[64]。ＡＴＰは生体反応で高エネルギー物質として利用される。このリンの作用を模してカルボキシル基の脱水縮合に3価のリンと酸化剤とを組合わせた反応が開発された[65]。アミドやエステル結合の生成に用いられている。

生体エネルギー変換系は多くの示唆を与えるが，人工系では変換効率が問題である。

10　情報変換

生体中で酵素は物質の生成ばかりでなく，その基質および反応特異性により情報系をも作っている。ホルモンと結合したレセプタはアデニルシクラーゼ等の酵素系を活性化し，cAMPを作るなどして情報を増やし伝達する。神経膜中のアセチルコリンやそのレセプタに関与する酵素も同様な役割をしている。抗原，抗体系もその反応の情報は酵素系により処理され抗体の生産に至る。化学増幅センサーへの利用[66]，アセチルコリン等の放出のモデル化[67]，抗原，抗体反応の利用[68]等がされている。

現在バイオセンサーとして実用化されているのは酵素電極が代表であるが，イオノフォア（クラウン化合物を含む）はイオン選択電極に使用されている。この場合酵素等はレセプタの役をしてトランスデューサーにより電気信号に変えられる。トランスデューサーはガスまたはイオン電極が多いが，最近半導体を使う電極が生産されている。イオン選択性電界効果型トランジスタは小型化も容易でタンパク質を固定化してセンサー化できる。バイオチップとも呼ばれる。ＩＣ回路の小型化の要求は有機分子回路さらに生体分子回路をも想定している。現在のコンピューターと異なるアルゴリズム，アーキラクチャを生体情報系（たとえば脳）に求めるバイオコンピュータの研究も始まっている。

11　おわりに

人工酵素の研究はほぼ酵素の改質と酵素のモデル化とに分けられる。

酵素の改質とは酵素の化学合成，組換えＤＮＡによる合成，修飾および固定化である。これらの技術は実用化されている。中でも組換えＤＮＡ技術を用いる酵素改質技術は新しい視点を与え，プロテインエンジニアリングとして発展しつつある。

酵素のモデル化とは酵素の機能要素を抽出し再構成し高性能酵素モデルを作ることである。不要な要素のない，理想的な要素の組合せが可能で全く新しい機能も期待できる。現在は種々有望

第5章 人工酵素応用開発の展望

な機能は見出されているが,すぐ実用化という段階ではない。これに用いられている機能要素は有効に使用され,例えばホストゲスト効果を持つシロデキストリンは物質分離,薬剤安定剤,クラウン化合物はイオン電極,物質分離,相間移動触媒の要素となっている。酵素活性点を形成する金属錯体の研究は,そのモデル化を通じ有機合成化学における金属錯体触媒の発展に寄与し,また逆に金属錯体触媒の有機合成化学における進展は生体合成反応の模擬技術の開発に貢献している。

文　献

1) J. A. Tainer et al., *Nature*, **312**, 127 (1984)
2) K. Wuetrich et al., *J. Mol. Biol.*, **180**, 715 (1984)
3) F. E. Cohen et al., *J. Mol. Biol.*, **132**, 275 (1979), **156**, 821 (1982)
   N. S. Goel et al., *J. Theor. Biol.*, **72**, 443 (1978), **77**, 253 (1979), **99**, 705 (1982)
4) M. Schiffer et al., *Biophys. J.*, **7**, 121 (1967), **8**, 29 (1968)
5) E. T. Kaizer et al., *Science* **223**, 249 (1984), E. T. Kaizer, *Pure and Appl. Chem*, **56**, 979 (1984)
6) P. Y. Chou et al., *Proc. Natl. Acad. Sci. USA*, **78**, 3824 (1981)
7) H. Wako et al., *J. Protein Chem.*, **2**, 221 (1983)
8) 坂井土ら　繊高研研究報告 No.128, **2**, 21 (1981), No.133, 19 (1982)
9) P. Argos et al., Biochim., *Biophys Acta.*, **439**, 261 (1976)
10) T. P. Hopp et al., *Proc, Natle. Acad. Sci. USA*, **78**, 3824 (1981)
11) J. Kyte et al., *J. Mol. Biol.*, **157**, 105 (1982)
12) J. Gregor et al., *Science,* **219**, 660 (1983)
13) 矢島治明ら,蛋白質,核酸,酵素, **27**, 1929 (1982)
14) A. J. Wilkinson et al., *Nature*, **307**, 187 (1984)
15) L. J. Perry et al., *Science,* **226**, 555 (1984)
16) C. S. Craik et al., *Science,* **228**, 291 (1985)
17) 坂井土ら　繊高研研究報告, No. 135, 1 (1983)
18) 福井三郎ら共編「バイオテクノロジーの新展開」化学増刊103, p.29, 71, (1984) 化学同人
19) 18) p.163, ;井口洋夫ら共編「生体機能の化学 – Biomiwetic　アプローチ」化学増刊 89, p.85 (1980) 化学同人
20) F. Toda et al., *J. Am. Chem. Soc.*, **97**, 4432 (1975) など
21) I. Tabushi et al., *J. Am. Chem. Soc.*, **98**, 7855 (1976) など
22) A. Ueno et al., *Tetrahedron Lett.*, **23**, 3451 (1982)

文　　献

23) Y. Murakami et al., *J. Chem. Soc. Perkn. Trans.*, **2**, 24 (1977)
24) K. Koga et al., *J. Am. Chem, Soc.*, **102**, 2504 (1980)
25) F. Cramer et al., Chem. and Ind. (London) 892 (1958)
26) M. L. Bender et al., *J. Amer. Chem. Soc.*, **88**, 3219 (1966) など
    M. L. ベンダー他「シクロデキストリンの化学」学会出版センター (1978)
27) R. Breslow et al., *J. Amer. Chem. Soc.*, **91**, 3085 (1969)
28) W. Saenger et al., *Bioorg. Chem.*, **5**, 187 (1976) など
29) K. Harata. *Bull. Chem. Soc. Jpn.*, **48**, 2409 (1975) など
30) T. Tabushi et al., *Tetrahedron Lett.*, **1977**, 2053
31) K. Kimura et al., *J. Am. Chem. Soc.*, **106**, 5497 (1984) など
32) J. P. Collman et al., *J. Amer. Chem. Soc.*, **104**, 1391 (1982)
33) J. T. Groves et al., *J. Amer. Chem. Soc.*, **101**, 1032 (1979)
34) I. Tabushi et al., *J. Am. Chem. Soc.*, **103**, 7371 (1981), **106**, 687 (1984) など
35) B. E. Rossiter et al., *J. Amer. Chem. Soc.*, **103**, 464 (1981)
36) G. N. Schrauzer et al., *J. Amer. Chem. Soc.*, **92**, 1808 (1970) など
37) L. A. Nikonova et al., *J. Mol. Cat.*, **1**, 367 (1975/6)
38) G. N. Schrauzer et al., *Chem. Eng. News.*, **1977**, Oct 3, p.19
39) E. E. Snell et al., *J. Am. Chem. Soc.*, **76**, 648 (1954)
40) R. Breslow et al., *J. Am. Chem. Soc.*, **102**, 421 (1980) など
41) 田伏岩夫, 日本化学会第50春季年会講演予稿集Ⅱ, p.853 (1985)
42) 葛原弘美　有合化　**41**, No.2, 134 (1983)
43) R. Noyori et al., *Angew Chem., Int. Ed. Engl.*, **23**, 247 (1984)
44) T. Nakata et al., *Tetrahedron Lett.*, **24**, 3873 (1983)
45) 清水剛夫ら, 化学, **34**, 582 (1979)
46) R. Lohraman et al., *Science.*, **208**, 1454 (1980)
47) B. C. F. Chu, et al., *Natl. Acad. Sci., USA*, **82**, 963 (1985) など
48) J. P. Coleman et al., *J. Am. Chem. Soc.*, **103**, 5639 (1981)
49) 生越久靖ら, 第33回錯塩化学討論会, p.380 (1983) など
50) 日本化学会編, 「バイオシメティックケミストリー」化学総説, No.35 (1982), p.204 学会出版センター
51) 鈴木周一編「イオン電極と酵素電極」講談社サイエンティフィク (1981)
52) M. Cinguini ら, *J. Chem. Soc. Chem. Commun.*, 394 (1976) など
53) C. H. Lee. *J. Appl. Polymer Sci.*, **26**, 489 (1981)
54) K. Ichimura et al., *Chem. Letters.* 19 (1982)
55) H. Ochiai et al., *Proc. Natl. Acad. Sci., USA*, **77**, 2442 (1980)
56) N. Minami et al., *J. Appl. Phys.* **54**, 6764 (1983) など
57) 宮本和久ら, 化学工学, **45**, 314 (1981) など
58) 上野勝彦ら, 日化誌No.2, 318 (1984) など
59) A. Fujishima et al., *Nature*, **238**, 37 (1972)
60) J. M. Lehn Nouv, *Chim*, **1**, 449 (1977)
61) T. Kawai et al., *Nature*, **282**, 283 (1979)

第5章 人工酵素応用開発の展望

62) Y. Sudo et al., *Nature*, **279**, 807 (1979)
63) K. Kano et al., *Photochem. Photobiol.*, **27**, 695 (1978)
64) 吉田善一ら, 学振第116委分科会資料, p.186 (1981.6)
65) 東福次, 有合誌, **40**, (10), 922 (1982)
66) F. Mizutani et al., *Chem. Letters.*, 199 (1984)
67) 相沢益男ら, 電気化学, **51**, 951 (1983)

Ⅱ　人工生体膜

第1章 総論

小畠陽之助*

1 はじめに

　生体膜は脂質およびタンパク質よりなる厚さわずか10nmにも及ばない薄膜であるが，実に多様な機能をしている。糖やアミノ酸など特定の物質の選択的透過と分離，必要な物は濃度または電気化学ポテンシャルに逆らっても取り込む能動輸送，外界情報の受容と処理，伝達そして応答，エネルギー形態の変換，順序よく効率の良い酵素反応の進行と制御，等々。どの一つを取ってもきわめて感度良く，選択性が高く，効率が良い。したがって，各機能発現の原因を物理化学的に知り，それに基づいて生体膜と同じ様に精巧な機能をシミュレートすることが人工膜研究の一つの目標であった。本書編集の目的の一つも，そのあたりにあると思われる。
　ここでは，簡単ではあるが膜のもつ各種機能とそれらの物理化学的基礎を述べ，それに関連して，またはその基礎に基づいて開発された人工膜系のいくつかを紹介することにする。詳しくは本書のそれぞれの章および最近の総説を参照していただきたい。

2 刺激の受容，判断，そして伝達

　生体は時々刻々変化する外界の情報を鋭敏かつ正確にとらえ，それに適切に対処することが要求される。そうすることが生存するための必須条件といえる。高等植物では，視覚，聴覚，味覚，嗅覚などいわゆる五感として感覚器官で受容され，神経を介して脳に送られそこで判断される。しかし下等な生物，特に単細胞生物では，すべての外界刺激を1つの細胞膜上で受容し，判断し，そして行動発現まで変換しなければならない。例えば化学受容では，分子1個という微弱な情報でも適確に判断する。そのためには，精巧な分子の認識機構が要求される。普通これは特定のタンパク質によって行われている。したがって，生体膜のように選択性の高い識別機構を膜に持たせるためには，生体膜のものと同様な特定の受容分子を膜にうめ込むことを考えなくてはならない。光の受容に関しても同様である。視覚は，どんなに弱い光でも受容するとその強度，つまりフォトンの数に対するインパルスを視神経に発生し脳に伝える。計算上，視覚は1光子に対し

---

*　Yonosuke Kobatake　北海道大学　薬学部

第1章 総　論

ても信号を出すといわれている。高等動物の視覚とは限らず，光合成細菌やハローバクテリア等は特定波長の光を受容し，正または負の走光性を示す。1分子，1光子という様なきわめて微弱な刺激を受容し認識して，適切な運動や行動を起こすためには，特異的な受容分子の存在と共に受けた情報を膜を介して増幅しなければならない。受容分子が刺激を受けるとそれが引き金となって，制御されていた一連の酵素反応が開発されたり，膜の構造変化を起こしたりして化学的にまたは物理的に増幅されて次の機構に伝達される。化学増幅は，シナプスにみられる様に，刺激の強度に応じ，神経伝達物質がシナプス前膜より放出され，その物質がシナプス後膜を化学刺激して，情報を減衰することなしに伝達する仕組みである。人工的にこれをシミュレートする試みはされてはいるが，現在は必ずしも成功しているとはいえない。一方物理的増幅は，転移点のごく近傍の状態にある液晶膜を考えればよい。転移前後の状態の自由エネルギー差がほとんどなければ，わずかな刺激によって起こる受容分子の構造変化が引き金となり膜状態が転移し，膜を介しての物理的性質が大きく変わる。したがって刺激情報が大きく増幅されたことになる。神経膜の興奮はチャンネルの開閉で表現される一種の転移現象を利用した増幅作用と考えられる。

　膜の構造転移の他に非平衡状態における分岐現象を利用する増幅も考えられる。系を熱平衡状態から順次離していくと，構造不安定が起こり，次いで不連続にパターン形成やリズム現象があらわれる。リズムは自励発振するだけでなく，波形，周期，振幅，頻度や振動モード等，定常的電位変化と違って情報量がきわめて多い。そこでこの自励振動系を用いて分子識別や情報増幅をすることが最近試みられている。

　リン脂質は外液の塩濃度やCa^{2+}量により集合状態を容易に変える。例えば人工リン脂質ジオレイルリン酸（DOPH）をミリポアフィルターに浸み込ませた膜はNaCl濃度30mM以下では油滴状であるが濃くなると層状ミセルとなり，膜の性質は大きく変化する。この膜で，例えば10mMと100mM NaCl溶液を隔て，電流を流したり圧力を掛けたとき，ある閾値を越えると電位差の自励振動を起こす（図1.2.1）。外力により希薄溶液と濃い塩溶液が膜内に流入し膜の構造変化を起こすためと解釈される[1]。この発振は電位差や圧力センサーとして用いることもできるが，さらに外液に加えられた化学物質の検出に利用することもできる。油－液界面に界面活性剤ヘキサデシルトリメチルアンモニウム－Br（CTAB）を入れると，図1.2.2の様な電位振動を記録することが

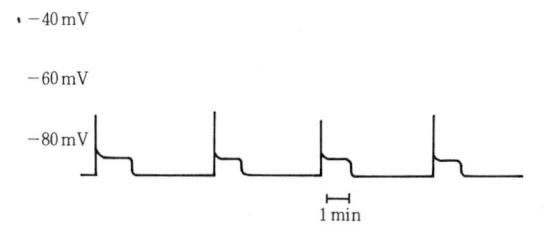

図1.2.1　ミリポア－DOPH系で観測される電位差の自励発振

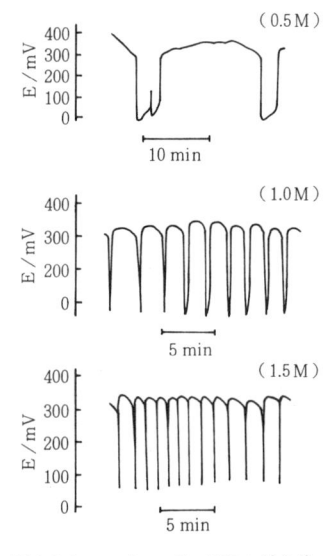

図1.2.2 ニトロベンゼン+ピクリン酸で界面活性剤CTABを含む水溶液を隔てた時の電位差自励発振
片側にエタノールを加えると振動の頻度が変化する。

できる。この振動の波形や振幅は外液中に存在する糖やアルコールの濃度により著しく異なる。これにより分子識別が可能となろう[2]。この様な系は数多く見出されている。

3 エネルギー変換

生体におけるエネルギー変換には，エネルギーの形態を一つの形態から他の形態に変換する場合と，同一形態のエネルギーを使いやすい形に変換する場合がある。膜系において対象となるエネルギー形態には，光，化学，電気および機械的エネルギーがある。表1.3.1に生体膜で行われているエネルギー変換と，人工膜で考案され実用化されている変換系を対比した。生体系では運動や行動など機械的エネルギーへの変換は，電気とか化学エネルギーを介して，すなわち数段階を経て行われることも多い。

表1.3.1 生体膜および人工膜におけるエネルギー変換系

変換系	生体膜	人工膜
光 ⇄ 化学	光合成，生物発光	光変換膜，発光体
光 ⇄ 電気	光受容	光感応膜
光 ⇄ 機械	走光性	光感応膜
化学 ⇄ 電気	化学感覚，化学シナプス	化学センサー
化学 ⇄ 機械	走化性，筋肉	メカノケミカル系
化学 ⇄ 化学	能動輸送，酵素反応	触媒膜，イオン交換膜
電気 ⇄ 電気	神経，シナプス，脳	半導体膜
電気 ⇄ 機械	触覚	圧電性
その他		

半導体やIC回路コンピュータによる制御デバイスの発展により人工膜系でもきわめて高感度，高効率にエネルギー形態の変換ができるようになったが，生体膜のそれにはまだまだ及ばない。
光エネルギーを化学エネルギーに変換する代表的過程は植物の葉で行われる光合成である。光合成はチラコイド膜と呼ばれる生体膜中で進行する一連の酸化還元反応である。チラコイド膜の

第1章 総論

機能は，光励起分子から電子供与体または電子受授体との間の電子移動において逆向きの電子移動を抑えて，電荷を効率よく分離させる電荷分離膜としての機能と，電荷分離過程に接続する酸化反応と還元反応の生成物分離にある．すなわち，光酸化還元型の反応過程における電荷分離は最も重要な過程である．それは

$$S \xrightarrow{h\nu} S^*$$

$$S^* + A \longrightarrow S^+ + A^- \quad \text{または} \quad S^* + D \longrightarrow S^- + D^+$$

　　　　（酸化的電子移動）　　　　　　　（還元的電子移動）

の過程をたどるが，ここで生成したイオン対，$S^+ + A^-$ や $S^- - D^+$ は，そのままでは容易に逆電子移動を起こして，

$$S^+ + A^- \longrightarrow S + A \quad \text{または} \quad S^- + D^+ \longrightarrow S + D$$

となり失活する．この失活反応を抑制する役割と S^* の自己消光を防止しているのが膜の機能である．さらに膜機能には，膜外への効率よい伝達機能も含まれるが重要な点のみを，そして人工膜系に利用する目的をもって，要約すると図1.3.1の様になる．膜が電子のみを通し H^+ を通さないと膜の両側に濃度差ができ，この電気化学ポテンシャル差を利用して炭水化物を合成する．同様に H^+ の電気化学ポテンシャルを利用した種々の能動輸送や，共役因子によるATP合成が行われることは，生体膜に広く見られる現象である．ハローバクテリアのもつ紫膜は，光-プロトンポンプ機能をもつバクテリオロドプシン（bR）を含み，光によって発生するプロトンの電気化学ポテンシャルは，電位差に換算すると約300mVである．この大きなポテンシャル差を利用してベン毛を回転したりATPを合成したりしている．一方，光を受容して中間体となったbRは，いくつかの熱過程を経て元の状態に戻り，光化学サイクルを繰り返す．このbRを H^+ を通過しない脂質二重膜に配向させて固定化し利用しようとする試みもされている．

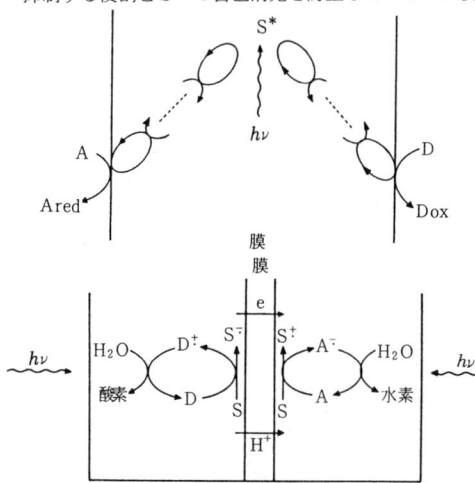

図1.3.1　電荷分離による電子伝達と膜による光酸化還元反応の分離

4 能動輸送

生物が生長したり，再生，分化したり，また行動したりする機能を保持するために，細胞の内外組成その他条件は一定に保たれている。ホメオスタシスという。例えば，細胞内のK^+濃度は外界よりはるかに高く，逆にNa^+は低いレベルで一定濃度となっている。この状態は，電位の発生や応答発現からみても必須条件である。特定の物質の濃度，例えば細胞内のNa^+濃度を上げようとすると，濃度勾配に逆らってもNa^+を排出して濃度レベルを一定に保つ。栄養物の摂取でも同じである。池の中に住む微生物は必要な栄養物はいかに希薄であっても選択的に，かつ濃度に逆らって体内に取り込む。濃度差，正確には化学ポテンシャル差に逆らって特定の物質を取り込んだり排出したりするためには必然的にエネルギーの供給を要する。

生体内におけるエネルギー源はアデノシン-3-リン酸（ATP）が最も一般に用いられている。ＡＴＰは加水分解しアデノシン-2-リン酸（ADP）と無機リン酸Piになるとき約13Kcal／molのエネルギーを放出する。このエネルギーがup-hill輸送のエネルギー源として用いられる。また特定の物質を選択的に輸送するには，その物質と特異的に結合し運びやすい形にする輸送担体が必要である。同一の輸送担体が膜の片側で物質を結合し輸送後他の側で放出しなくてはならないので，当然膜構造または膜系の非対称性が必要となる。輸送というベクトル量が化学反応というスカラー量とcoupleするためにも，この膜の非対称性が重要な役割をもっている。これらのことを考慮に入れて，膜が能動輸送をするために必要で最も簡単な条件を満たすよう模式化すると図1.4.1のように表現できる。この様なスキームの膜系を組み，適当な輸送担体を導入することによりいくつかの物質に対し能動輸送能をもつ人工膜系が作製されている。エネルギー源はＡＴＰの加水分解エネルギーでなく，酸化還元反応，中和反応いずれでもよい。ここでは例として，脂溶性陰イオンおよびアルカリイオンの能動輸送系を示す。

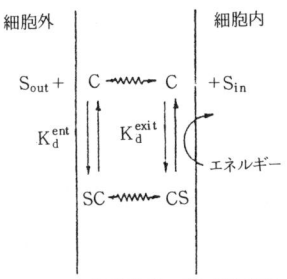

図1.4.1 能動輸送の模式的表現

Sは基質，Cは輸送担体，K_d^{ent}は細胞外に面した膜表面における基質⊖担体の解離定数。K_d^{exit}は流出の解離定数，エネルギー供給がなければ促進輸送となる。

モネンシンは，アルカリ性では分子内で環を作り，その中にNa^+を選択的に包み込み，Na^+のイオン輸送担体となる。一方，酸性溶液ではその能力を失う。したがって，pH差を利用してNa^+を濃度勾配に逆らって輸送することができる。膜の両側溶液を電気的に短絡してもNa^+は同じ速度で輸送されるので，Na^+の動きは電気化学ポテンシャルの勾配に逆らった能動輸送である[3]。

第1章 総　論

エネルギーを酸化還元反応で供給する例も多く発表されている。テトラメチル-p-フェニレンジアミン（TMPD）をジクロルエタンに溶かした液膜を作り，酸化剤と還元剤を隔てると，陰イオンが濃度勾配に逆らって還元剤側に輸送される。輸送速度は膜両側の電位差には全く依存しない。TMPDは酸化されて陽イオンとなり，陰イオンとの結合能が生じるが，還元系は無荷電なので陰イオンとの結合能を失う。したがって，酸化剤を含んだ溶液から還元剤を含んだ溶液へ陰イオンが能動輸送される。反応-輸送couplingの様子は図1.4.2のようである。TMPDと陰イオンの結合はイオンなので膜の油相に溶けやすい陰イオン程輸送されやすい。酸化還元反応の進行速度はイオン輸送速度と1：1に対応しているので，反応速度がイオン輸送速度によって制御できるといってもよい[4]。

能動輸送の一形態であるが，膜を通るときに反応等によって分子を変えて輸送する場合がある。これを分子転送反応という。人工系で分子転送反応が成功した一つの例はグルコースである[5]。

$$\text{グルコース} + ATP \xrightarrow{\text{ヘキソキナーゼ}} \text{グルコース}-6-\text{リン酸} \ (G-6-P)$$

$$G-6-P \xrightarrow{\text{フォスファターゼ}} ATP + \text{グルコース}$$

図1.4.2　酸化還元反応による陰イオンの輸送と反応速度

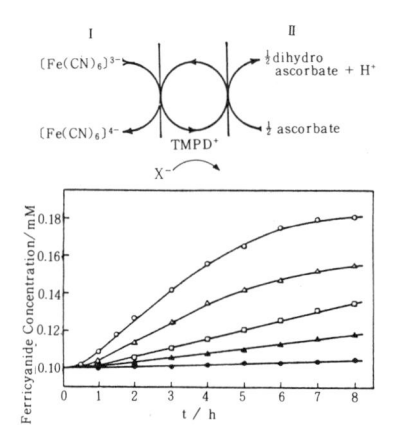

陰イオンの脂溶性度が高いほど透過速度も反応速度も速い。
○：NaClO₄，△：NaSCN，
□：NaNO₃，▲：NaBr，
●：NaCl

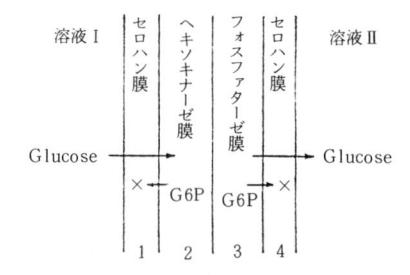

図1.4.3　酵素を利用したグルコースの能動輸送
×印は膜を透過できないことを示す。

これらの反応を図1.4.3のように配列した系で行わせる。膜1および4はセロハン膜にアルブミンを吸着させ荷電を持たせた膜であり，グルコースは通すが陰イオンであるG6Pは通さない。したがって，ヘキソキナーゼ層でG6Pとなると元の溶液には戻りにくい。次いでG6Pはフォスファターゼ層でグルコ

ースにもどされ,再び荷電膜4を通って溶液IIに移動するがG6Pは電荷の反発によってほとんど移動しない。2つの反応を合わせると,

グルコース(溶液I)+ATP ⟶ グルコース(溶液II)+ADP+Pi

となりATPの化学エネルギーを利用して,グルコースを輸送したことになる。膜に荷電をもたせて半透性にし,かつ非対称膜にしていることが本質である。

これらの他クラウン化合物を輸送担体としたK^+やCa^{2+}の能動輸送や,光酸化還元反応を用いたイオン輸送などが盛んに研究されている。

5 自己修復能力

細胞に針を刺入し次にこれを引き抜いて穴をあけても,細胞膜は直ちに修復することはよく経験することである。今まで生体膜の持つさまざまな機能を部分的にではあるがシミュレートすることができ,感度や効率もかなり高いものができることを示した。生体膜の特徴の中で,あまり注目されていなかったが,どうしても忘れてはならないのはこの自己修復能である。膜が修復するのは穴の様な巨視的破壊ばかりではない。高等動物の味覚の中,甘味に対する受容体はタンパク質と考えられている。事実,タンパク質中のS-H基に特異的に結合するPCMBやNEMを作用させてタンパク質を修飾すると甘味を感じなくなる。これらのSH修飾試薬は共有結合をするので還元剤を作用させない限り元に戻らないはずであるが,20分もするとほとんど元通りに甘味を感ずる様になる。修飾されて使用できなくなったタンパク質はすぐ放り出して新しい分子と置換されるのである。タンパク質ばかりでない。脂質も同様である。ニテラの原形質を単離し適当な人工池水に入れておくと興奮性とか化学受容などの機能をもつ様になる。機能をもつ様になってから,池水の中にUO_3^{2+}の様に脂質に特異的に作用する試薬を入れておくと,UO_3^{2+}に結合されてごわごわになった脂質は次々とひびわれしては脱皮し,新しい膜ができてくる。脱皮と平行して膜電位や膜抵抗が振動的に変化する様子を図1.5.1に示す。電位差が大きくなり抵抗が

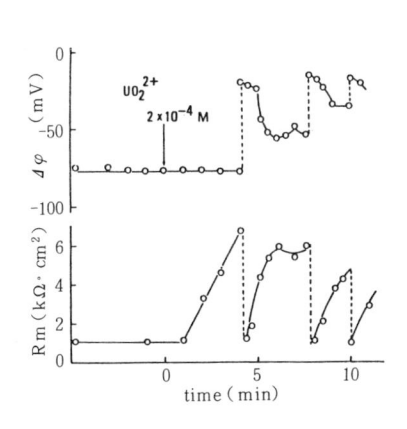

図1.5.1 ニテラ原形質滴膜を0.2mMUO_2^{2+}溶液中に入れた時観測される膜電位差,$\Delta\varphi$,および膜抵抗Rmの時間変化

第1章 総　　論

小さくなった皮膜は機能性を持っているのである[6]。

　人工膜系で生体膜機能をシミュレートしようとするとき，なんらかの方法で再生をする，またはもう少し積極的に自己再生能力を賦与する必要がある。そうでないといくら良いセンサーやエネルギー変換系でも使い捨てすることになろう。事実，今まで比較的成功した選択性イオン電極や化学センサーの多くはなんらかの意味で再生機構を含んでいる。いつも新しい機能面を出す様な装置を供えたり，リサイクル機構を考案してある。

文　　　献

1) Y. Kobatake ; *Adv. Chem. Phys.*, **29**, 320 (1975)
2) K. Yoshikawa et al. ; *Biophys Chem.*, **20**, 107 (1984); *J. A. C. S.* **106**, 4423 (1984)
3) E. M. Choy, et al. ; *J. A. C. S.* **96**, 7085 (1974)
4) T. Shinbo et al. ; *Nature,* **270**, 277 (1977); Chemistry letter **1979**, 1177
5) G. Broun et al. ; *J. Member. Biol.*, **8**, 313 (1972)
6) T. Ueda et al. ; *Biochim. Biophys. Acta,* **373**, 286 (1974)

第2章　リポソームによる細胞機能の再構築

香川靖雄[*]

1　はじめに

バイオテクノロジーで生体の機能を模倣しようとするとき,生体の基本である細胞に着目しなければならない。細胞から可溶性の酵素をとり出して特異的な化学反応を行わせるのも一つの応用であるが,細胞ではさらに複雑な反応によって,物質,エネルギー,情報の交換を行っている。その主要な場が生体膜である。この生体膜はリン脂質二重層に膜タンパク質が埋め込まれた構造

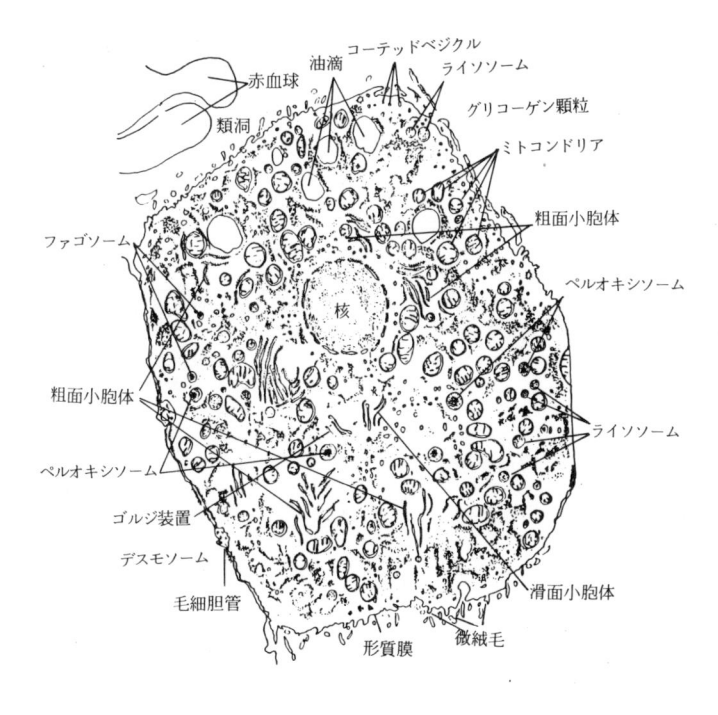

図2.2.1　肝細胞と生体膜[1]（長径20μm）

---

[*]　Yasuo Kagawa　自治医科大学　生化学教室

であるため，人工二重層小胞（リポソーム）に膜タンパク質を組み込んで生体膜の機能の一つ一つを再構築していくことが細胞の再構築の第一歩である。

2　細胞と生体膜

細胞は図2.2.1に示すように無数の膜系で区切られている[1]。これらの膜系が生体の反応の場である。細胞内の膜系は多くの場合，一つ一つの小器官を形成しており，ミトコンドリアのように内外2種の膜からなるもの，ゴルジ装置のように円板状の小胞が重層したもの，核膜のように外側と内側の膜が大きな核膜孔で連なっているものなどさまざまである。しかしこれらの膜系はいずれも生体膜と総称される構造を基本としている。

生体膜（biomembrane）というのは細胞に見出される膜状の構造物で，いろいろな種類があるが，いずれも厚さは75〜100 Åであってその主成分は極性の脂質と膜タンパク質である。その例としては細胞の表面を被う形質膜（plasma membrane）や細胞の呼吸に関与しているミトコンドリア（mitochondria）の内膜（lnner membrane）や外膜（outer membrane），タンパク質の合成に関与しているミクロソーム（microsomes），細胞核を囲む核膜などが挙げられる。い

表2.2.1　生体膜の名称，大きさ，機能（肝実質細胞）[1]

名　称	直径（μm）	細胞内個数	細胞内容積	生　理　機　能
核（核膜）	8	1	6%	遺伝情報の保持，発現，情報の感受
ミトコンドリア（内，外膜）	1〜2	1665	16%	エネルギー産生，異化代謝，呼吸
ライソソーム	0.5〜1	250	2%	細胞内外物質の消化（加水分解）
ペルオキシソーム	0.5〜1	370	2%	解毒，過酸化水素の形成と処理，核酸代謝
粗面小胞体	（0.05〜0.3）**	—	10%	タンパク質の生合成（同化代謝）
滑面小胞体	（0.02〜0.3）**	—	6%	脂質合成，解毒，同化代謝，イオン輸送
ゴルジ装置	（0.08〜3）***	数個	1%	分泌顆粒形成，多糖，リポタンパク質，粘液形成
ファゴソーム	0.5〜2	不定	<数%	食作用（1μm以上の粒子の膜動輸送）
パイノソーム	0.3〜0.8	不定	<数%	細胞飲作用（1μm以下の粒子の膜動輸送）
コーテッドベジクル	0.05〜0.1	多数	<数%	細胞内外の物質輸送
多胞体	0.5	不定	<0.1%	細胞飲作用などに関連？
形質膜	—	1	—	外界との隔壁，物質輸送，代謝，情報感受（受容体），細胞間結合
外皮（糖衣）	—	1	—	細胞保護，細胞間連絡，特異性

* 細胞全体の直径は20 μm，** 分離中に破壊される連続した網状構造体，*** 直径数μmのへん平な層板と微小な小胞

2 細胞と生体膜

表 2.2.2 生体膜と人工膜の材質と用途[2]

		機能・用途
生体膜（自己再生性，分子素子，特異性）		
細胞膜系	脂質二重層と膜タンパク質	特異性，能動性
細胞壁，糖被	多糖類，ペプチドグリカン	（限外濾過，特異性）
基底膜	コラーゲン（特殊なタンパク質）	限外濾過
人工膜（安定）		
限外濾過膜	アクリロニトリルなど，親水性高分子	人工じん臓
逆浸透膜	アセチルセルロース，芳香族ポリアミド	（淡水化など）
イオン交換膜	スチレンジビニルベンゼン $+SO_3^-$ または NR_3^+	（Na^+, Cl^- 選択）
気体透過膜	ポリジメチルシロキサン，ポリメチルペンテン	人工肺胞
浸透気化膜	ポリウレタンエラストマー，多孔テフロン	人工皮膚
酵素固定化膜	ポリスチレン，ガラス，多糖類と酵素	バイオリアクター，バイオセンサー

ずれも固有の機能を分担している（表 2.2.1）[1]。広い意味の生体膜には形質膜の外側の細胞壁を含めることもある。細胞壁はセルロースなどの高分子でできており，セロファン，ポリエチレン膜など人工膜と似た性質を持っている。表 2.2.2 に示すように，数多くの人工膜が細胞の機能の一部を代行できるまでになっている[2]。

しかし生体膜と高分子の人工膜はまったく異なっている。生体膜には各種の分子素子があって特異的な反応を行う。また自己再生的な性質は人工膜にはない。なぜ生体膜には分子素子が必要なのか？

熱力学的には生体は「開かれた系」である。すなわち周囲の系と物質，エネルギー，情報の出入がある系である。これらが輸送されている系は本質的に不可逆過程であって，これにより物質を代謝して固有の生理活動を行う。一方膜構造によって細胞に必要な諸成分の散逸を防ぎ，形態を保ち，外界からの有害物質の侵入を防止する。膜構造の基本である脂質二重膜の透過性は低い。透過定数 P （cm/秒）で示すとすれば 10^{-2}，尿素は 10^{-6}，グルコースは 10^{-7} であるが，イオンは電荷があって小さいものでも通過しにくく，Na^+, K^+ で 10^{-12} である。「閉じた膜系」でありながら「開かれた系」という矛盾の上に細胞が成り立つためには，膜系が輸送系を持たなくてはならない。また膜系による特異的な代謝も要る。

物質の膜透過に伴って，濃度勾配中での溶質の移動による浸透圧的仕事，膜電位中でのイオンの移動による電気的仕事をはじめ，膜輸送に伴うエネルギーの出入もある。またこれらの物質やエネルギーの膜での出入を介してホルモンや神経物質などによる情報の伝達も行われるのである。

第2章　リポソームによる細胞機能の再構築

3　生体膜の特異性と能動性

リポソームや黒膜は生体膜に近い人工膜であるが，生体膜とは根本的に相違している面がある。第1に生体膜は特定の物質のみを透過させる作用（膜の輸送体の存在），特定の物質を結合して，これによって膜の性質が著しく変化して各種の活性を示す作用（受容体の存在）あるいは特定の物質を特定の代謝産物に変化させる作用（酵素の存在）など極度に高い特異性を持っていることである。

このような生体膜の持つ高い特異性と能動性はいずれも生体膜の中にある膜タンパク質の働きである。これら3種の膜タンパク質は図2.3.1に示される。たとえばリポソームや黒膜では分子量の小さい糖などは少し透過させるが，分子の大きさは区別することはあっても，その種類を識別することはできない。これに対して，たとえば，小腸の上皮の膜はD型グルコースは透過させるが，他の糖はもちろんL型のものも透過させない。このように選択的な受動輸送を促通（進）拡散という。

第2に生体膜は濃度あるいは電気化学ポテンシャルの差にさからっても物質を濃縮することができる。これが能動（活性）輸送と呼ばれる現象である。人工膜では受動的に電気化学ポテンシャルの高いほうから低いほうへ物質が移動するだけである。能動輸送のためにはエネルギーが当然必要であるが，

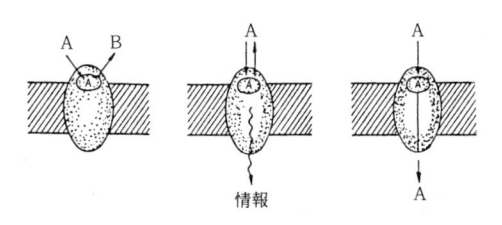

図2.3.1　生体膜の酵素(左)，受容体(中)，輸送体(右)

表2.3.1　リポソームに再構成された細胞の輸送能

---

1) 非特異的チャンネル（Porin等）
2) 特異的輸送体
　a. 促通拡散担体（グルコース輸送体等）
　b. ゲート付チャンネル（Na^+, K^+等の）単輸送体（uniporter）
　c. 一次性能動輸送体（ポンプ）
　　イ. 膜ATPase（H^+, Na^+K^+, Ca^+, $H^+ \cdot K^+$）
　　ロ. 電子伝達体（H^+輸送を伴うチトクローム酸化酵素）
　　ハ. その他（バクテリオロドプシン，ハロロドプシン）
　d. 二次性能動輸送体
　　イ. 共輸送体（Symporter）（グルコース/Na^+, アミノ酸/Na^+, 乳糖/H^+）
　　ロ. 対向輸送体（Antiprter）（ATP/AOP, Na^+/H^+, Na^+/Ca^+）
3) その他

このエネルギーは生体膜の中のATPaseというタンパク質が作用している場合が多い。そしてATP（アデノシン三リン酸）を加水分解することによってエネルギーを取り出してイオン輸送のエネルギーに変えるのである。生体膜内のタンパク質には無数の種類があって不明の部分が多いが，従来の人工膜では模倣できない性質であるので，今後の研究はこの方面に重点がおかれるであろう。酵素固定化膜などもその一つの試みである。表2.3.1に示すように，これによってバイオセンサー，バイオリアクターなどの一部が実用化されている。

4 生体膜の再構成法

生体膜における活性は，たとえばAxonに微小電極を刺入することによって測定することができるが，これではその膜の機能性タンパク質の化学的本体を知ることはできない。膜タンパク質を可溶化して他の成分と分離し，それが膜の機能性タンパク質であることを示すには図2.4.1のように膜タンパク質を含む再構成小胞すなわちプロテオリポソームを作らなくてはならない。コール酸などのようなType Bに属する界面活性で脂質とタンパク質を可溶化しておき，透析によってこの界面活性剤を除く方法がよく用いられる[3]。界面活性剤はHLB（親水疎水化）が13～18のもの，CMC（臨界ミセル濃度）が10^{-2} M程度に高く，ミセル内の分子集合数（aggregation number）が4～8と小さいものがよい。また透析中のイオン強度は低く，少量のMg^{2+}を持つものがよく，脂質はLα相と呼ばれる流動状態にあるものがよい。膜を形成している脂質分子はほとんど外液の脂質分子と交換せず，界面活性剤その他の手段でこの移動性を増すことが再

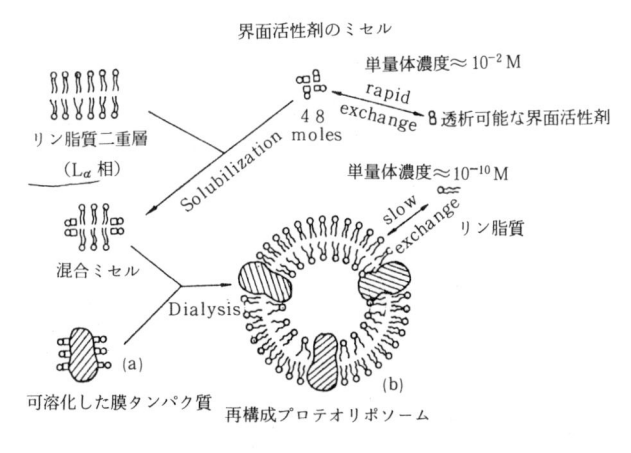

図2.4.1　プロテオリポソームの再構成

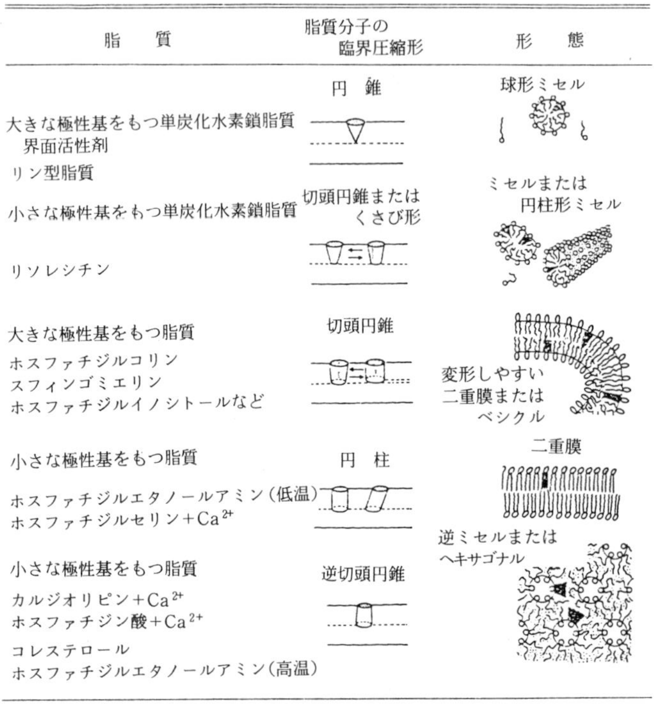

第2章　リポソームによる細胞機能の再構築

脂　質	脂質分子の 臨界圧縮形	形　態
大きな極性基をもつ単炭化水素鎖脂質 界面活性剤 リン型脂質	円　錐	球形ミセル
小さな極性基をもつ単炭化水素鎖脂質 リソレシチン	切頭円錐または くさび形	ミセルまたは 円柱形ミセル
大きな極性基をもつ脂質 ホスファチジルコリン スフィンゴミエリン ホスファチジルイノシトールなど	切頭円錐	変形しやすい 二重膜または ベシクル
小さな極性基をもつ脂質 ホスファチジルエタノールアミン（低温） ホスファチジルセリン+Ca^{2+}	円　柱	二重膜
小さな極性基をもつ脂質 カルジオリピン+Ca^{2+} ホスファチジン酸+Ca^{2+} コレステロール ホスファチジルエタノールアミン（高温）	逆切頭円錐	逆ミセルまたは ヘキサゴナル

図2.4.2　脂質分子集合体の多形性[4]

構成には必要である。用いる脂質の種類は分子の形と疎水部分の大きさが大切である。図2.4.2に示すように安定な2重膜を形成するのは円柱に近い分子形をもつ脂質である[4]。

　H^+-ATPaseの一部であるH^+輸送体（TFoまたはFo）の再構成小胞のH^+輸送能を例に述べる。この小胞内に図2.4.3(A)に示すようにKClをあらかじめ入れておき，バリノマイシンを添加する。K^+はバリノマイシンによって流出するので小胞膜内外に膜電位差を生じることになる。このときH^+輸送体を通ってH^+が小胞内に流入するからこれをpHメーターや蛍光物質（9-アミノアクリジン）を用いて測定すれば図2.4.3のような曲線が得られる。図2.4.3(B)右側の数字は小胞に加えたTFoの量によく比例している点で酵素反応と同じように扱うことができる。また最終的に輸送されるH^+の量がTFo量に応じて増加しているのは，TFoを含まないリポソームの量が，TFoの少ないときには多いことを示している。他のチャネルも原理的にはこれと同じ方法で測定できる。このように膜の酵素輸送体はいずれも再構成法で研究されるようになった。こ

れらは人工膜であっても，生体膜そのものと本質的に等しい性質を持つのであって，合成高分子による各種の人工膜とはきわめて異なったものである[3]。再構成小胞膜内の膜タンパク質を一定方向に揃える方法も色々と開発されている。

5 生理機能の再構成法による段階的発現

生命のエネルギーの大部分を支えているH^+-ATPaseの再構成を例にのべる[5]。

H^+-ATPaseはF_1とF_0からなっており，それぞれがさらに多数のサブユニットからなってる。H^+-ATPaseの能動輸送能は数多くの生理機能をもった部分に分解することができる。サブユニットを単離した後に，逆にこれらの機

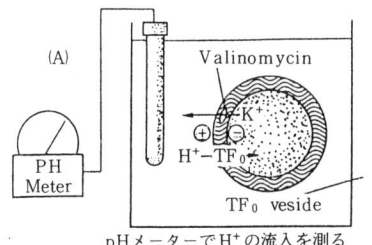

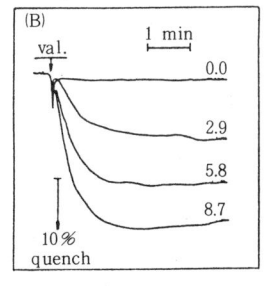

図2.4.3 H^+チャンネル活性の測定法

能を段階的に再構成することによって，初めてサブユニットの機能を詳しく知ることができる（図2.5.1）。リン脂質二重層膜だけでは，脂溶性物質の透過がみられる。これにF_0を加えるとH^+の促通拡散が再現できる。F_0は酵素ではないので化学変化で測定することはできないが，図2.5.1に示すように小胞に再構成してH^+の移動をpHメーターで測定できる。さらにH^+の流出を制御するゲートをつけることもできる。最後にF_1の$\alpha\beta$サブユニットをつけるとH^+の電気化学ポテンシャルに逆らう輸送が可能となる。このリポソームに電圧やイオン勾配をかけると生体と同様にATPが合成できる。これによって，光合成や酸化的リン酸化など，生体のエネルギー産生系の基本的なATP合成反応がH^+によって駆動される膜系であることが確認された。

それではリポソーム膜にH^+の電気化学ポテンシャル差（$\varDelta \bar{\mu} H^+$）を供給する系は再構成できるかというと，これも再構成できる。図2.5.2に示すように光のエネルギーで放出された電子も，物質の酸化の際に生じる電子も，そのエネルギーを捉えてH^+の輸送のエネルギーに変えられる[6]。その働きは葉緑体のチラコイド膜やミトコンドリアの内膜に一定方向に配位されている電子伝達系とよばれる複雑な膜タンパク質の集合体である。これをリポソームに再構成すると，光または酸化に伴ってH^+の輸送が起こり，さらにこのリポソームにH^+-ATPaseを加えると，光または酸化のエネルギーでATPを合成することができる[5]。このように膜を介していくつかの複雑な機能を組み合わせることができる。ホルモン受容体－Gタンパク質－アデニルサイクラ

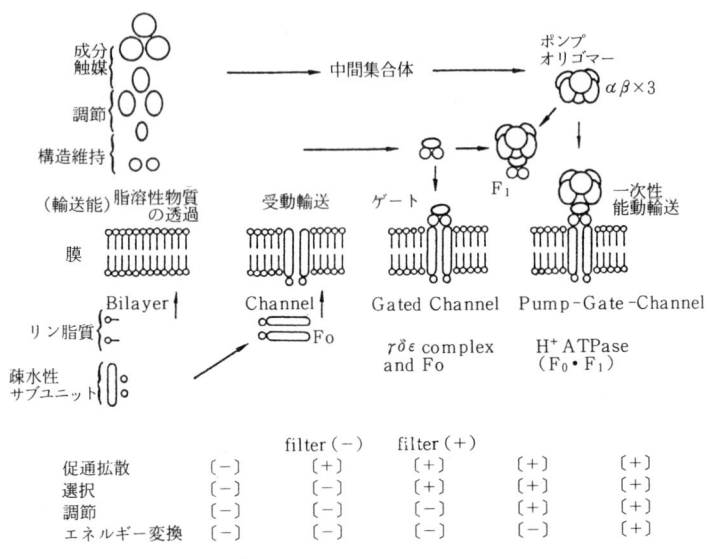

第2章 リポソームによる細胞機能の再構築

図2.5.1 H$^+$-ATPase のサブユニットからの再構成

生理学的な概念（促通拡散，能動輸送）を生化学的な実体として捉える（段階的な機能の再現）。

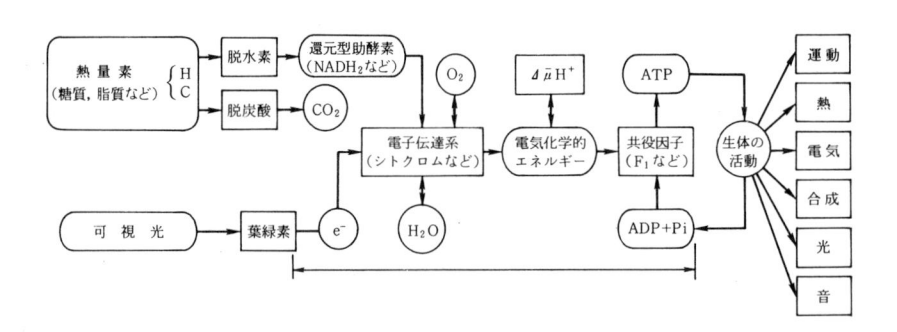

図2.5.2 生体における物質とエネルギーの流れ（$\varDelta \bar{\mu} H^+$：H$^+$の電気化学ポテンシャル差）

6 生体膜の安定性,自己再生性と人工膜

ーゼの三種のタンパク質が膜上で共同して,ホルモン刺激によって二次メッセンジャーを合成する仕組みなども,膜の融合によって証明されたのである。

6 生体膜の安定性,自己再生性と人工膜

リン酸質二重層膜が生体膜の基本構造であるとしても,この人工膜で直径 20 μm の細胞大のマクロリポソームを作ると,極めて不安定なものしか得られない[3]。実際の細胞は,外側に糖被や細胞壁があるだけではなく,内側には裏打ちタンパク質が付着しており,膜はかなり安定である。特に植物細胞の細胞壁はセルロースなどの高分子から成る極めて丈夫なものである。薄い機能性膜を丈夫な高分子膜で補強することはすでに逆浸透膜などで十分実用化している。人工細胞も,写真 2.6.1 に示すように多孔性のナイロン等の高分子小胞(マイクロカプセル)[7]にリン脂質二重層膜を張り,丈夫でしかも生体のような脂質二重層機能をもった小胞を作ることはできる。

問題はむしろその二重層膜内のタンパク質の機能を,どのように失活から守るかという点にある。生体膜のタンパク質は,常温生物の場合には極めて不安定であるが,たえず自己再生系である遺伝子-タンパク質合成系によって更新されている。これを模倣することは技術的にも経済的にも困難が多いので,生きた細胞そのものを固定化したバイオリアクターが実用化されている現状である。しかし特定の反応だけを行わせる人工細胞の方が望ましい。そのためには失活に強い,好熱菌の膜タンパク質の応用が考えられるのである。好熱菌の膜の H^+ 輸送性 ATPase で ATP を合成すること[5]や好熱菌のアミノ酸輸送体を人工膜に再構成してアミノ酸を濃縮することもすでに成功している。これらの要素をさらに目的に応じたものとするためには遺伝子組換の技術が必要となる。表 2.6.1 には高度好熱菌のタンパク質(ロイシン合成酵素系)ではじめてその遺伝子の構造が決定された例が示されている。遺伝子工学の手法を中心とする人工酵素については本書の前半に述べられているので詳細は省略するが,好熱菌では生体膜も,タンパク質も核酸も極めて安定である。表 2.6.1 のように GC 含量(特に第三文字に多い)が高いことは水素結合数が多くて安定なことを示す。脂質も高度好熱菌では不飽和結合がなく,各種の処理に強い。ただここで指摘しておきたいことは,タンパク質の活

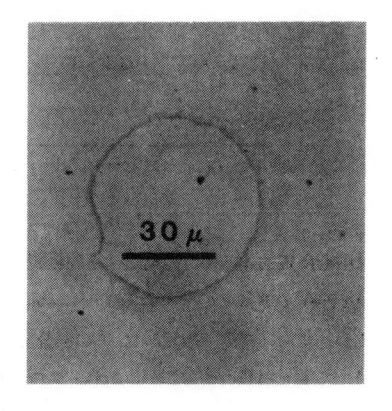

写真 2.6.1 多孔性高分子マイクロカプセルにリン脂質二重層を埋め込んだ人工小胞電子顕微鏡超薄切片像(香川原図)

173

第2章 リポソームによる細胞機能の再構築

表2.6.1 高度好熱菌 Leu B タンパク質のコードン使用頻度[9]

First position	Second position									Third position
	U		C		A		G			
U	Phe	x	3	Ser	o	2	Tyr	x	1	Cys	0	U
	Phe	o	10	Ser	x	8	Tyr	o	5	Cys	0	C
	Leu	x	0	Ser	x	0	Term		1	Term	0	A
	Leu	x	4	Ser	x	1	Term		0	Trp	1	G
C	Leu	x	4	Pro	x	4	His		0	Arg	o	1	U
	Leu	x	15	Pro	x	18	His		5	Arg	o	7	C
	Leu	x	1	Pro	o	1	Gln	x	1	Arg	x	2	A
	Leu	o	10	Pro	o	7	Gln		2	Arg	x	11	G
A	Ile	x	0	Thr	o	0	Asn	x	0	Ser		0	U
	Ile	o	7	Thr	o	6	Asn	o	6	Ser		4	C
	Ile	x	1	Thr	x	0	Lys	o	0	Arg	x	0	A
	Met		6	Thr	x	6	Lys	x	15	Arg	x	6	G
G	Val	o	0	Ala	o	2	Asp		1	Gly	x	1	U
	Val	x	12	Ala	x	28	Asp		15	Gly	o	10	C
	Val	o	0	Ala	o	1	Glu	o	3	Gly	x	7	A
	Val	x	20	Ala	o	12	Glu	x	27	Gly	x	19	G

o は大腸菌でよく使われるコードン,x はあまり使われないコードン

表2.6.2 酵母(YF_1)と好熱菌(TF_1)の ATPase (F_1)の活性中心部の比較
(TF_1 では第三文字が GC 化されるがアミノ酸は不変である)

	leu	thr	gly	leu	thr	ile	ala	glu	tyr	Phe	arg
YF_1	TTA	ACT	GGT	TTG	ACG	ATC	GCT	GAA	TAT	TTC	AGA
	o	o	o	o	o	o	o		o	o	o
TF_1	TTG	ACC	GGC	TTG	ACG	ATG	GCC	GAA	TAC	TTC	CGT
	leu	thr	gly	leu	thr	met	ala	glu	tyr	phe	arg
	xx	xx		xx	xx		xx	xx		xx	--

xx はすべての F_1 に共通なヌクレオチド構造を示す。

性中心に相当する部分の構造は常温菌でも好熱菌でも同じであることである。表2.6.2には H^+ ATPase の F_1 の β サブユニットという活性の中心部の一部が示してあるが,第三文字が GC に変わっても,アミノ酸組成は,この部分では変わらない[10]。熱安定性は活性とは直接関係のない部分のイオン結合の増加等で得られるものである。

7 おわりに

リポソームによって細胞機能を再現することは部分的には成功している。しかし完全に細胞が再現できたとしても、それは細胞そのものを使用すればよいことであるから応用面では役には立たない。ロボットは人間にない長所があるから有用なのである。生体は、高度の特異性や自己構築性など、人工の系ではまだ実現していない特性をもっている。その反面、電気装置のような速い反応性、輸送機器のような力、無機素材のような物理的安定性を欠いている。したがって、これらのものの特性を生かしたハイブリッドが有用と思われる。たとえばバイオセンサーは、生体系の高い特異性と感度を利用して情報を捉えるが、その後の情報の伝達と処理には電線やトランジスターを流れる電流を用いるのである。リポソームについても、多様な応用が考えられている。

文　献

1) 香川靖雄, 生体膜, 岩波全書 (1978)
2) 香川靖雄, ぶんせき, **7**, 70 (1984)
3) Y.Kagawa, C.Ide, T.Hamamoto, M.Rögner, N.Sone, "Membrane Reconstitution (G.Poste, G.L.Nicolson eds.)" pp137〜160, (1982) Elsevier Amsterdam.
4) J.N.Israelachvili, S.Marcelia, R.Horn, *Quat. Rev. Biophys*, **13**, 121 (1980)
5) Y.Kagawa, Bioenergetics.(L.Ernster ed.) pp 149 Elsevier. Amsterdam (1984)
6) P.Mitchell, *J.Biochem*, **97**, 1 (1985)
7) 近藤保, 膜 6, 159 (1981)
8) H.Hirata, T.Kanbe, Y.Kagawa, *J.Biol. Chem*, **259**, 10653 (1984)
9) Y.Kagawa, H. Nojima, N.Nukiwa, M.Ishizuka, T.Nakajima, T.Yasuhara, T.Tanaka, T.Oshima, *J.Biol. Chem.* **259**, 2956 (1984)
10) Y. Kagawa, M. Ishizuka, T. Saishu, S. Nakao, International Symposium on Energy Transduction in AT Pases. p. 85 (1985)

第3章 リポソームの診断への応用

保田立二*, 多田隈卓史**

1 はじめに

リポソームを臨床診断に応用しようという試みはリポソームの研究の経過の早い時期からあった。アッセイ系はリポソーム内にマーカーをいれておいて，補体を介する免疫反応によるマーカーのリポソーム内からの遊離を測定する。非常に簡単な測定システムなのですぐにでも実用化できると思われたのかもしれない。しかしながら初期の試みはあまり成功とは言えず普及もしなかった。その原因は測定系に酵素反応を利用するため試薬の調製，管理が面倒なこと，マーカーにグルコースを使用するので，血清のタイターを測定するには前もって透析操作によりグルコースを除く必要があったこと，作製したリポソームが安定でなく使用時に調製する必要があるなどである。しかしながらマーカーとしてカルボキシフルオレセイン（CF）が使用できるようになってからは事情は変わってきた。新しいCF封入リポソームを利用するアッセイ法（Liposome Immune Lysis Assay（LILA））をこの章では紹介する。

2 LILAの原理

リン脂質に代表されるような分子の一方に親水性基をもち，他方に疎水性基をもつ両親媒性の物質は水溶性の媒質に懸濁されると脂質二重層を形成する。この二重層は小胞状となり内側にマーカー分子を封入することができる。このような状態の安定な特殊なミセル構造をリポソームと一般に呼んでいる。LILAはこのリポソームの脂質二重層に抗原を挿入しておき，抗体と反応させる。抗原に対応する抗体が存在すると脂質二重層上に抗原－抗体複合体が形成される。このものによって補体系が活性化され，最終的に膜攻撃複合体が作られ，二重層の透過性が上昇し内側のマーカーが反応溶液中に遊離する。その遊離マーカー量をなんらかの方法で測定するのが基本原理である。

マーカーとしてCFを使うのはその特異な物性による。CFはフルオレセイン系の蛍光色素

---

* Tatsuji Yasuda 東京大学 医科学研究所
** Takushi Tadakuma 慶應義塾大学 医学部

2 LILAの原理

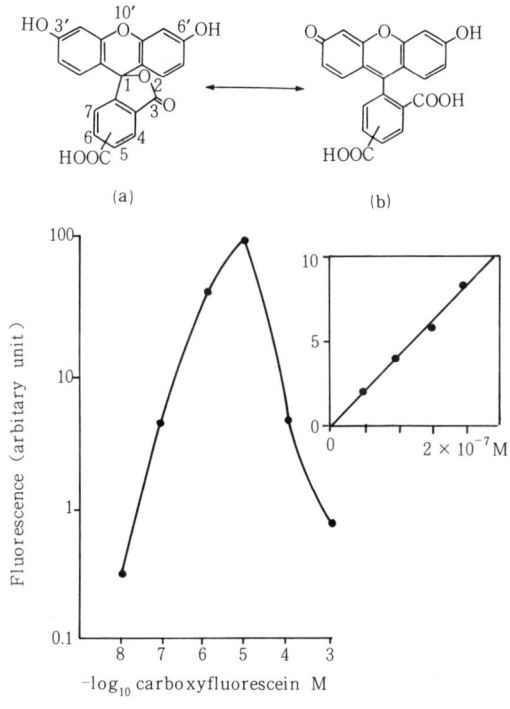

図 3.2.1 カルボキシフルオレセイン
（CF）の構造と蛍光特性

のなかで最も水溶性度の高いものである。この色素は水溶液中で高濃度に溶けているときは自己消光現象をおこす。励起光で放射される蛍光が隣り合う分子の励起に使われるため外部へ放射される蛍光が非常に弱くなってしまう。リポソームに 0.2 M というような高濃度で封入しておくとほとんど蛍光を発しない蛍光色素封入リポソームが作製できる。このためごく少量の抗原を感作したこのリポソームと抗体，補体の反応系で感度よく特異抗体が検出できることとなる。現在われわれの研究室では 10^{-8} M レベルで蛍光を測定している。特別の増幅系なしにこのレベルの濃度を簡単に測定できるものは放射性アイソトープか蛍光色素しかない。

3 LILAの種類

CFを利用する実用的なLILAの本格的な開発は1980年から始まった[1]-[8]。しかしほとんどわれわれのグループのみであったため，現時点で測定できるものの範囲は広くない。むしろこれからの測定系である。しかしながら，特別な増幅系をもたないでも高感度であり，その測定領域はかなり広く，ランニングコストも低廉であり，廃棄物の問題も少ないので，実用性も十分あると思われる。ここでは測定法の原理から2つに大別してみる。1つは抗原感作系であり，他は抗体感作系である。

抗原感作系はリポソームを形成する脂質二重層に抗原を挿入するか結合する。抗原が膜表面にあるので抗体の測定は直接検体を希釈したものと，補体を加えることで可能となる。また既知の抗原とそれに対して特異性を保有した抗体の組み合わせの系が測定したい物質を含む検体で抑制されるかどうかを調べれば未知量の抗原も測定できる。

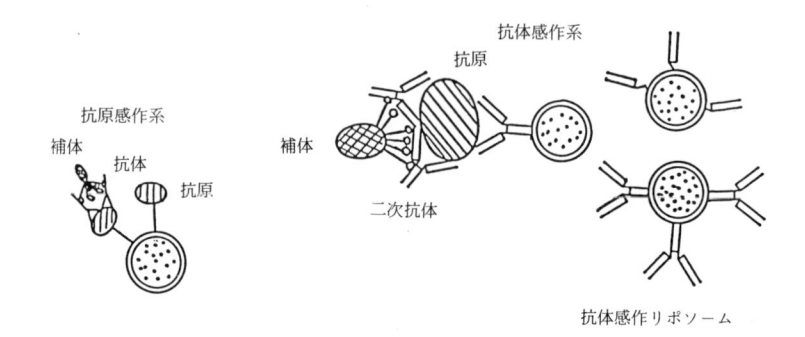

第3章　リポソームの診断への応用

図3.3.1　LILAの種類

　抗体感作系はリポソーム表面に抗体またはFab'フラグメントを結合しておく。それに対応する抗原があればリポソーム表面に抗体-抗原複合体を形成できる。直接これに補体を反応させても場合によってはマーカーの遊離がみられるが，一般にマーカーの遊離量が少なく，再現性もよくない。そこでいわゆるサンドイッチ法を適用する。抗原に対する二次抗体を作用させリポソーム-抗体-抗原-抗体の複合体を作り補体を反応させる。適当な条件を選べばこのような一見複雑な系でも抗原量に応じたマーカーの遊離が観察され十分測定系として実用になる。

4　必要な器具と測定装置

　リポソームを作製するには通常の実験室レベルの設備で間にあう。脂質はクロロホルム，メタノールなどの有機溶媒に溶かして扱うためガラス製のマイクロピペットを使う。その他に梨型フラスコ，エバポレーター，真空ポンプ，デシケーターが必要となる。
　LILAの開発初期段階ではアッセイは12φ×75mmの試験管で行い，蛍光測光には普通の汎用蛍光光度計を使用していた[1)～3)]。しかし検体数の増加にともなう測定操作の煩雑さと，データー処理の手間を軽減するため，アッセイをマイクロタイタープレートで行い，このプレートで直接CFの蛍光が測光できる装置をコロナ電気の協力で試作した[4)～6)]。これはいわゆるEIAリーダーとよばれている二波長可視光度計をベースにして外部につけた蛍光励起および蛍光検出ユニットとを光ファイバーケーブルで結びつけたものである。ハロゲンランプからの光をフィルターで490nmとし，光ファイバーケーブルの中心部を通してマイクロプレートのウェルに照射し，蛍光を光ファイバーケーブル周辺部より集め蛍光検出部に導いている。520nmのフィルターを通った光をフ

4 必要な器具と測定装置

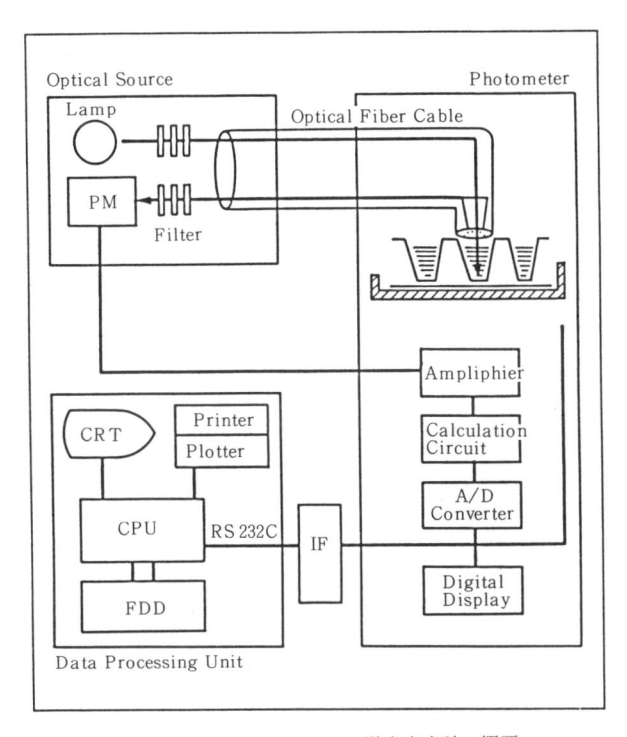

図 3.4.1　マイクロプレート蛍光光度計の概要

写真 3.4.1

ォトマルで測光し演算回路を経て結果を表示するようにした。またデジタル表示の数値をシリアル信号に変換してＲＳ232Ｃ規格の外部出力とするインターフェースも製作した。この試作機（ＭＴＰ－12Ｆ）はＣＦにして10^{-9}Ｍまで定量的に蛍光を測光できた。そこで現時点ではＬＩＬＡは通常10^{-8}ＭレベルのＣＦをアッセイ系に入れるようにしている。この試作機をもとにＭＴＰ－22型コロナマイクロプレート光度計およびＭＴＰ－Ｆ蛍光付属装置，ＭＴＰパソコンシステムが市販されている。

5 リポソームの調製とその安定性

ＬＩＬＡに用いるのは多重層リポソームで次のようにして調製する。糖脂質抗原に対する抗体の定量には，0.5μmoleのdimyristoylphopshatidylcholine（ＤＭＰＣ）またはdipalmitoylphos-phatidylcholine（ＤＰＰＣ），0.5μmoleのコレステロール，0.05μmoleのdipalmitoylphos-phatidic acid（ＤＰＰＡ），0.05μmoleの抗原となる糖脂質（これをレシチンに対して10％のエピトープ濃度をもつといっている）を10mlの梨型フラスコにガラス製マイクロピペットで計りとる。クロロホルムを加えてエバポレーターで梨型フラスコのなるべく広い範囲に均一な脂質フィルムを形成する。きれいなフィルムにならない場合にはこの操作を繰り返す。このフラスコをデシケーターに入れ1時間真空ポンプで吸引し有機溶媒を完全に除去する。前もって作っておいた0.2ＭのＣＦ溶液を0.1ml加え，温めながらボルテックスミキサーで強く撹拌する。これを15,000回転／分の冷却遠心分離機にかけられるチューブに予め滅菌しておいたゲラチンベロナール緩衝生理食塩液（ＧＶＢ）で洗いながら移す。15～20分間の遠心を繰り返して上清にＣＦがなくなるまで洗い，リポソームに封入されていないマーカーを除く。通常3～4回の洗浄操作が必要である。ＧＶＢ2mlを加えたものを冷蔵庫に保存する。完全な無菌操作でなくても，少し注意して行えば長期間（数カ月から1年ぐらい）の保存に耐える。また窒化ソーダを入れてもよい。

タンパク質抗原の場合にはＤＰＰＣ，コレステロール，dithiopyridylphophatidylethanola-mine（ＤＴＰ－ＰＥ）のモル比が1：1：0.05のＣＦ封入リポソームを上記のように作製し，タンパク質抗原が本来もっている－ＳＨ基か，N-hydroxysuccinimidyl 3-（2-pyridyldithio）propionate（ＳＰＤＰ）で活性化した抗原とを0.1モルのdithiothreitol（ＤＴＴ）処理し－Ｓ－Ｓ－で結合する。結合しない抗原を遠心分離で除き，同様に保存する。この場合も1年間は変化なしに冷蔵庫で保存できる。抗体感作系のリポソームの場合もタンパク質抗原と同様にして抗体またはFab'フラグメントを結合する。抗体はassay系の特異性をよくするためにもアフィニティー精製したものが望ましいが，IgG分画でも実用になるようである。Fab'フラグメントはIgG分画のペプシン消化で得られたF(ab')$_2$がリポソームに結合されるときに本来ある－Ｓ－Ｓ－が

DTTで切断されるため,リポソーム表面膜にはFab'のかたちで結合する。

6 LILA測定に影響をあたえる因子

リポソームは再構成膜であるので,さまざまな因子の抗原-抗体反応に対する影響を詳細に観察するためのよい系でもある。Trinitrophenyl(TNP)-基に対するマウスモノクローナル抗体とTNP-aminocaproylphosphatidylethanolamine(TNP-Cap-PE)を挿入したリポソームを例にしていろいろのパラメーターを研究した結果の一部を紹介しておく。ここで検討したようなパラメーターは本来抗原-抗体の反応では重要であるにもかかわらず,今までの免疫学的な方法による測定系ではあまり注意がはらわれていなかった点でもある。

抗原の密度に関して調べた結果を図3.6.1に示す。エピトープ濃度の違いによる反応性の差が著明にみられる。このリポソームの条件ではハプテン基は脂質二重層上に均等にランダムに分布している。ラジオイムノアッセイ,エンザイムイムノアッセイで固相に付着させる条件検討というようなあいまいな言葉で表現されていることの一つの答えであろう。
脂質二重層とハプテン基との距離について検討したのが図3.6.2である。PEとTNP基の間に炭素鎖2

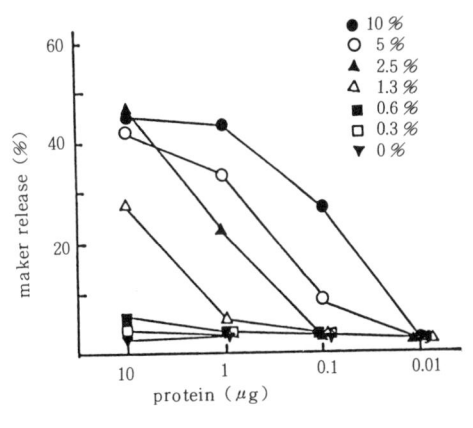

図3.6.1 抗原エピトープ濃度の影響

から12までのスペーサーをいれた化合物とモノクローナル抗体の反応性をみたものである。モノクローナル抗体の作製に使った抗原はTNP-KLHなのでおそらくTNP-リジン残基が主な抗原決定基となっていると思われる。そのためもあろうがTNP-リジンとおなじ長さのスペーサーをもつTNP-C6の化合物が一番よく反応している。スペーサーのないTNP-PEからTNP-C6までは順次その長さに応じて反応性が高まっているが,不思議なことにスペーサーが長すぎると反応性が低くなる。この原因はまだよくはわからないが,ハプテンの運動性が抗体のハプテンを結合する部位との相互作用において大きな意味をもっていることを示唆している。

またLILAに用いるリポソームはリン脂質のホスファチジルコリン(PC)とコレステロールを等モルずつ混合している。PCの脂肪酸鎖はリポソーム膜の流動性に大きな影響をもってい

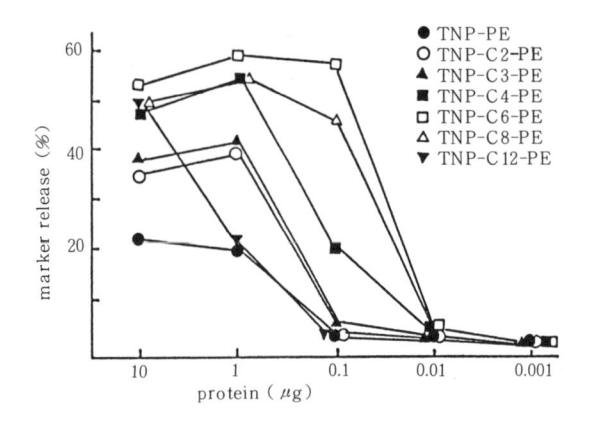

第3章　リポソームの診断への応用

図3.6.2　スペーサーの影響

る。このアッセイ系においても脂質二重層の流動性が抗原-抗体複合体の補体の活性化の程度を規定している。比較的流動性の低いリポソームをつくると思われるDSPC，DPPC，DMPCなどが，流動性の高い脂質二重層をつくる不飽和脂肪酸をもつものより高い反応性を示した。他の抗原-抗体系なども検討した結果，LILAでは通常DPPCまたはDMPCをPC源として使っている。

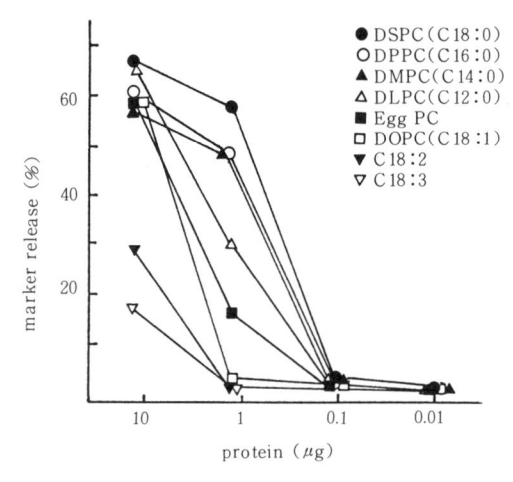

図3.6.3　リポソームを構成するホスファチジルコリン分子種の影響

7　抗原感作系

抗原感作系のLILAではリン脂質のカルジオリピン[7]，ハプテン化PE，糖脂質[1)~4),9),10)]，血清タンパク質[5),11),12)]などの測定系を開発した。脂質はそのままPC，コレステロール，PAと混合しリポソームを作製する。血清タンパク質はDTP-PEとSPDP化したタンパク質を

-S-Sで結合する。いずれの場合にも6項でふれたような因子がそのassay感度、リポソームの安定性に影響する。

ヒトIgGに対する抗体を測定するアッセイは次の手順で行う。まずマイクロプレートのウェルに25μlの血清希釈液にIgG結合リポソーム5μl、補体(この場合はモルモット新鮮血清を400倍希釈したもの)25μlを加え、37℃で1時間インキュベートする。各ウェルに100μlの10mM EDTAを含むベロナール緩衝液を加え反応を停止する。抗体なしで補体のみのウェルをバックグラウンドとし、トリトンX-100でリポソームを壊したものを100%として各ウェルの蛍光強度からマーカーの遊離%をもとめる。ウサギで作った抗ヒトIgG血清の例では典型的な補体結合反応のグラフが描かれる。

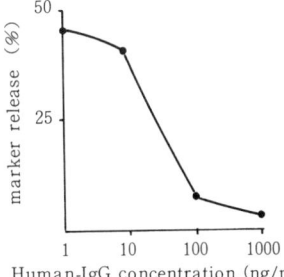

特異抗ヒトIgG血清（2×10^{-4} mg/ml）とヒトIgGを混合しそれにリポソームと補体を加えるインヒビジョンアッセイを行うと、図3.7.1のようになり、10ng/ml-100ng/mlの範囲で抗原量の定量もできる。

図3.7.1 インヒビジョンアッセイによるヒトIgGの定量

8 抗体感作系

リポソームに抗体を結合してサンドイッチ法で抗原量を測定するアッセイも手順はほぼ抗体価のアッセイと同じである。ヒトCRPの定量は、抗原を含む希釈血清25μlと抗CRP抗体結合リポソーム5μl、二次抗体としてウサギ抗CRP抗体25μl、補体25μlをマイクロプレートのウェルで混合し、1時間37℃でインキュベートする。EDTA-VBSを100μl加え、蛍光強度を測定する。CRP抗原量に対してマーカーの遊離%をプロットすると図3.8.1のようになる。

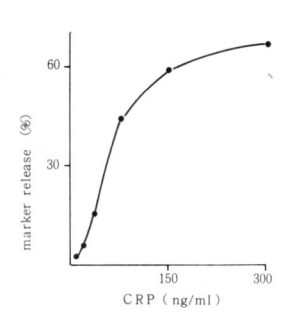

図3.8.1 抗体感作リポソームによるCRPの定量

このアッセイ系は原理はかなり複雑なので一つの確定したシステムにするまでには検討しなければならない点も多くなる。リポソームに結合する抗体は抗体分子全体と、Fab'フラグメントのどちらがよいか。一度にすべての試薬を混合するか、検体とリポソームをまず混和し、時間をおいてから二次抗体と補体を反応させるか。一次抗体と二次抗体、補体の量比などである。ヒトCRPの定量の系で検討した結果は次のようであった[12]。

抗体は特異性を増し、血清による非特異的な透過性の昂進を抑えるためになるべく精製された

ものが望ましい。CRPのシステムでは硫安カット，DEAEセルロースカラムのあと，アフィニティークロマトグラフィーを行っている。またFab'分画をリポソームに結合したものと，IgG全体を結合したものの比較ではFab'分画のほうが少し感度が高い。ウサギのIgG全体を結合したものは抗原がなくても補体と反応してマーカーが遊離するので，ヤギの抗体を使用する。Fab'分画をリポソームに結合したものでは補体の活性化がないためウサギの抗体が使用できる。Fab'フラグメントをリポソームに結合する一次抗体として使用するほうが望ましいが，フラグメント化にともなう活性の低下もしばしばおこるので個々のケースで決めなければならないであろう。

　試薬を同時に加える1ステップ反応と，検体とリポソームをまず混和し，時間をおいてから二次抗体と補体を反応させる2ステップ反応を比較すると図3.8.2のようになる。感度は後者のほうが高いが測定範囲は狭くなっている。なるべく単一の希釈液でアッセイを行いたいという実際

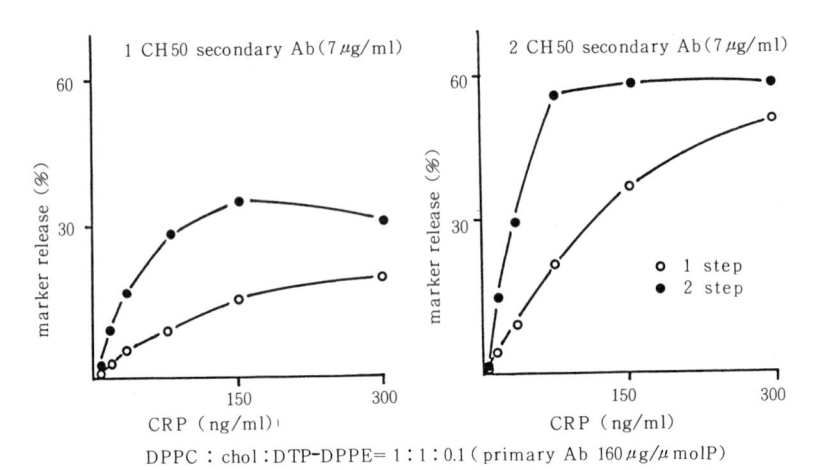

1 CH50 secondary Ab($7\mu g/ml$)

2 CH50 secondary Ab($7\mu g/ml$)

○ 1 step
● 2 step

DPPC：chol：DTP-DPPE= 1：1：0.1（primary Ab $160\mu g/\mu$ molP）

図3.8.2　1ステップ法と2ステップ法の違い

的な理由から標準法として1ステップ反応を採用している。

　現在のところこのアッセイ法の測定下限は数ng／mlである。CRPのみでなくα-フェトプロテイン，CEAなどに拡張するための基礎実験を行っている。

9　LILAの将来

　LILAは開発の歴史も浅く，実際の応用例も多くはない。しかしいろいろな点で注目され始めた。最大の特徴は低分子ハプテンから，高分子のタンパク質にいたるまでのものが同じ系で，

9 LILAの将来

またいわゆるホモジニアスな系なので検体と試薬を混合するのみでB‐F分離を必要とせずに，しかもラジオイムノアッセイ，エンザイムイムノアッセイなみの感度で測定できることにある。このような特色は診断装置の自動化を考えるうえでは非常に都合がよい。またランニングコスト，廃棄物の処理の問題でも優れている。しかしながらまだまだ未完成であるとともに，欠陥も多い。とくに血清中に含まれるリポソーム膜と反応して透過性を上げる物質の存在に対しては非特異的な陽性反応を示す。リポソームの素材を天然，またはそれに近い誘導体のみに限らずもっと範囲を広げ，測定感度をもっと上げ，阻害物質の影響のでない領域でアッセイを実行するなどの検討が必要であろう。

　血球膜上やリンパ球細胞膜での抗原‐抗体‐補体の反応をリポソーム上で解析することから始まった研究が，一般臨床検査の血清診断にまで応用できるまでになってきた。生物のもつ非常に厳格な特異性と新しいテクノロジーとの出会いが感度のよい，簡便な臨床診断法を生み出しつつある。

文　　献

1) 保田立二，内藤祐子，多田隈卓史，リポソーム膜損傷反応を利用する糖脂質抗体の微量簡便測定法，免疫実験操作法，**9**，2989‐2994，1980
2) T. Yasuda, Y. Naito., T. Tsumita and T. Tadakuma, A simple method to measure antiglycolipid antibody by using complementmediated immune lysis of fluorescent dye-trapped liposomes., *J. Immunol. Methods*, **44**, 153‐158, 1981
3) 内藤祐子，保田立二，多田隈卓史，リポソームを用いる糖脂質抗原定量法，免疫実験操作法，**10**，3371‐3375，1981
4) 海瀬俊治，保田立二，マイクロプレートを用いたリポソームによる抗体価，抗原量測定法，免疫実験操作法，**12**，3845‐3848，1983
5) Y. Ishimori, T. Yasuda, T. Tsumita, M. Notsuki, M. Koyama and T. Tadakuma, Liposome immune lysis assay (LILA) : A simple method to measure anti-protein., antibody using protein antigen-bearing liposomes. *J. Immunol. Methods*, **75**, 351‐360, 1984
6) 保田立二，リポソームを用いる抗原抗体定量法，日本細菌学雑誌特別号，**38**，68‐70，1983
7) 保田立二，免疫におけるリポソームの利用，化学の領域増刊「バイオマテリアルサイエンス」第2集，**135**，117‐126，1982
8) 保田立二，リポソームを使う抗原抗体反応，モダンメディア，**27**，532‐542，1981
9) T. Yasuda, J. Ueno, Y. Naito and T. Tsumita, Antiglycolipid antibodies in human

sera., *Adv. Exp. Med. Biol.* (NEW VISTAS IN GYCOLIPID RESEARCH), **152**, 456-465, 1982

10) S. Kaise, T. Yasuda, R. Kasukawa, T. Nishimaki, S. Watarai and T. Tsumita, Antiglycolipid antibodies in normal and pathogenic sera and synovial fluids., Vox Sang., in press, 1985

11) M. Umeda, K. Yoshikawa, M. Takada, T. Yasuda, Homogenous determination of C-reactive protein in serum using liposome immune lysis assay (LILA). submitted.

12) T. Yasuda, Liposomes as immunodiagnostic tools. Liposome immune lysis assay (LILA) method for the determination of glycolipid and protein antigens., Liposomes in Medicine, in press, 1985

第4章　リポソームを用いた人工光合成

中村朝夫*

1　はじめに

　化石資源の涸渇を理由に太陽エネルギーの有効利用が唱えられるようになってから，十数年が経つ。この間に，光エネルギーを化学的エネルギーに変換するシステムの研究が精力的に行われてきた。太陽エネルギーを化学的エネルギーに変換して貯蔵・利用するシステムには，植物の光合成という偉大なモデルが存在するので，このような研究は当然，光合成の妙技に習いながら，われわれの人工のシステムで実行可能な方法を探るという方向をたどっている。

　この人工光合成に関する一連の研究の中に，1977年の豊島らの論文[1]に始まるリポソームを用いた研究の流れがある。豊島らは，クロロフィルa，b，カロテン，キサントフィルを含む葉緑体抽出物を加えたリポソームで，水を電子供与体とするフェリシアン化カリウムの光還元を報告した。実はこれに先立って，H. Ti Tienらが平面脂質二分子膜(BLM)にクロロフィル等をとり込ませて光電流の発生を観測しており[2]，この系をリポソームに移したのが豊島らの発想の原点であろうが，いずれにしても，いったいなぜ，人工光合成に脂質二分子膜を用いるのであろうか。それは，モデルとなる植物の光合成がチラコイド膜という生体膜を舞台に行われているからである。

　光合成の初期過程では，光エネルギーを二つのタイプの化学的エネルギーに変換している[3]。
1) 光エネルギーを利用して，標準酸化還元電位の高い(還元力の弱い)水から，より酸化還元電位の低い$NADP^+$へ電子を押し上げ，強い還元剤(NADPH)を作る。
2) 二つの光化学系の間をつなぐ電子伝達系において，プラストキノンが電子と共にプロトンを輸送し，膜を隔てたプロトンの電気化学ポテンシャル勾配($\Delta\tilde{\mu}_{H^+}$)をつくり出す。この$\Delta\tilde{\mu}_{H^+}$を駆動力として，生体内におけるエネルギー伝達物質であるATPを合成する。

　1)の反応の各ステップは，実際にはタンパク質複合体の内部で行われる(したがって，反応の場は固体に近い状態にある)が，複合体の配列を行い，複合体相互間の物質のやりとりを円滑にするのは，膜というマトリックスの役割である。こうして作られた集合体は，エネルギー蓄積反応の途中で起こりうるさまざまなショートカットや逆反応を防ぐように構成され，酸素とNADPH

---

*　Asao Nakamura　東京工業大学　工学部

第4章 リポソームを用いた人工光合成

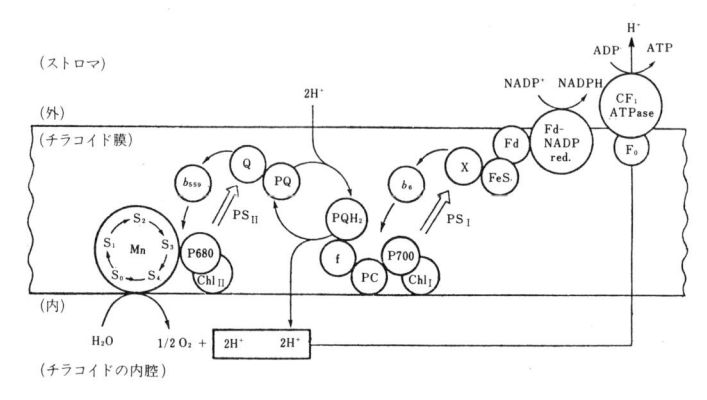

図4.1.1 葉緑体チラコイド膜における光合成電子伝達系の配列

という比較的安定な酸化剤，還元剤を生産する酸化・還元両末端まで，酸化力と還元力を確実に輸送することができるようになっている（図4.1.1）。また，上記2）の過程における膜の重要性については，すでに香川によって本書で述べられたとおりである。

　光エネルギーをどのような形の化学エネルギーに変換するにしても，蓄えられたエネルギーのリークを防ぐためには，逆反応の防止と生成物の分離のための反応空間のデザインが必要である。そのような反応空間のひとつとして，膜に興味が持たれるのは当然であろう。

2　光誘起電荷分離に対する膜の反応場としての効果

2.1　リポソーム膜にどのような効果を期待するか

　植物が長い年月をかけて獲得した光合成システムは，確かに実に巧妙にできている。たとえば，反応中心における色素の光励起に引き続く電荷分離ひとつをとってみても，一般の光励起電荷分離と比較すると，いくつかの顕著な（しかも有利な）特長を持っていることがわかる。まず，励起状態からの電荷分離（図4.2.1参照）が１００％に近い効率で起こる。しかも，一重項励起状態からの電荷分離である一重項励起状態からの反応の場合，通常の溶液では，電子移動直後の状態$\{A^-\cdots D^+\}$ からの溶媒との相互作用による失活が早く，電荷分離に至らないことが多い。たとえば，光合成反応中心に類似のクロロフィル（Chl）と キノン（Q）のペアの場合，溶液中では一重項からの電荷分離がほとんど観測されず，ChlとQを直接（たとえば数個のメチレン基を介して）結合し，分子の運動を制限した系で初めて観測にかかるようになる[4]。一方，三重項励起状態の場合はス

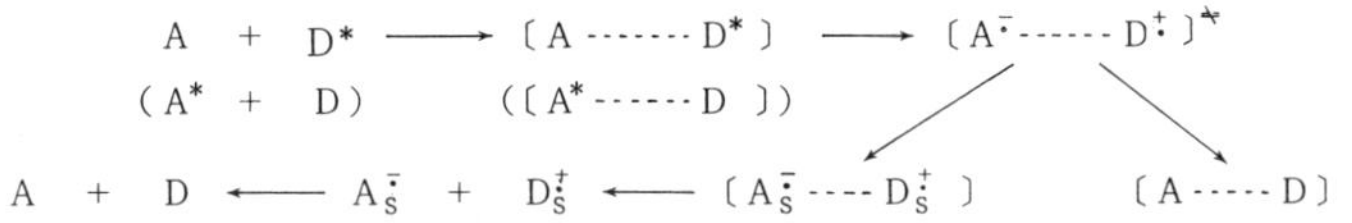

2 光誘起電荷分離に対する膜の反応場としての効果

$$\begin{array}{c}
A + D^* \\
(A^* + D)
\end{array} \longrightarrow \begin{array}{c}
[A \cdots D^*] \\
([A^* \cdots D])
\end{array} \longrightarrow [A^{\bar{\cdot}} \cdots D^{\dot{+}}]^*$$

$$A + D \longleftarrow A_S^{\bar{\cdot}} + D_S^{\dot{+}} \longleftarrow [A_S^{\bar{\cdot}} \cdots D_S^{\dot{+}}] \qquad [A \cdots D]$$

図4.2.1 励起状態における出会い錯体からの電荷分離の模式図

ピン多重度のちがいから失活の過程が遅く,通常の溶液でも電荷分離の起こる確率が格段に大きい。したがって,われわれが人工光合成に利用するのは多くの場合三重項の化学である。しかし,三重項の化学は,光合成のような酸素共存下の条件では不利であることを忘れてはならないだろう。

植物の光合成の反応中心は,クロロフィルとキノンなどの分子が特定の位置に結合されたタンパク質複合体で,ここでは一重項励起状態からの電荷分離にはrigidな系のほうが有利であることが利用されているのである。最近では,Chl,Qにカロテノイドを加えた三成分結合系で電荷分離状態の寿命を長くする試みなども行われているが[5],リポソームやミセルという系は,特定の分子間の位置関係をÅのオーダーで制御できるほど精密な系ではない。我々がリポソームを始めとする不均一系に期待するのは,主として,さまざまな反応場の効果によって,生成したイオンラジカルの再結合を防ぐ役割である。

2.2 膜によって形成される電場の効果

膜の反応場としての効果のひとつに,膜によって形成される電場の効果がある。正または負の電荷を持つ脂質(界面活性剤)を含むか,あるいはこのような界面活性剤単独で構成されたベシクルでは,膜表面に表面電位があらわれる。この表面電位の大きさは,溶液中の電解質の濃度によって制御できる。そして,この表面電位によって,反応に関与するイオンの分布を変え,また,イオン間の相互作用の大きさを変えることができる。

M. Grätzelらは,カチオン性界面活性剤であるジオクタデシルジメチルアンモニウムクロリド(DODAC)のベシクルにおける$RuC_{18}(bpy)_3^{2+}$のN-メチルフェノチアジン(MPTH)による光還元をナノ秒レーザーパルスフォトリシスを用いて測定し,電荷の再結合速度に及ぼす表面電位の効果を検討した[6]。パルス光照射によって生成した$RuC_{18}(bpy)_3^+$は長鎖アルキル基によって膜に固定されているが,もう一方の生成物であるMPTH$^+$は膜近傍の電場によってバルクの溶液中へ去り,再結合が抑えられるという(図4.2.2a)。

M. P. Pileniも長鎖を有するデュロキノンと亜鉛ポルフィリン錯体(ZnP)の系で,類似の効果を認めている[7](図4.2.2b)。

一方,電子受容体であるビオローゲンの側を修飾することによって反応に電場の効果を導入し

第4章　リポソームを用いた人工光合成

```
～(bpy)₃Ru²⁺       +++
    ⇓          MPTH
～(bpy)₃Ru²⁺*  ─────→ MPTH⁺
～(bpy)₃Ru⁺
              +++
         a
```

```
              +++
～ZnP
    ⇓      ─DQ
～ZnP*     ─────→ ZnP⁺
           ─DQ⁻
              +++
         b
```

```
              ---
～(TPyP⁺)Zn
    ⇓         PVS
～(TPyP⁺)Zn* ─────→ PVS⁻
～(TPyP²⁺)Zn
              ---
         c
```

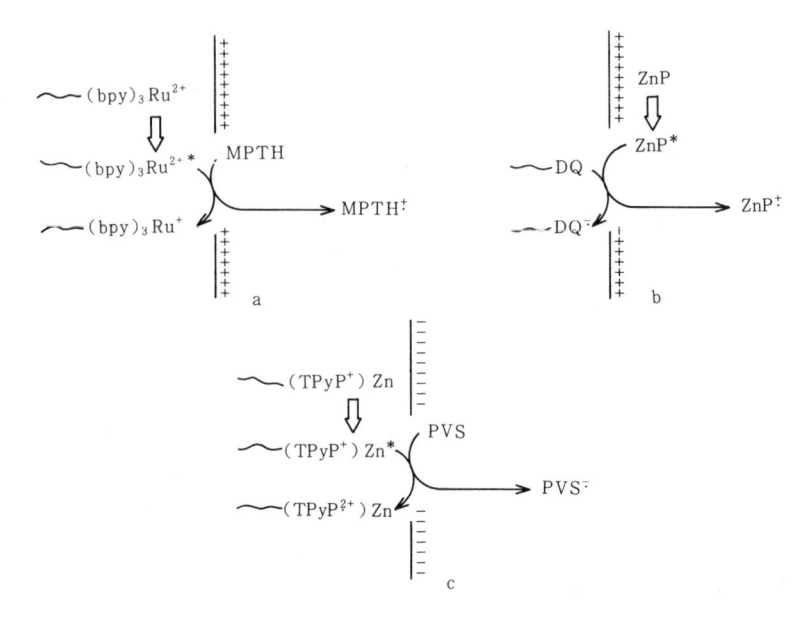

図 4.2.2　膜の表面電荷が電荷分離を促進する例

ようという試みが，M. Calvinらのグループによって行われた[8]。スルホン酸基を持つプロピルビオローゲンスルホン酸(PVS)は，酸化型で中性，還元型でアニオン性である。彼らはMn錯体を電子供与体に使った$Mn(C_{16}TPyP)^+ - Zn(C_{16}TPyP)^+ - PVS$系の反応を，ジミリストイルホスファチジルコリン(DMPC，両性)と酸性リン脂質，ジミリストイルホスファチジルグリセロール(DMPG)のベシクルで比較し，電荷の効果を認めた(図4.2.2 c)。

これらの表面電荷による電場の効果に関する研究は，M. Grätzelのグループなどによって荷電ミセルの溶液で行われた一連の実験[9]の延長線上にあるものであって，それ自体，(表裏のある)膜の特徴を生かしたものとは言えない。上に述べたP. P. Infeltaらの実験[6]では，ベシクル作成後にNaClを外水相に加えているため，事実上，非対称な電場が生じているものの，非対称な電場の効果を実験的に証明するには至っていない。

ところが最近になって，G. Tollinのグループが内水相と外水相とで塩の濃度の異なるベシクルで，Chlとp-ベンゾキノンの間での光誘起電荷分離の実験を行っている[10]。彼らの結果で注目に値するのは，ひとつは，脂質の持つ電荷の効果を二つの側面において認めていることである。そのうちのひとつは，これまでにも論じられてきたように，イオンラジカルの再結合の速度に及

ぼす効果(クーロン力による相互作用)であるが,もうひとつは,イオンラジカル対の初期生成効率に対する効果である。この後者の効果は,脂質の極性基間の反発力の変化による脂質のパッキングの変化に由来するものであると考えられる。さらに興味あることには,この脂質のパッキング状態は,現在の溶液中の塩濃度が同じでも,リポソーム作成時の溶液の塩濃度(内液にはこれが残っている)が違うと多少異なっているというのである。すなわち,膜の反対側の表面の状態がこちら側の表面の状態に影響を与えているのである。また,ベシクルの外側の単分子層と内側の単分子層の脂質のパッキング状態はもともと違うので,表面電荷の影響の受け方も違っている。このような情報は,膜を隔てた電子輸送系の設計を行う上で,きわめて貴重である。

2.3 その他の反応場の効果

膜の反応場としての効果の二番目のものとして,疎水場の効果があげられるが,残念ながら,疎水場の効果を電荷分離に利用した例は松尾らのミセル系における実験[11]を除いてほとんど見あたらない。しかし,多くの反応系で疎水性相互作用が重要な役割を果たしていることは事実である。たとえば前述のPileniの系[7]では,ZnPを用いた場合には電荷分離がうまくいくが,テトラフェニルポルフィリン錯体(Zn(TPP))を用いた場合にはうまくいかない。これは,Zn(TPP)$^+$が疎水性が大きいために膜表面に吸着されたまま残り,静電的反発が有効に働かないためであると解釈された。逆に,正方向の電子移動の速度を高めるために疎水性相互作用が有効な場合もある。M.Calvinらの系では,電子受容体にメチルビオローゲン(MV^{2+})を用いると,励起三重項状態の$Ru 2C_{16}A(bpy)_3^{2+}$からの電子移動はあまり効率がよくないが,ジヘプチルビオローゲン($2C_7V^{2+}$)に替えると反応が数倍加速された[12]。

膜の反応場としての効果には,もう一つ大切な側面がある。それは,膜の反応溶媒としての粘性や異方性の効果である。膜表面で起こる反応には,膜表面に沿う方向の拡散(いわゆる側方拡散)の速度や分子の回転の自由度も影響を与えるはずである。ところが,これまでに取り上げた反応例は,卵黄レシチン(EPC)のベシクル(室温では液晶状態,$Tc<0℃$)で行われたものもあれば,DODACやリン酸ジヘキサデシル(DHP),あるいはジパルミトイルホスファチジルコリン(DPPC)のような室温ではゲル(固体)状態のベシクルを用いたものもあり,膜の状態についてはあらわには比較考察されていない。このあたりもまだ今後検討を要する点であろう。

以上の電荷分離に対する異相界面の効果については,松尾による総説[13]があるので,ぜひ参照されたい。

3 膜を隔てた電子輸送の機構

3.1 膜電子輸送の必要性

　ここまでは，光化学反応にひき続く電荷分離に関する話題を中心に述べたが，次に，分離した電荷をいかにして最終的な酸化還元生成物にまで導き全体の反応効率をいかにして高めるかを考えなければならない。分離した電荷は，酸化還元に関して準安定な化合物に導くか，反応系の両末端で生じた生成物を空間的に隔離してしまわない限り，いずれは再結合して，蓄えられたエネルギーは熱にかわってしまう。このような逆反応を防ぐためには，反応全体をベクトル的に行わせる必要がある。ベクトル的な反応は異方性の場でしか起こり得ず，また場の異方性が大きいほど反応効率はよいはずである。リポソームを用いる場合には，反応が膜の一方の側の水相から他方の側の水相へ向かって進み，生成物が膜を隔てた二つの水相に分けて蓄えられるような系が最も目的にかなっている。

　このような系でまず問題になるのは，膜の一方の側で生じた電荷を膜の反対側へどのようにして運ぶかという点である。

3.2 膜電子輸送の機構に関する議論

　膜を通しての電子輸送の機構の問題は，リポソームを用いた人工光合成が試みられた当初から，常に議論の対象であった。Chlを増感剤とする電子輸送系に対して，当初はChlのみでは電子の輸送は起こらず，キサントフィルやカロテン類を添加した時にだけ電子が輸送されるという説も出た[14]。が，後に豊島らは，Chlを精製しても電子輸送がたしかに起こること，そしてさらに，反応の進行にともなって次第に膜電位が生じ，反応の速度が減少していくが，これはCCCPなどのH^+キャリアーを加えることによって解消されることを示した[15]。

　Calvinらのグループは，$Ru2C_{16}A(bpy)_3$を増感剤としEDTAを電子供与体とするビオローゲンの光還元を観測した。当初は膜電子輸送を促進するために，系にビタミンK_1とヘキサデシルビオローゲンが加えられていたが[16]，後にRu錯体だけでも電子の輸送が起こることがわかった[17]。この場合，膜を隔てた電子交換の速度定数は $10^4 - 10^6 s^{-1}$ で，界面活性剤型の分子が膜の反対側の界面に移るflip-flopの速度と比べると相当速い（たとえばPCでは $10^{-6} s^{-1}$，脂肪酸でも $1 s^{-1}$ ）。このことから，彼らは電子交換はトンネリングによると推論した。

　以上の二例は卵黄ホスファチジルコリン（EPC）のベシクルにおける結果である。反応全体の機構を模式的に示すと，図4.3.1aのようになる。最近になって，W. E. FordとG. TollinがChlを埋め込んだEPCベシクルにおける光誘起電子輸送を精力的に研究しているが，この系での電子交換の速度定数もおよそ $10^4 s^{-1}$ であるという[18]。

3 膜を隔てた電子輸送の機構

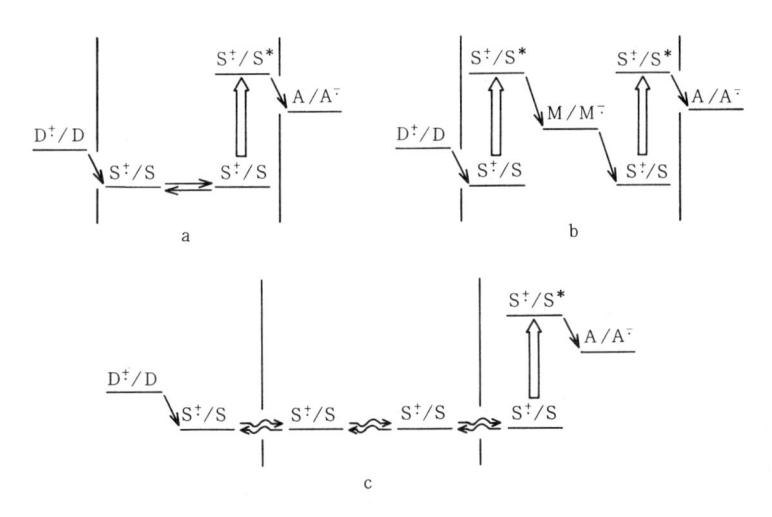

図 4.3.1　代表的な膜電子輸速系における輸送機構

一方,松尾らは,Zn(C_{12}TPyP)$^+$を埋め込んだDPPC(ジパルミトイルホスファチジルコリン)のベシクルにおける膜を隔てた電子輸送が,アロキサジン誘導体の添加によって加速されることを見い出し,図4.3.1 bのような二段階光励起型電子輸送のスキームを提出した[19]。この場合,室温ではゲル状態にあるDPPCのベシクルを用いているので,アロキサジンが電子のキャリアーであると考えるのは問題がある。また,ドデシル基を有するアロキサジンも有効なメディエーター(M)となっていることを考え合わせると,膜の一方でZn錯体から電子を受けとったMが,反対側のMへトンネリングによって電子を渡すという機構を考えたほうがよいかもしれない。

ここでひとつ指摘しておきたいのは,ゲル状態の膜と液晶状態の膜では,膜の流動性が異なるのみならず,膜厚も大きく異なり(ゲル状態の方が厚い),また膜表面の水和水分子層の厚さも異なること[20]である。電子輸送の機構を考える際にも,このような違いを考慮すべきであろうが,まだ系統的な考察がなされていない。

須藤らは,液晶状態の膜ならば,両親媒性の有機色素はそれ自身膜中を拡散可能であろうと考えメチレンブルーを増感剤兼電子輸送担体として用いた光誘起電子輸送系を開発した[21),22)]。図4.3.1 cこのタイプの電子輸送は,P. Hinkleによって酸化的リン酸化の電子伝達系モデルとして研究されたもの[23]と同一の機構による[24]。

以上のように,脂質二分子膜を隔てた電子輸送の機構として,キャリアーによる輸送とトンネ

第4章 リポソームを用いた人工光合成

リングによる電子交換の二つがあるものと推定される。

3.3 電子のトンネリング

　トンネリングとは，量子力学的なトンネル効果による長距離の物質輸送である。脂質二分子膜の両側に固定された物質の間で，トンネリングによる電子交換が起こり得るかどうかについては，長い間関心を持たれながらも疑問符をつけたままに放置されていた。累積膜（L-B膜）においては，H. Kuhnら[25]や杉ら[26]による先駆的研究があるが，脂質二分子膜で直接に電子のトンネリングの測定が行われたのは，ごく最近のことである。

　L.Y.C. LeeとJ.K. Hurstは，長鎖のω-アルケニル基をつけたRu錯体(4-(11'-ドデセニル)ピリジンペンタアンミンルテニウム(III))をEPCのベシクルに埋め込み，Cr^{2+}, V^{2+}, アスコルビン酸などの還元剤を外水相へ溶かし，Ru錯体の還元を観測した[27]。この還元反応は二相性である。初めの1分以内に起こる速い還元はベシクル外表面に存在するRu錯体のもので，その後ゆっくりと進む還元は内表面のRu錯体に由来すると解釈された(図4.3.2参照)。こうして測

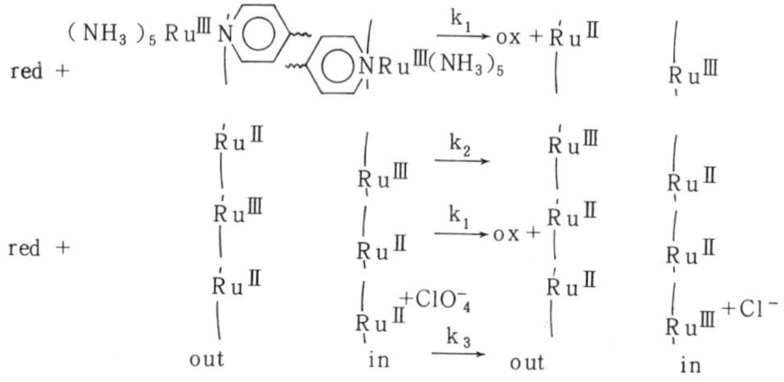

$$\text{red} + (NH_3)_5\overset{\text{III}}{Ru}N\!\!-\!\!\!\overset{}{\bigcirc}\!\!\!-\!\!\!\overset{}{\bigcirc}\!\!-\!\!N\overset{\text{III}}{Ru}(NH_3)_5 \xrightarrow{k_1} ox + \overset{\text{II}}{Ru} \quad | \quad \overset{\text{III}}{Ru}$$

$$\text{red} + \begin{array}{c}\overset{\text{II}}{Ru}\\|\\\overset{\text{III}}{Ru}\\|\\\overset{\text{II}}{Ru}\\|\\\text{out}\end{array} \begin{array}{c}|\\\overset{\text{III}}{Ru}\\|\\\overset{\text{II}}{Ru}\\|\\\overset{\text{II}}{Ru}+ClO_4^-\\|\\\text{in}\end{array} \xrightarrow[k_3]{k_2} \begin{array}{c}\overset{\text{III}}{Ru}\\|\\ox + \overset{\text{II}}{Ru}\\|\\\overset{\text{II}}{Ru}\\|\\\text{out}\end{array} \begin{array}{c}\overset{\text{II}}{Ru}\\|\\\overset{\text{II}}{Ru}\\|\\\overset{\text{III}}{Ru}+Cl^-\\|\\\text{in}\end{array}$$

図4.3.2　Hurstらによる電子のトンネリング速度の測定系

定された電子輸送の速度定数をL-B膜における電子移動に関してたてられた理論式にあてはめると，有効な電子移動距離が約20Åと求められる。これは二分子膜の膜厚の約半分，ちょうど単分子層の厚みに相当し，二つの単分子層の間に何らかのhopping siteがあることを示している。このsiteが錯体のアルケニル鎖の末端の二重結合と関係があるかどうかにも興味が持たれるが，まだ結論は出ていない。L-B膜の場合，二重結合やπ電子共役系がhopping siteとなってトンネリングの速度を大きくすることが知られている。リポソームの場合にも，脂質の組成をかえるなどの系統的な研究を行えば，おもしろい結果が得られるかもしれない。

　ところで，この電子のトンネリング速度の温度依存性を調べると比較的大きな温度依存性があ

って，みかけの活性化エンタルピー($\Delta H^{\neq}$)が40～64 kJ/molと求められた。この値はflip-flopに対する$\Delta H^{\neq}$(80～100 kJ/mol)にくらべると小さいが，電子移動が純粋にトンネリングによる場合には$\Delta H^{\neq}$がほぼ0と期待されることを考えると，この値はやや大きいと言わざるを得ない。Hurstらは，この見かけの温度依存性は二分子膜の膜厚の変化に伴う電子移動距離の変化を反映していると考えている。二分子膜の膜厚は，液晶状態では線膨張率にして -0.003 から $-0.01\mathrm{deg}^{-1}$ の率で温度変化することが知られており，この膜厚の変化で電子移動速度の温度依存性が充分に説明できるというのである。

ところで，M. Calvinらのグループは，前述のEDTA — $Ru2C_{16}A(bpy)_3^{2+}$ — $2C_7V^{2+}$ の系における膜を隔てた電子輸送の活性化エネルギー(Ea)の値として，67 ± 21 kJ/mol を得ている[28]。この値はHurstらによる値とよく一致しており，この一致の意味は大きいように思う。

このように，現在では，長鎖を有する金属錯体を増感剤として用いる場合，脂質二分子膜を隔てた電子交換はトンネリングによるという考え方が受け入れられつつあると言える。

電子交換がトンネリングによるとするならば，電子交換の機能は増感剤以外の分子にまかせ，増感剤を膜に固定しないという方法もありうる。電子交換を担うメディエーターとしては，長鎖アルキル基を有するビオローゲン誘導体や電子輸送性の膜タンパク質が候補に上げられる。前者の例としては，E. E. Yablonskayaらが $2C_{18}V^{2+}$ を埋め込んだDPPCリポソームで実験を行っている[29]。彼女らは有効に電子輸送が起こったと報告しているが，松尾らによると，$2C_{12}V^{2+}$ を用いた場合，膜の一方の側の $2C_{12}V^{2+}$ が還元されたところで反応が止まり，有効な電子輸送は起こらないという[30]。このような結果のちがいが何に由来するのかは，よくわからない。

タンパク膜が電子輸送を行う例としては，シトクロム c_3[31] シトクロム b_{561}[32] などの例がある。

4 ベクトル性を持った電子輸送系のデザイン

4.1 逆反応・短絡反応を防ぐための反応系の構成

前章で述べたように，脂質二分子膜を通して電子を輸送する手段はいくつか得られたが，電荷分離に引き続いて膜電子輸送が起これば，それで問題が解決するというわけではない。現在のところ，uphillな光エネルギー蓄積系と言われるものでも，多くの場合，EDTAやトリエタノールアミンなどの，酸化された後に不可逆に分解する，いわゆるsacrificialな電子供与体を用いているのであるが，これは当面の研究遂行上の便宜策であって，将来はリサイクル可能な電子源（理想的には水）を用いなければ意味がないだろう。そのときには，逆反応の存在が大きな問題になってくる。

水の光分解のケースを考えてみよう。反応系の最終生成物は水素と酸素であるが，水素や酸素

を発生する反応が増感剤の光反応と同程度に速いことを期待するのは無理があるので,光化学反応系で生成する酸化剤と還元剤は,生成直後に水の酸化や還元で消費されるという具合にはいかないであろう。すると,この場合,定常状態での酸化剤・還元剤の濃度をできるだけ高く保つことによって,水素・酸素の発生を加速することを考えざるを得ない。酸化剤・還元剤の定常濃度を高く保つためには,起こりうるさまざまな逆電子移動の経路をふさぎ,反応にベクトル性を与えなければならない。

図4.4.1に示すように,逆電子移動にはいくつかの経路が考えられる。まず図4.4.1 a の均一水溶液の場合には,生成物同志の直接の反応Ⅲが生成効率を下げる。しかし,この反応は,酸化

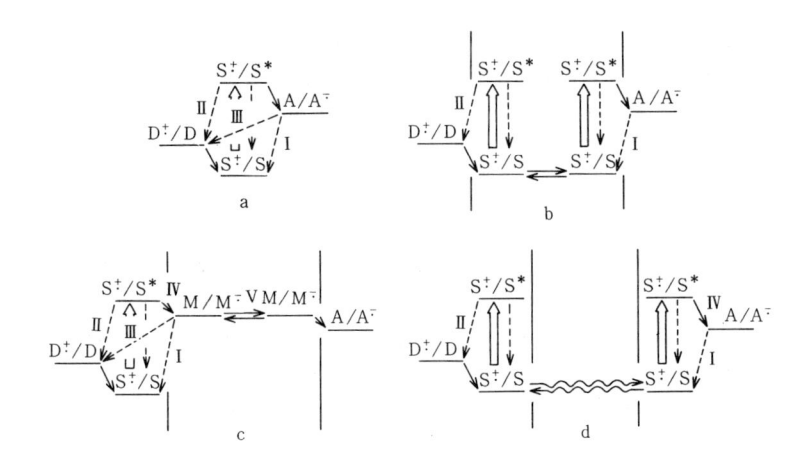

図4.4.1　各種の人工光合成系における逆電子輸送の経路

側と還元側を膜を隔てた二つの水相に分けることによって防ぐことができる。図4.4.1 b は増感剤を膜に固定した場合である。経路Ⅰの阻止は前述の電荷分離の問題であるが,電子供与体が可逆な酸化還元を行う場合には,経路Ⅱの存在も考慮しなければならない。

図4.4.1 c のように,膜を隔てた電子交換を増感剤以外の分子にまかせる方法も考えられる。この場合には,ⅡにくらべてⅣが,またⅠにくらべてⅤが充分に速ければ,電荷分離が促進され,逆電子移動が防がれる。山村らは,ベシクルの外側のみに増感剤($Zn(C_{18}P)$)をとりこませ,Zn(TPP)やH_2(TPP),あるいはキノンをメディエーターとして用いて,図4.4.1 c のタイプの反応系を構成した[33]。特にユビキノン(UQ_{10})をメディエーターに用いた場合,$Asc^- — MV^{2+}$という可逆な酸化還元系で$MV^{\pm}$を生成している。これは逆反応の抑制が有効に行われていることを

示しており，興味深い。

筆者らは，また別の方法も考えている。液晶状態にある EPC ベシクルの脂質二分子膜を透過可能な色素，たとえばアクリジンオレンジ（AOH^+）やプロフラビンを増感剤に用いると，これらの色素は電子のキャリアー（可動性担体）の役割も果たす。この色素は一部分，膜表面に吸着しているが，大部分はバルクの水相に溶けている。リポソーム懸濁液はたいていの場合，内水相の合計体積が全溶液の 0.1～1% 程度しかないので，色素が大部分水相に溶けている場合には，内水相に存在する色素は全色素の 0.1～1% にすぎない。こういう場合，内水相側で起こる光化学反応は，外水相側で起こる光化学反応にくらべて非常に遅い。

実際の反応系における状況は，もう少し込み入っている。図 4.4.1 d を見ていただきたい。反応IVによって外水相中に $1\mu M$ の $A^{\cdot}$ が生成すると，体積の非対称性によって内水相側ではその数百倍の局所濃度の $D^{\cdot}_+$ が生成するから，この濃度の効果が色素の量の非対称性を相殺して，結局逆反応IIは速くなってしまうと考えられるかもしれない。ところが，一般に光酸化還元反応は，DやAの濃度に関して比較的低い濃度で速度の増加が飽和してしまう。したがって，IIの反応も $D^{\cdot}_+$ の濃度が高くなってもさほど速度が上がらないのである。このような体積の非対称性の効果をうまく利用すれば，逆反応が防止できるのではないかと考えられる。図 4.4.1 d のタイプの反応系で，Asc^- ― AOH^+ ― MV^{2+} という組み合わせで MV^{2+} の還元が観測されるので，現在，この系の反応効率の向上を検討している。

4.2 膜電位による電子輸送の方向付け

膜電子輸送が律速となっているような反応系では，膜電子輸送に方向性を与えることができれば逆反応の防止に役立つだろう。膜電位をコントロールすることは，膜電子輸送に方向性を与えるひとつの方法である。

M. Calvinらのグループは，膜を通して K^+ イオンを選択的に運ぶイオノフォアであるバリノマイシンを使って，膜を隔てた K^+ 濃度勾配による膜電位を形成し，光誘起電子輸送に対する効果を測定した[34]。電子輸送を促進する方向に膜電位をかけると，反応の加速が観測された。

このような方法ももっと広範に検討される必要があろう。

5 今後に残された問題点

以上のような電荷分離・電子輸送系を集合すると，水を光分解できるような人工光合成系が実現できるだろうか。還元末端で水素を発生する方は，Pt などを触媒（コロイド触媒がよい）とし，$MV^{\cdot}_+$ を還元剤として用いることで容易に実現できるが，酸化末端で酸素を発生する方が非常に困難

第 4 章 リボソームを用いた人工光合成

である。生物にたとえれば，現在の人工光合成は，せいぜい効率の悪い「バクテリア型」光合成であって，水を電子供与体とする「緑色植物型」光合成に達するには，まだまだ努力が必要である。酸素1分子を発生するには2分子の水から4つの電子をとるという，多分子の関与する多電子移動反応を行わねばならないが，そのためには非常に精巧な触媒システムが必要なのである[35]。一時期，Grätzelらのグループがこの問題をクリアーしたかに見えたが[36]，彼らの半導体コロイド触媒系も実は，再現性よく，長時間にわたって酸素を出してはくれなかった。傑出したアイディアの出現が待たれる。

リボソームを用いた光合成モデルの研究は，ここ数年来，第二の発展期を迎えた観がある。その発展の主要な原動力のひとつは，レーザー・フラッシュ・フォトリシス法の進歩と普及であろう。これによって，確かな反応機構にもとづいて，反応の各ステップに対する各因子の影響を議論することが可能になってきたからである。その結果，特に初発の光化学反応における電荷分離効率向上の方策に関しては，研究者間にコンセンサスが生まれつつある。ところが，この電荷分離と膜電子輸送をどう結合すればよいかに関しては，まだ系統的なデータが少ないし，議論も整理されていない。拙稿がこのような問題点の整理に少しでも役立てばと願う次第である。

文　献

1) Y. Toyoshima, M. Morino, H. Motoki and M. Sukigara, *Nature*, **265**, 187~189 (1977)
2) H. Ti Tien and S. P. Verma, *Nature*, **227**, 1232 (1970)
3) 加藤栄，"光合成入門"，共立出版(1973)；西村光雄，"光合成の初期過程"，共立出版(1975)；藤茂宏ほか編，"光合成の機作"，蛋白質・核酸・酵素別冊，No. 21，共立出版(1979)
4) N. Mataga, *Pure Appl. Chem.*, **56**, 1255 (1984)
5) T. A. Moore and D. Gust, *Nature*, **307**, 630~632 (1984)
6) P. P. Infelta, M. Grätzel and J. H. Fendler, *J. Am. Chem. Soc.*, **102**, 1479-1483 (1980)
7) M.-P. Pileni, *Chem. Phys. Lett.*, **71**, 317~321 (1980)
8) R. Wohlgemuth, J. W. Otvos and M. Calvin, *Proc. Natl. Acad. Sci. USA*, **79**, 5111~5114 (1982)
9) S. C. Wallace, M. Grätzel and J. K. Thomas, *Chem. Phys. Lett.*, **23**, 359 (1973) に端を発する。
10) Y. Fang and G. Tollin, *Photochem. Photobiol.*, **39**, 685~695 (1984)

文　　献

11) K. Kano, K. Takuma, T. Ikeda, D. Nakajima, Y. Tsutsui and T. Matsuo, *ibid.*, **27**, 695 (1978)
12) M. Calvin, *Faraday Discuss. Chem. Soc.*, **70**, 383−402 (1980)
13) (a)松尾拓, "有機光化学の新展開——電子移動反応", 化学総説 **33**, 日本化学会編, 学会出版センター, p. 211 (1982);(b)松尾拓, "光エネルギー変換",高分子錯体研究会編, 学会出版センター, p. 65 (1983)
14) M. Mangel, D. S. Berns, A. Ilani, *J. Membr. Biol.*, **20**, 171 (1975)
15) K. Kurihara, Y. Toyoshima, M. Sukigara, *Biochim. Biophys. Acta*, **547**, 117~126 (1979)
16) W. E. Ford, J. W. Otvos and M. Calvin, *Nature*, **274**, 507~508 (1978)
17) W. E. Ford, J. W. Otvos and M. Calvin, *Proc. Natl. Acad. Sci. USA*, **76**, 3590~3593 (1979)
18) W. E. Ford and G. Tollin, *Photochem. Photobiol.*, **35**, 809~819 (1982); *ibid.*, **38**, 441~449 (1983)
19) T. Matsuo, K. Itoh, K. Takuma, K. Hashimoto and T. Nagamura, *Chem. Lett.*, 1009~1012 (1980)
20) A. Watts, D. Marsh and P. F. Knowles, *Biochemistry*, **17**, 1792~1801 (1978)
21) Y. Sudo and F. Toda, *Nature*, **279**, 807 (1979)
22) 須藤幸夫, 川島孝徳, 戸田不二緒, 日化, 493~498 (1980)
23) P. Hinkle, *Fed. Proc.*, **32**, 1988 (1973)
24) 新保外志夫, 膜, **7**, 283~292 (1982)
25) K.-P. Seefeld, D. Möbius, and H. Kuhn, *Helv. Chim. Acta*, **60**, 2608~2632 (1977)
26) S. Iizima and M. Sugi, *Appl. Phys. Lett.*, **28**, 548−549 (1976)
27) L. Y. C. Lee and J. K. Hurst, *J. Am. Chem. Soc.*, **106**, 7411~7418 (1984)
28) H. D. Mettee, W. E. Ford, T. Sakai and M. Calvin, *Photochem. Photobiol*, **39**, 679~683 (1984)
29) E. E. Yablonskaya and V. Ya. Shafirovich, *Nouv. J. Chim.*, **8**, 117~121 (1984)
30) 前掲書 13 b), p. 83~85
31) I. Tabushi, T. Nishiya, M. Shimomura, T. Kunitake, H. Inokuchi and T. Yagi, *J. Am. Chem. Soc.*, **106**, 219~226 (1984)
32) M. Srivastava, Le T. Duong and P. J. Fleming, *J. Biol. Chem.*, **259**, 8072~8075 (1984)
33) T. Katagi, T. Yamamura, T. Saito and Y. Sasaki, *Chem. Lett.*, 1009~1012 (1980)
34) C. Laane, W. E. Ford, J. W. Otvos and M. Calvin, *Proc. Natl. Acad. Sci. USA*, **78**, 2017~2020 (1981)
35) A. Harriman and J. Barber, "Photosynthesis in Relation to Model Systems", J. Barber Ed., Elsevier/North-Holland Biomedical Press, Amsterdam, p. 243~280 (1979)
36) K. Kalyanasundaram and M. Grätzel, *Angew. Chem. Int. Ed. Eng.*, **18**, 701 (1979)

第5章 合成二分子膜——新しい分子機能膜のデザイン

中嶋直敏*

1 はじめに

生体膜は脂質二分子膜およびタンパク質を主な材料として構成されており，生体膜モデルとして，1972年に発表されたSinger-Nicolsonの流動モザイクモデルが広く受け入れられている。タンパク質はなくても，生体膜の脂質だけを水に分散させると二分子膜構造が形成される。これは，1964年イギリスのA. D. Banghamら[1]によって見出されリポソームの名で呼ばれる（II，第1章～6章）。これに対して，1977年に生体脂質に限らず，単純なジアルキルアンモニウム塩からも安定な二分子膜構造が形成されるという発見がなされた[2]。国武らはこれを「合成二分子膜」と名づけた。以来，この合成二分子膜について，国内外，数十のグループにより活発な研究が続けられており，これらについての総説[3~6]あるいは成書[7]も報告されている。本稿では，新しい分子機能膜のデザインという観点から解説する。

2 合成二分子膜形成化合物

生体脂質の分子構造の中で，二分子膜形成に必要な構成要素は親水基と2本の長鎖アルキル鎖であるという発想から合成二分子膜が誕生した[8]。最初に膜構造が確認されたのは最も単純な構造をもつジアルキルアンモニウム塩である。現在では多くの化合物から二分子膜（あるいは一分子膜）が形成されることがわかっている。代表的な二分子膜形成化合物を図5.2.1に，これらの

ジアルキルアンモニウム塩

化合物による分子膜の模式図を図5.2.2に示した。また化合物のタイプによる分類を表5.2.1に示した。これらの研究により，1) 二分子膜形成が生体脂質に限らず，実に広範な有機化合物からなる一般的現象であること，2) 二分子膜の形成に対して，分子鎖の配向性という概念を導入

---

* Naotoshi Nakashima 九州大学 工学部

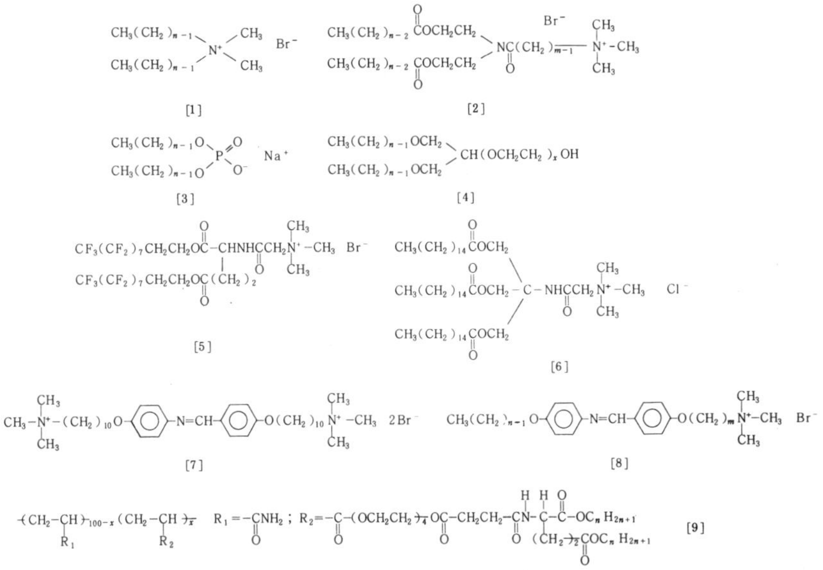

2 合成二分子膜形成化合物

[Chemical structures [1]–[9]]

図 5.2.1 代表的な二分子膜形成化合物

表 5.2.1 膜を形成する化合物のタイプ分類

化合物のタイプ	分子構造	生成する膜	尾部アルキル鎖
一 本 鎖	 ━━□━o	二分子膜	ハイドロカーボン
〃	〃	〃	フルオロカーボン
〃	 o━□━o	一分子膜	ハイドロカーボン
二 本 鎖	 ≺o	二分子膜	ハイドロカーボン
〃	〃	〃	フルオロカーボン
三 本 鎖	 ≡o	〃	ハイドロカーボン
〃	〃	〃	フルオロカーボン
そ の 他	 o━≺	一分子膜	ハイドロカーボン
ポリマー系	多　種		ハイドロカーボン

━━ アルキル鎖， □ かたいセグメント， ○ 親水基

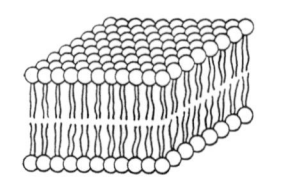

第5章 合成二分子膜 — 新しい分子機能膜のデザイン

(a) 二本鎖型化合物より得られる二分子膜
(b) 一本鎖型化合物より得られる二分子膜
(c) 一本鎖型化合物より得られる一分子膜

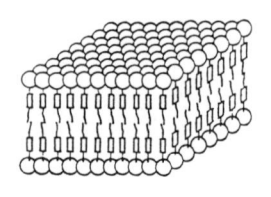

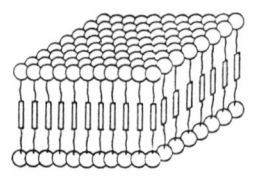

図 5.2.2 合成二分子膜および一分子膜の模式図

する必要があること(従来は親水基－疎水基バランスや分子の形で説明されていた[9],[10])が明らかにされた[11]。

3 合成二分子膜の特性と機能

合成二分子膜は，基本的には，生体膜とよく似た物理化学特性をもっていることが明らかにされている。合成二分子膜の生体脂質二分子膜に対する際立った特徴は，化学的安定性と構成分子の多様性である。これらは，適切な分子デザインにより，広範な応用が可能となることを示すものである。これまでにさまざまな観点から合成二分子膜の特性，機能が研究されている。主なものを挙げると，1) 会合形態および形態制御，2) 相転移および相分離を利用した反応制御[12]，3) イオンや分子を識別する機能をもつ二分子膜の開発[13],[14], 4) 二分子膜による透過能制御[15],[16], 5) 二分子膜による光エネルギー変換システムの開発[7]，6) 二分子膜による発色団相互作用の制御，などである。ここでは，1) および 6) について解説する。これらは，分子デザインによる膜配向性の制御と密接に関連している。

3.1 合成二分子膜の会合形態および形態制御

国武らは，300個以上の合成の膜形成化合物の水中での会合形態を調べ，これらが(多重)ラメラ，ベシクル(一重層～多重層)，ディスク状，ひも状および球状に分類できることを示した(図 5.3.1)[17]。これらの形態は基本的にはリポソームのそれ[18],[21]とよく類似している。

それではこの様な多様な形態は膜構成分子のデザインにより，どの程度制御することができるであろうか。分子デザインによるマクロな相形態の変化は，サーモトロピック液晶の例がある。二分子膜においても液晶型一本鎖化合物は，かたいセグメントを，変化させるだけで4種の形態

3 合成二分子膜の特性と機能

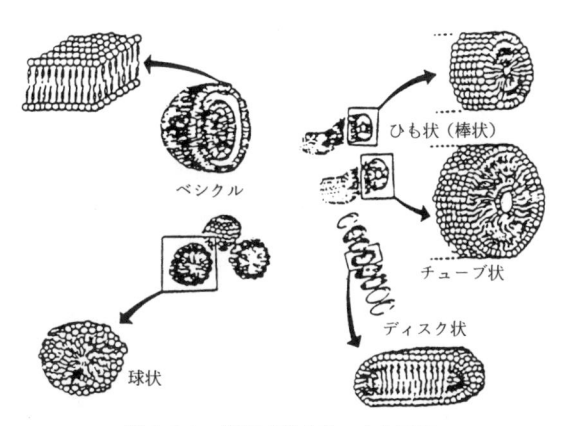

図 5.3.1 膜形成化合物の会合形態

を示す[17]。すなわち，以下の構造 [10] で，双極子－双極子相互作用が大きいビフェニルアゾメチン基はベシクル構造を与え，これが小さいビフェニル基では会合構造は発達しにくく球状体が観測

$$C_{12}H_{25}-O-\boxed{}-O-(CH_2)_4-N^+(CH_3)_3Br^- \qquad [10]$$

↑ かたいセグメント

される。ビフェニルエーテルなどの屈曲した分子からは，ひも状の会合体が，またターフェノキシ基からはディスク状形態が形成される。屈曲分子は会合体表面曲率の高いパッキングをする結果，ひも状が有利となるのであろう。ターフェノキシ基はCPKモデルより2種のコンホメーションが可能である。ディスクの外側の大きな曲率は，舟型のコンホマーにより構成されているものと推定される。この例の他にも分子の形（幾何構造の変化による界面曲率の変化や会合体自体の界面曲率の変化（くさび効果）などによる形態制御が報告されている（図 5.3.2）。

これまで二分子膜の会合形態観察は，ほとんど電子顕微鏡を用いて行われてきた。電子顕微鏡では何らかの方法で試料を固定しなければならない。これに対して光学顕微鏡では固定することなく，

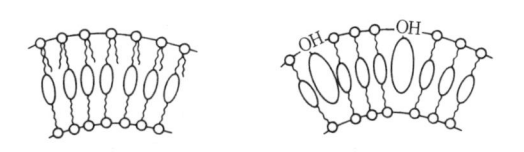

図 5.3.2 くさび効果による界面曲率の制御

第5章 合成二分子膜 — 新しい分子機能膜のデザイン

「なま」のままの試料を直接観測することができる。長鎖ジアルキルアンモニウム二分子膜は，暗視野型光学顕微鏡で観察すると繊維状，ベシクル状，チューブ状など多様な形態を形成し，これらがダイナミックな形態変換を示すことが明らかにされた[23]（写真5.3.1，図5.3.3）。凍結レプリカ法の併用により，部分的に変換の機構が推定されている。ダイナミックな特性はリポソームのそれ[24]と良く似ており，これらは，合成，天然を問わず二分子膜の形態変換に共通のメカニズムが存在することを示している。

高度の分子配向性をもつ二分子膜にキラリティを組み合わせたら，どのような高次構造が形成されるであろうか。予想される一つの形態は，らせんである。実際，いく

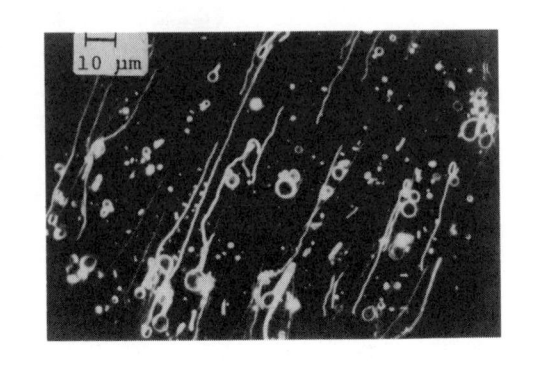

写真5.3.1　[1]（$n=12$）から形成された二分子膜の暗視野型光学顕微鏡写真

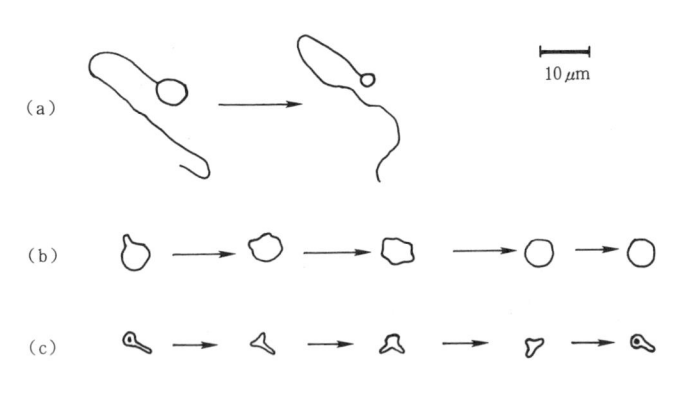

図5.3.3　[1]（$n=12$）から形成された二分子膜の形態変換

つかのキラル二分子膜ベシクルが～100 μmにも及ぶ巨大ならせん構造体へと成長することが発見された[25],[26]。すなわち，キラル化合物，[12]は，水に分散させた初期は柔軟な繊維状あるいはベシクル状であるが，二分子膜の相転移温度以下で1～2日熟成すると徐々にらせんが形成されてくる（写真5.3.2）。らせん形成は膜化学構造に依存し，[11]ではこのような超構造は形成され

3 合成二分子膜の特性と機能

$$C_{12}H_{25}OC\overset{O}{\|}-\overset{*}{C}H-NHC\overset{O}{\|}-(CH_2)_{n-1}N^+(CH_3)_3$$
$$\underset{\underset{O}{\|}}{|}$$
$$C_{12}H_{25}OC(CH_2)_2$$

[11] ($n=2, X^-=Cl$) (L-)
[12] ($n=11, X^-=Br$) (L-, D-)

ない。高次不斉構造の形成に対してアミド基による水素結合が重要な役割を果していることが予想される。らせんの巻き方が，構成分子のキラリティによって決定されることもわかった。[12]では，L-体からは右巻き，D-体からは左巻きのらせんであった。らせんのもう一つの大きな特徴は，ダイナミックな形態変換である。らせんは，これを構成している二分子膜の相転移温度以上では速やかに繊維状およびベシクル状へと変換する。リポソームのミエリン像によるらせん形成(膜のTc以上で形成され，巻き方は分子のキラリティとは無関係)については既に報告[27),28)]されているが，このような高度な秩序構造をもつらせんが形成されたのは全く初めてのことである。すなわち，純有機合成的手法で超構造体をデザインすることができることが示されたわけである。なお類似の二分子膜らせんについて山田ら[29)]の報告がある。

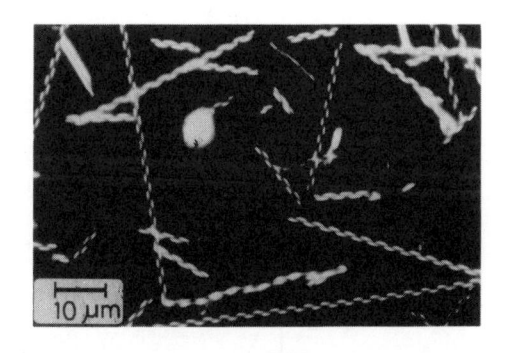

写真5.3.2 [12]から形成されたらせん形超構造体(暗視野光学顕微鏡写真)

3.2 二分子膜による発色団相互作用の制御

生体細胞では，クロロフィルやレチナールなど多くの発色団があり，これらの発色団の配向制御は，その機能発現に決定的な役割を果している。生体系以外でも発色団の配向制御は重要である。卑近な例として写真過程におけるシアニン系色素の集合構造があげられる。最近有機電導体さらには有機超電導体の開発が注目を集めているが，これらの分野でも発色団の並び方は重要な要素である。二次元の発達した組織構造をもつ合成二分子膜を用いると発色団を容易に秩序正しく並べることができ，これにより従来にない特異なスペクトル制御が可能となることが明らかにされている。

まず，円二色性(CD)の増大とその制御について述べる。光学活性をもつ膜形成化合物にアロマティック発色団を導入するとユニークなchiroptical特性が観測される[30)]。図5.3.4に示した

205

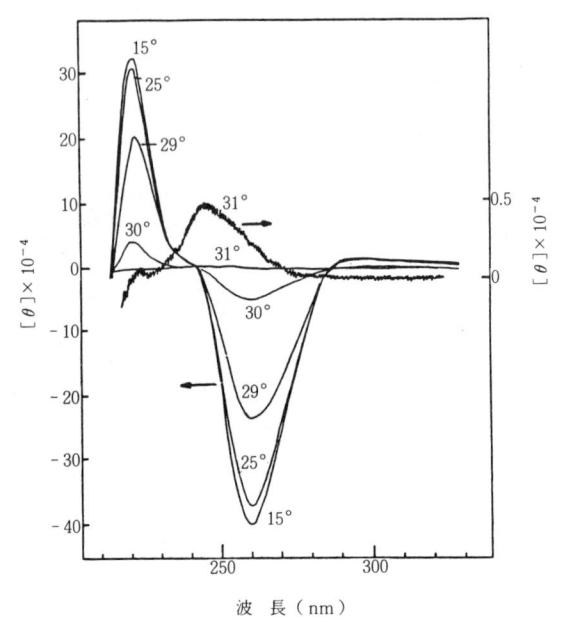

第5章 合成二分子膜 — 新しい分子機能膜のデザイン

図 5.3.4　[13]（$n=4$）（L-体）から形成されたキラル二分子膜のCDスペクトル

ように，化合物[13]から形成された二分子膜のCDスペクトルは，大きな温度依存性を示す。高温側では $[\theta]_{245} = 5,000 \sim 6,000$ だが，低温では，$[\theta]_{260} = 360,000$，$[\theta]_{260} = -400,000$ と実に約100倍の施光強度増大が観測される。この変化は二分子膜の相転移（[13]の二分子膜の T_c は31℃）に対応しており，CD増大は膜流動性が低い結晶相において発色団が規則正しく並び，膜が強い不斉構造を形成することに由来している。[13]（$n=3, 4$）やビフェニルを含む[14]

$$C_{12}H_{25}O-\underset{\underset{O}{\parallel}}{C}-\overset{*}{C}H-NHC-\underset{}{}\underset{}{}-O(CH_2)_n-\overset{+}{N}(CH_3)_3$$
$$C_{12}H_{25}O-\underset{\underset{O}{\parallel}}{C}-(CH_2)_2 \qquad\qquad Br^-$$

[13]（$n=2, 3, 4$）

$$C_{12}H_{25}O-\underset{}{}\underset{}{}-\underset{}{}\underset{}{}-O-\underset{\underset{O}{\parallel}}{C}-\overset{*}{\underset{CH_3}{C}}H-NHC-CH_2-\overset{+}{N}(CH_3)_3$$
$$\qquad\qquad\qquad Br^-$$

[14]

206

3 合成二分子膜の特性と機能

からも同様の挙動が確認された[31]。図5.3.5にT_c前後の二分子膜を模式的に示した。

キラル二分子膜にアキラル色素(たとえば、メチルオレンジ)を加えると膜の結晶相において大きな誘起CDが発現し、$[\theta]$値の極大は、$10^5 \sim 10^6$に達する[32]。しかしながら液晶相においては

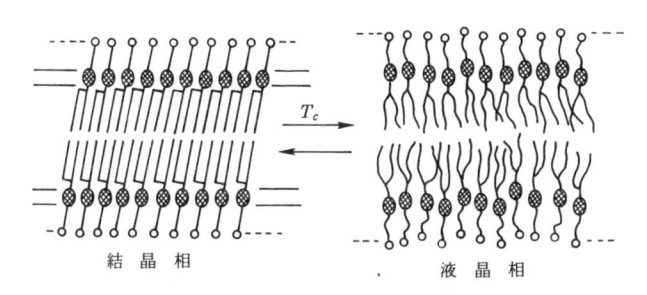

結　晶　相　　　　　　　　液　晶　相

図5.3.5　発色団を含む合成二分子膜の相転移(T_c以下で強い発色団間相互作用が観測される)

誘起CDは全く観測されない。剛い結晶相が強い不斉誘起能をもつことが明らかである。

発色団の並び方を変化させると紫外－可視吸収スペクトルは、大きく変化する。[13]($n=2$)と[13]($n=3$)では、わずかメチレン鎖が1個異なるだけだが、シアニン色素[15]の結合様式は大きく異なっている[33],[34]。この色素は、[13]($n=3$)二分子膜へ結合すると著しい長波長シフト(水中のλ_{max}、648 nmに対して膜が存在すると720 nm)を示す。長波長シフトは、膜表面での色素のJ-会合体[35](色素の頭-尾配向)形成によるものである。このシフトは膜の相転移に著しく

[15]

敏感であり、相転移温度以上ではシフトは完全に消失する。一方、[13]($n=2$)二分子膜ではシフトは全く観測されない。わずか1個のスペーサメチレンによるこのような大きな変化は、二分子膜表面が高度に規制された空間構造を形成していることによるものと推定される[36]。このことは酵素の特異な取り込み部位を想起させるものである。これらの事実は、膜分子のデザインにより、色素の多様なスペクトルパターンが制御できることを示唆する。実際、数十種の二分子膜と種々の色素との複合体の吸収スペクトル特性を調べた結果、膜化学構造および膜物理状態と色素会合構造の間に密接な関係があることがわかった[37]。代表的な色素の会合体としては上述のJ-会合体の他にH-会合体(色素の頭－頭配向)がある。例として図5.3.6に、相転移による色素の

207

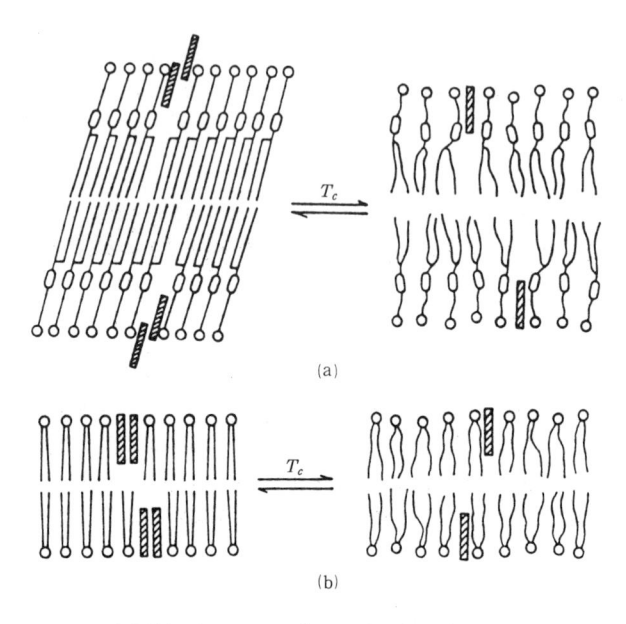

第5章 合成二分子膜 ― 新しい分子機能膜のデザイン

(a)

(b)

(a)はJ-会合体(長波長シフト)、(b)はH-会合体(短波長シフト)の模式図、
(a),(b),で色素(▨▨▨▨)は、ダイマーモデルとして示した。

図 5.3.6 合成二分子膜による色素の集合形態の制御

会合様式の変化を模式的に示した。

発色団が二分子膜構成要素である場合も同様のスペクトル制御が達成される。国武, 下村らは, アゾベンゼンを含む二分子膜([16])において, スペーサ m と尾部アルキル鎖長 n を変化させ,

$$CH_3(CH_2)_{n-1}O-\langle\bigcirc\rangle-N=N-\langle\bigcirc\rangle-O(CH_2)_m\overset{CH_3}{\underset{CH_3}{\overset{+}{N}}}-CH_2CH_2OH \quad Br^-$$

[16]

興味あるスペクトル特性を見出した[38]。図 5.3.7 に示すようにスペクトルは4つのタイプに分類でき, アゾベンゼンの吸収は 300 nm から 400 nm をカバーする。この場合もスペーサ m が最も大きなスペクトル制御(すなわち, アゾベンゼン発色団の配向制御)の要因となっている。配向様式の違いは, アゾベンゼンの異性化速度にも影響を及ぼす。

発色団の並び方の違いは, 発光スペクトルにも大きな影響を及ぼす。これらについては, 文献

39)～41)を参照されたい。発色団の配向制御が励起エネルギー移動挙動にも重要な役割を果たすことをつけ加えておきたい。

λ_{max} ca. 300 nm　　λ_{max} 330-340 nm　　λ_{max} 355 nm　　λ_{max} 360-390 nm

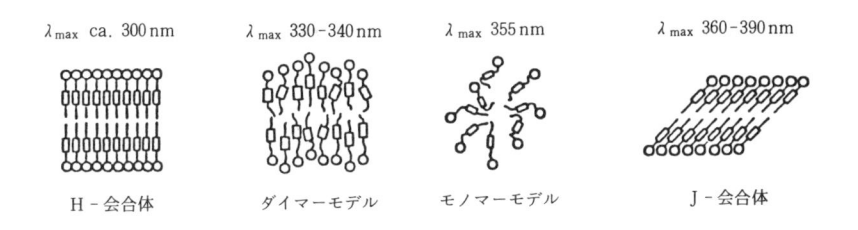

H-会合体　　ダイマーモデル　　モノマーモデル　　J-会合体

図5.3.7　アゾベンゼンを含む合成二分子膜の会合構造モデルとスペクトル特性

4　固定化された系での発色団相互作用

今まで二分子膜水溶液系でのスペクトル制御について述べてきた。最近，水中の二分子膜は種々の方法で固定化できることが報告されている[42]。固定化は，二分子膜機能の工学的応用に対して大きなメリットとなる。主な手法は以下のようである。1) 二分子膜の重合，2) キャスト法，3) ポリマーとのブレンド膜，4) 多孔質ポリマーへの担持，5) 累積膜作製。興味深いのは，3.2項で述べた水中での発色団配向制御は，基本的には，固定化二分子膜でもそのまま維持されることである[38),43)]。固定化系での発色団配向制御は，エネルギーや電子の流れを制御する有機薄膜素子の開発という観点から興味がもたれる。また固定化により，二分子膜は従来の累積膜(LB膜)との接点をもつことになる。LB膜系での発色団配向制御および配向性と光電変換特性については，福田ら[44)]，入山[45)]，杉ら[46)]の総説がある。

5　おわりに

合成二分子膜は基本的には生体膜やリポソーム二分子膜と良く似た物理化学的特性をもっている。すなわち，生体膜類似機能をもつ全合成の人工膜としてとらえることができる。生体膜の精緻な機能をそのまま合成二分子膜にもたせることは不可能である。しかしながら再び強調したいのは合成二分子膜がもつ多様性である。これは分子構造のデザインが容易であることに由来するものである。ここで示した高次形態制御や超構造体であるらせん形成，さらには発色団導入によるスペクトル制御は，この分子デザインの多様性の成果と見ることができる。これらは，適切な分子デザインを施せば，トータルの機能システムとしては生体膜にははるかに及ばないかもしれな

第5章 合成二分子膜 — 新しい分子機能膜のデザイン

いが，1つの機能をとって見れば，生体膜のそれを超えた，あるいは生体膜にない新しい機能を開発できる可能性を示唆している。固定化によって水中より取り出した二分子膜は，高度な分子配向性を備えた機能性有機超薄膜（固体膜）としてとらえることができる。今後，新しい分子機能組織としての合成二分子膜は，基礎・応用の両面からさらに展開していくものと期待される。

文 献

1) A. D. Bangham, R. W. Horne, *J. Mol. Biol.*, **8**, 660 (1964)
2) T. Kunitake, Y. Okahata, *J. Am. Chem. Soc.*, **99**, 3860 (1977)
3) 国武豊喜，化学総説 40，"分子集合体－その組織化と機能"，日本化学会編，学会出版センター, p. 122 (1983)
4) 中嶋直敏; 国武豊喜，化学増刊 98，"人工細胞へのアプローチ"国武豊喜，田伏岩夫，土田英俊共編，化学同人，p. 15 (1983)
5) 国武豊喜，日本の科学と技術 11-12，"バイオニクス"，日本科学技術振興財団, p. 83 (1984)
6) 国武豊喜，中嶋直敏，東信行，下村政嗣，高分子実験学 14，"生体高分子"高分子学会高分子実験学編集委員会編，共立出版，p. 38 (1985)
7) J. Fendler, "Membrane Mimetic Chemistry", Wiley-Interscience, New York, 1982
8) 国武豊喜，膜，**4**, 166 (1979); 生物物理，**21**, 289 (1981)
9) C. Tanford, "The Hydrophobic Effect," Wiley, Chap. **9** (1973)
10) J. N. Israelachivili et al., *Quart. Rev. Biophys.*, **13**, 121 (1980)
11) たとえば，T. Kunitake, N. Kimizuka, N. Higashi, N. Nakashima, *J. Am. Chem. Soc.*, **106**, 1978 (1984)
12) 国武豊喜，"高分子触媒の工業化"，シーエムシー，239 (1981)；化学，**38**, 298 (1983)
13) M. Shimomura, T. Kunitake, *J. Am. Chem. Soc.*, **104**, 1757 (1982)
14) H. Ringsdorf et al., *Angew. Chem. Int. Ed. Engl.*, **20**, 91 (1981)
15) 梶山千里，膜，**4**, 229 (1979)；**6**, 265 (1981)
16) 岡畑恵雄，"微生物の有機合成への応用"シーエムシー，p. 224 (1984)
17) T. Kunitake, Y. Okahata, M. Shimomura, S. Yasunami, K. Takarabe, *J. Am. Chem. Soc.*, **103**, 5401 (1981)
18) A. Wlodawar, J. P. Segrest, B. H. Chung, R. Chiovetti, Jr., J. N. Weinstein, *FEBS Lett.*, **104**, 231 (1979)
19) J. P. Segrest, *Chem. Phys. Lipids.*, **18**, 7 (1977)
20) K. Inoue, K. Suzuki, S. Nojima, *J. Biochem.*, **81**, 1097 (1977)

文　献

21) A. R. Tall, D. M. Small, R. J. Deckelbaum, G. G. Shipley, *J. Biol. Chem.*, **252**, 4701 (1977)
22) T. M. Forte, A. V. Nichols, E. L. Gong, S. Lux, R. I. Levy, *Biochim. Biophys. Acta,* **248**, 381 (1971)
23) N. Nakashima, S. Asakuma, T. Kunitake, H. Hotani, *Chem. Lett.,* **1984**, 227
24) H. Hotani, *J. Mol. Biol.*, **178**, 113 (1984)
25) N. Nakashima, S. Asakuma, J-M. Kim, T. Kunitake, *Chem. Lett,* **1984**, 1709
26) N. Nakashima, S. Asakuma, T. Kunitake, *J. Am. Chem. Soc.,* **107**, 509 (1985)
27) K.-C. Lin, R. M. Weis, H. M. Mcconnell, *Nature,* **296**, 164 (1982)
28) I. Sakurai, Y. Kawamura, T. Sakurai, A. Ikegami, T. Seto, *Mol. Cryst. Liq. Cryst.*, in press.
29) K. Yamada, H. Ihara, T. Ide, T. Fukumoto, C. Hirayama, *Chem. Lett.,* **1984**, 1713
30) T. Kunitake, N. Nakashima, M. Morimitsu, Y. Okahata, K. Kano, T. Ogawa, *J. Am. Chem. Soc.,* **102**, 6642 (1980)
31) T. Kunitake, N. Nakashima, K. Morimitsu, *Chem. Lett.*, **1980**, 1347
32) N. Nakashima, H. Fukushima, T. Kunitake, *Chem. Lett.*, **1981**, 1207
33) N. Nakashima, H. Fukushima, T. Kunitake, *Chem. Lett.*, **1981**, 1555
34) N. Nakashima, R. Ando, H. Fukushima, T. Kunitake, *J. Chem. Soc., Chem. Commun.,* **1982**, 707
35) A. H. Helz, *Adv. Colloid. Interface Sci.,* **8**, 237 (1977)
36) N. Nakashima, A. Tsuge, T. Kunitake, *J. Chem. Soc., Chem. Commun.,* **1985**, 41
37) 中嶋直敏, ミクロシンポジウム, 分子集合体の光学的機能, 高分子学会, p.8 (1984)
38) M. Shimomura, T. Kunitake, *Ber. Bunsenges. Phys. Chem.* **87**, 1134 (1983)
39) M. Shimomura, H. Hashimoto, T. Kunitake, *Chem. Lett.,* **1982**, 1285
40) T. Kunitake, S. Tawaki, N. Nakashima, *Bull. Chem. Soc., Jpn.,* **56**, 3235 (1983)
41) N. Nakashima, T. Kunitake, *J. Am. Chem. Soc.,* **104**, 4261 (1982)
42) 国武豊喜, 化学, **39**, 422 (1984)
43) N. Nakashima, R. Ando, T. Kunitake, *Chem. Lett.,* **1983**, 1577
44) 福田清成, 中原弘雄, 文献3) に同じ, p.82
45) 入山哲治, 固体物理, **16**, 34 (1981)
46) 杉道夫, 斉藤充喜, 福井常勝, 飯島茂, 固体物理, **17**, 744 (1982)

第6章 単分子膜・薄膜

1 単分子膜（総説）

1.1 はじめに

入山啓治*

　単分子膜（monolayer または monomolecular layer と称されるが，monomolecular "membrane"とは称されない）は，化学種（分子金属原子や無機イオンなど）の形成し得るもっとも薄い膜（超薄膜）である。金属などの固体表面にガス分子が吸着する場合でも，溶液中で例えばフィルム（film）などに溶媒や溶質が吸着する場合でも，吸着単分子膜の概念で説明される場合が多い。単分子膜が積み重なった形状で構成される膜は積層膜（multilayer）と称される。単分子膜は極限の厚みを有する膜なので，通常の膜では示さない性質を示すことが期待され，多くの分野の多くの研究者から様々な興味でもって注目を集めている。限られた紙面の中で，単分子膜の総てについて総説することは不可能なので，大切なことと最近のトピックスに焦点を絞って記すことにする。

1.2 Langmuir-Blodgett膜

　単分子膜と積層膜をより定量的に紹介するために，K.B.Blodgett[1]がI.Langmuir[2]との連系プレーで確立したLangmuir-Blodgett（L-B）技術によって構成されるL-B膜についてまず説明する。L-B膜は，積層膜の一種で，累積膜（built-up film）とも称される。L-B技術の確立の起源は，かの有名なB.Franklin[3]による1774年の論文の中にある。風で波だっている湖面に，スプーン1杯の油をおとしたところ，水面がまさに油をそそいだように静止したという記述である。彼は定量的な記述をしそこなったが，水面の油膜の厚みは，その時推定すれば1nm程度であったのである。一世紀以上たった1890年に，L.Rayleigh[4]は油膜は，油分子の大きさにその厚みが達するまで，水面を拡がり続けると考えた。分子の大きさを最初に測定したのは，A.Pockels[5]であり，その時使用した水槽は後に"Langmuir trough"と呼ばれた。A.Pockelsは，ひまし油の最小膜厚は1nmであると結論し，それは1891年のことであった。こんな訳で，L.Rayleighは，科学の中に単分子膜の概念を持ち込んだ最初の人である，ということ

---

* Keiji Iriyama　東京慈恵会医科大学　共同利用研究部

になっている。水面に拡げられた単分子膜を構成する分子の大きさや形状や膜中での配向などを定量的に探ろうとした研究者が，I.Langmuir[6]であった。彼は，水面に拡げられた単分子膜を固体板に移すことについても報告した[2]。この手法をL‐B法として定量的に確立したのがK.B.Blodgett[1]である。A.PockelsもK.B.Blodgettとも女性研究者である。分子デバイス（Molecular devices）の適正技術の1つとして注目を集めているL‐B技術は，女性研究者の手によって主として確立されたのである。気/液界面に拡げられた単分子膜についての詳細は，Gaines[7]の手による名著を参照されたい。また，I.LangmuirとK.B.Blodgettが提案した"伝統的L‐B技術"については，詳細な記述がある[8]ので参考にされたい。

1.3 生体膜モデル

K.B.BlodgettがL‐B技術として，脂肪酸単分子膜を固体板表面に規則正しく積み重ねる手法を確立した頃（1930年代の半頃），それまでに集積されてきた知見をもとに，生体膜の基本骨格構造は，リン脂質などからなる脂質2分子膜であるということが認識され，脂質2分子膜からなる生体膜モデルも提案された。以来，生体膜モデルは，生体膜に関する情報の増加と共に様々に手直しされて提案され続けてきているが，生体膜の基本骨格構造として相変らず脂質2分子膜が不動の位置を保っている。現在は，タンパク質などが脂質2分子膜の内・中・外に浮いでいるという生体膜の流動性を強調したS.J.SingerとG.L.Nicolson[9]の膜モデルが好んで受け入れられている。次にどのような膜モデルが提案されるか楽しみなところである。

1.4 単分子膜と生体膜モデルとL‐B膜

図6.1.1(a)に水に浮んだ単分子膜の模式図を示す。図6.1.1(b)に，L‐B技術により，水面上に拡げられた単分子膜を固体板表面（ここではそれが親水性であるとする。）に積み重ねられた様子を示す。図6.1.1(c)に，一番単純な生体膜の基本骨格構造である脂質2分子膜の模式図を示す。図6.1.1(b)のL‐B膜構造の中に図6.1.1(c)で示される2分子膜構造があるように，そして図6.1.1(c)は(a)に示す単分子膜が2枚，互いに疎水性部位を介して，張り合わさって構成されているように思えてくるであろう。図中，分子の疎水性部分を－，親水性部分を○で示してある。生体膜の脂質2分子膜説が提案されたのとL‐B技術とが確立したのは，実は同じ1935年だったのである。1935年以降のしばらくはこの両者が結びつき，多くの研究者が，その生体膜モデルを脳裏に焼きつけ，L‐B技術を武器として，生体膜の構造と機能との関係の解明に情熱を傾けたのである。しかしながら，費した労力と年月の割には確かな成果もなく，L‐B膜の研究人口は減少の一途をたどり，日本もその例外でなかった。単分子膜は，生体膜からみれば，生体膜（二分子膜）の片割れと割り切ることは危険であるということは，今日では常識となりつつ

第6章 単分子膜・薄膜

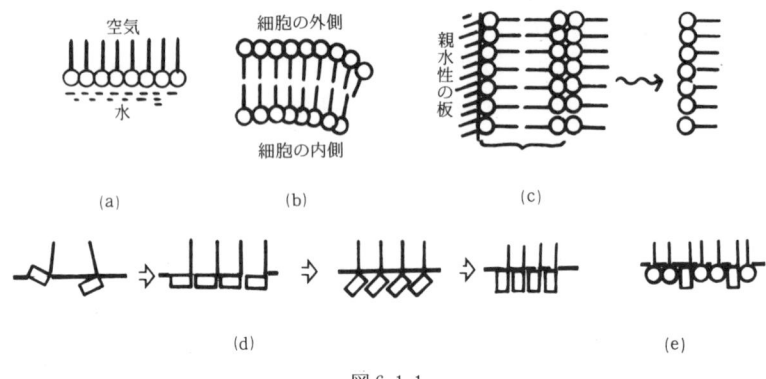

図 6.1.1

ある。例えば，生体膜の内側に面した部分と外側に面した部分とでは，機能的にも構造的にも異なることを示唆する情報が蓄積されつつある。S.J.Singer と G.L.Nicolson の膜モデルは，その生体膜を構成する脂質2分子層（膜）を単分子膜として1枚ずつにはがして考えることをもはや拒否している。英語では，生体膜の膜を membrane といい，単分子膜の膜を membrane と称さず film または layer と呼ぶのは，結果として厳密な呼称であるように思える。

　生体膜のモデルとしては，近似的にはリポゾーム系や液/液界面の黒膜（2分子膜）系の方がL-B膜系より適しているように思える。しかしながら次節で石井が解説するように，L-B膜系も神経モデルを提供するなど，新しい生物学への発展が期待されている。各種生体膜モデル構成法を相補的に用いて，生体膜の理解を深めるといった姿勢が，ますます要求されるであろう。

1.5　単分子膜の超微細デザイン

　生体膜の構成要素としての化学種を大きく区分けすると有機物（クロロフィル（Chl）やカロチノイドなどの色素，タンパク質，脂肪，炭水化学やそれらの複合物質など）と水と数種の無機イオンといったものである。これらから構成される生体膜の機能は誠にすばらしいものである。早くから，これら生体膜の機能の一部またはできたら全部を人工的に表現してみようという試みが続けられてきたのは，当然のことであろう。生体膜の基本骨格構造である脂質2分子膜の構成分子はリン脂質で，このリン脂質も含めた他の生体膜を構成する分子種の多くは界面活性物質であり，水面上に安定な単分子膜を形成するものが多い。例えば，Chl は L-B膜を形成するので，Chl が膜に位置し，Chl 分子同士の配列・配向様式がその光合成機能を果たす上で重要な意味合いを有していると認識され，Chl の気/液界面の単分子膜および L-B膜は早くから研究さ

1 単分子膜（総説）

れてきた[10]〜[14]。タンパク質は変性させることにより，容易に気/液界面に単分子膜を形成させることができる。この知見をもとに，生体膜モデルの中にタンパク質がランダムまたはβ－構造をとっている状態を加えた研究者もあった。タンパク質が気/液界面に単分子膜を形成する過程で変性する傾向にあるが，活性を残したまま（変性させないで）タンパク質を単分子膜化する努力が一方なされた。Fromherz[15]は，いくつかのタンパク質を変性させずに単分子膜化することに成功した。そのもの自身では気/液界面に単分子膜を形成しないが，単分子膜形成能のある分子種（例えばリン脂質）と混合することにより，結果として単分子膜を形成させることもできるようになった。今日では，天然および合成の単分子膜形成能のある分子種が様々に提案され，同種または異種の分子の（混合）単分子膜を形成することにより，また単分子膜に及ぼす表面圧を調節することにより，かなりの程度に単分子膜の微細デザインが可能となってきた[16]。図6.1.1 (d)に，単分子膜を及ぼす表面圧を徐々に大きくしていった時の，分子の配列・配向様式の変化していく様子を示す。ここでは親水性の部分を理解しやすくするために □ で示してある。図6.1.1(e)は，異種分子の混合単分子膜の一例を示す。

1.6　物理学からみた有機薄膜

気/液界面の単分子膜やL－B膜は，一般的な意味では，生体膜のモデルを提供しにくいこととなった。ところが，物理学者は，有機薄膜からバルク効果（電気を通さないとかの）を除去して有機物の特徴を生かした薄膜素子の構築を真面目に考えるようになってから，再び単分子膜が注目を浴びることとなった。有機薄膜の厚みを極端まで薄くすれば，有機系特有のバルク効果を完全に除去できるのではないかと考えたのである。有機薄膜の究極の厚みはそれを構成する分子の大きさであり，そのものは，正に単分子膜なのである。バルク効果を全く示さない単分子膜が実現されれば，単に物理学にとどまらず，超学際的なしかも産学共同のプロジェクトの実現が期待できる訳である。

物理学者は，生体膜に興味を持つ研究者とは別の観点からL－B膜に興味を示した。真実技術に比べてL－B技術は湿式法なので，デバイス技術の要素としては不利な点が多いが，1)図6.1.1で一部示したように単分子膜の微細デザインがある程度可能であり，L－B法を用いれば，単分子膜を固体板（ガラス板，石英板，導体電極，半導体電極など）の表面に付着でき，異種の単分子膜を積み重ねれば3次元方向にも変化をもたらすことができること，2) L－B膜のモデル図は，分子デバイスを思考する際に直観的イメージを与えてくれることなどの理由から，または，L－B技術の中にA.PockelsやK.B.Blodgettの情熱が未だに生きづいているためか（?!），異常な程にL－B技術は注目されている。1)と2)の理由も手伝って，分子デバイスのプロジェクトは，L－B技術をよりどころとして提案されたのである。またL－B技術は，分子デバイス構築

215

第6章 単分子膜・薄膜

用分子種のスクリーニング技術としても卓越した役割を果たすという実用的側面もあるのである。分子デバイスについては，市村らがまとめた報告書[17]は，分子デバイスを客観的にバランスよく紹介し，適切な問題提起もされているので，一読をすすめたい。分子デバイスが，単分子膜を単位とするL-B膜をその薄膜構造として考え，その究極的目標はその薄膜素子の中に人工頭脳を表現することにあるということは，日常的に脳などの人組織をすりつぶしてその成分を分析している筆者にとって，どう対応してよいか分らないでいる。生命現象については，分らないことの方が分っていることより，比べものにならぬ程多いからである。

図6.1.1をながめていて，生物学者にとってはそれ程気にならないが，物理学者にはとても気になることがある。おたまじゃくしのしっぽに相当する部分の構成する層である。この層は絶縁層を形成し，バルク効果を示すのである。生物学者にとっては，その層があるから生体膜の構造が維持できている訳だし，その層の存在によって生体膜の機能がそこなわれることは全くないので気にならないのである。最近では，しっぽのない分子種のL-B膜やそれをできるだけ短くしたL-B膜を構成し，バルク効果をできるだけ除こうとする努力もなされている[18],[19]。

日本でL-B膜技術が原型のまま進化を停止していた頃，L.Paulingの高弟である西独のH. Kuhnは，彼のone electron gas theoryを実証するために，L-B技術に目をつけた。彼の偉大さは，L-B技術を伝統技術から汎用技術化したことと，単分子膜構成要素としてアラキン酸カドミウムを登用したことであろう[18]。これらの見識が，H.Kuhnらのすばらしい成果を産出させたといっても過言でない。H.Kuhnの脳裏には生命現象の解明があるので，単分子膜間のエレクトロンおよびエネルギー移動の研究に主力が注がれている。(H.Kuhnの開発したL-B技術は分りやすく解説されている[16])。英国のG.G.Roberts[19]は，物理学者の立場から，L-B膜系からなるデバイスのphysical pictureを分りやすく提示し，いくつかの魅惑的な具体的な実験事実を例示した。Langmuirの直系である米国のGainesは，彼の著書[7]でも分るように，ヨーロッパよりヨーロッパ的にL-B膜学を堅持している。

1.7 おわりに

筆者のように，L-B膜の研究の歴史からみれば，すでに砂漠化した日本の中にオアシスを見い出し，物好きなといわれながらL-B膜の仕事を続けてきた者にとって，今日のL-B膜の研究人口の増加は，ただ驚くばかりである。分子素子の発想は，かなり古くからいろいろな分野の研究者がそれぞれの概念で夢想されていたので，特別に新しいものでない。口外しても，恥とならなくなっただけのことである。分子デバイスの技術としては，現在のL-B技術はあまりにもオモチャ的なので，分子デバイスの要求に答える製膜技術の確立と超薄膜の分子の配列や配向に関する評価技術の確立が急務であろう。単分子膜の未だ知られていない単分子膜ならではの性質

が次々と理解できそうで楽しみである。分子デバイスの機能素子としての分子または分子集合体はどのようなもので，それはどんな手法で超薄膜に配列させたらよいのであろうか？！このことは，またの機会に記すこととする。

文　献

1) K.B.Blodgett, *J.Am. Chem. Soc.,* **56,** 1007 (1935)
2) I.Langmuir, *Trans. Faraday Soc.,* **15,** 62 (1920)
3) B.Franklin, *Philosoph. Trans. Roy. Soc.,* **64,** 445 (1774)
4) L.Rayleigh, *Proc. Roy. Soc.,* **47,** (1890)
5) A.Pockels, *Nature,* **43,** 437 (1891)
6) I. Langmuir, *J.Am. Chem. Soc.,* **39,** 1848 (1917)
7) G.L.Gaines, Jr., "Insoluble Monolayers at Liquid-Gas Interfaces", Interscience, New York (1966)
8) 立花太郎, "実験化学講座" 7, 丸善, p.249 (1956)
9) S.J.Singer, G.L.Nicolson, *Science,* **195,** 720 (1972)
10) B.Ke, "The Chlorophylls", Acadmic Press, New York, p.253 (1966)
11) 入山啓治, 材料科学, **12,** 116 (1975)
12) 入山啓治, 固体物理, **16,** 97 (1981)
13) 入山啓治, 化学の領域, **35,** 17 (1981)
14) 入山啓治, 日本学術振興会情報科学用有機材料 第142委員会第二期研究報告, p.170 (1984)
15) J.Petevs, P.Fromherz, *Biochim.. Biophys. Acta,* **394,** 111 (1975)
16) 入山啓治, 現代化学, No.**160,** 58 (1984)
17) 繊高研研究報告（筑波）, No.**141** (1984)
18) H.Kuhn, D.Möbius, H.Bücher, "Techniques of Chemistry", Vol.1 Part 3B, John Wiley and Sons, New York, p.577 (1972)
19) G.G.Roberts, Contemp. Phys., **25,** 109 (1984)

2 単分子膜の神経モデル

石井淑夫[*]

2.1 神経モデルの提唱

最近,細胞膜の構成要素であるリン脂質やトリオレインなどを多孔性メンブレンフィルターにつけて,K^+溶液系とNa^+溶液系を仕切ると,電位的な発振現象を起こすことが知られている[1)~3)]。この種の装置をセンサーとして応用すれば,従来のものが直流電圧応答であるのに対して,交流電圧応答型であるために,多情報を同時に処理できる点ですぐれたものとなる。さらに分子種とその集合状態を調節すれば,種々の外部刺激に対応した情報を振動波形中に重複して織り込むことができる。単分子膜法は集合状態を操作できる有力な技術で,上記のようなアナログ型波形の改良にとどまらず,波形制御によるデジタル化をも期待できそうである。さらには伝達速度の制御,単位振動系相互の有機的な結合を調べることによって,神経系の素反応の解明というテーマにつながってゆくことであろう。そこでNa^+,K^+の非平衡系を仕切る電気化学的な振動系を,ひとつの神経モデルとして見立てることにした。

2.2 液膜を用いた自己発振系

油水界面に界面活性剤を添加した系で界面電位を測定しようとすると,平衡電位を求めている間に突然動的な電位振動が起きることが観察されていた[4)]。1960年代後半より筆者を含めた何グループかが,観察を試みたが,いずれも科学的記述ができるまでに至らなかった。同様の系において吉川らは,油層の電導度を大きくすることで,簡単な実験装置による観察に成功した[5)]。図6.2.1に示すように水-油-水三相から成る系で,外部からは電圧・電流・水圧に関する一切の刺激は加えてないにもかかわらず自励的発振現象が観察された。油層には1.5 mMピクリン酸を含むニトロベンゼン溶液,左側水層にはCTAB(ヘキサデシルトリメチルアンモニウムブロマイド)5 mM水溶液を用い,右あるいは左側水層に各種化学物質を添加して左右水層間の電位変化を計測した。その結果,添加された化学物質の種類(無機イオン,アルコール,糖,アミノ酸および糖の化学異性体など)によって,電位振動の振幅変化,頻度変化,波形変化など,さまざまな形で認識していることがわかった。このことは,この種の発振系をセンサーとして用いた場合に,化学種の違いによって振幅・波長・波形など多重的に応答できる点で期待される。また陽イオン界面活性剤としてCTABの代りにL体の$N-\alpha-$メチルベンジル$-N$,$N-$ジメチルミリスチルアンモニウムブロマイドを用いたときに,添加アラニンのD,Lを区別していることが知られた。このほかに種々のアミノ酸や糖類についても同様の結果が得られている。また陽イオ

---

[*] Toshio Ishii 鶴見大学 歯学部

2 単分子膜の神経モデル

ン界面活性剤のL体をD体に変えても応答の対称的な相違を観察している。

2.3 Na^+, K^+ イオン濃度差によって励起される電位振動

神経細胞（ニューロン；neuron）では細胞膜中にある Na^+-K^+ATPアーゼが Na^+ を細胞外に排出し，外部から K^+ を取り入れることによって，Na^+, K^+ 濃度に関する非平衡系が保たれている。そこでニューロンのモデルとして図6.2.2に示すような Na^+-膜-K^+ 系を組み立てた[1),6)]。膜としてテフロン，アセチルセルロースから成るメンブレンフィルターに，スパン-80，モノオレイン，トリオレインを含浸させたものを使用したところ，外的刺激を与えることなしに自発的かつ周期的な振動を示すことが見出された。振動は含浸液膜の種類によって特徴的なパターンを示している。

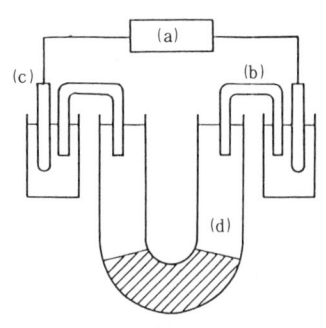

(a) mVメーター
(b) 塩橋
(c) Ag/AgCl 電極
(d) U字セル

図6.2.1 油-水界面の振動電位測定装置

ニューロンでは K^+ のリークチャンネル（leak channel）が開いていて，休止時には K^+ が常に細胞外に流れ出しているため静止電位は K^+ の平衡電位である$-70\sim-100$ mV を保っている。

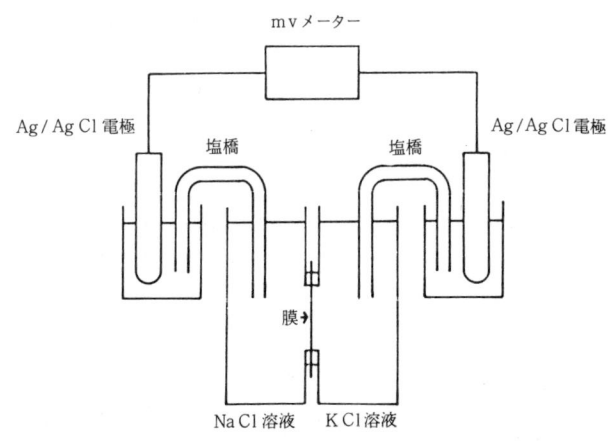

図6.2.2 Na^+-膜-K^+ 系での振動電位を測定する装置

モデル系では必ずしも再現性が良いとはいえないが，設定条件を一定に保つならば一定の静止電位を示すことが知られている。

生体系ではそこに閾値以上の電位的刺激を与えると電位型 Na^+ チャンネルが開き，細胞内に Na^+ が流入する。その結果活動電位を生じ，0.5ミリ秒ほどで極大値；$-20 \sim +50$ mV に達する。この電位変化はインパルスと呼ばれる。極大に達した活動電位はその後 2〜3 ミリ秒以内にもとの状態に戻るが，一度興奮すると外部刺激に対して 2〜3 ミリ秒間不活性となるために，インパルスは軸索中を一方向に伝達される。

そこで，モノオレインについてスイッチング特性が調べられた。その結果は，負性抵抗を示すなどの特異的なスイッチング特性を持つことが知られた。

このように，従来，膜の興奮現象には，チャンネルタンパクの存在が不可欠であると信じられて来たが，脂質分子だけでも Na^+/K^+ イオンの濃度差により電気的興奮が発生することが分った。おそらくタンパク等はチャンネルにおいて空間構造の設定，脂質分子による働きかけといった，より補助的な役割を担っているのではなかろうか。

トリオレインを用いた神経モデルでは，系の温度に敏感で，温度が変わるとパルスは千変万化する。トリオレインの代りにジオレイルレシチン単分子膜を水面上よりメンブレンフィルターに累積して得た Langmuir‐Blodgett（L‐B）膜を用いると，電位振動のパターンは，温度が30℃から20℃に低下しても，一定のパターンを繰り返すことが分った。この実験は，膜内の脂質分子の配列を調整することによってインパルスのパターンの定常性が良くなったことを示している。このように膜タンパクの存在しない系においても分子種とその配向の調節によってインパルスのパターンの設計が可能であることがわかった。次にこのようにして得られた系でのスイッチング特性を調べると，はっきりした負性抵抗を示しているのみならず，時として電気的刺激の結果，安定した自励現象が重なって観察されている。

L‐B 膜による自励発振がはじめて観察されたのは，アセチルセルロース製のメンブレンフィルターの片面にのみ非対称累積膜を付けた場合であった。メンブレンフィルター上には，種々の条件の膜をつけることが可能であることと，それらが異なった電位振動系を構成するらしいことなどが見出されている。とくに脂質膜を非対称膜として組み合わせたときに特異な挙動を得ているので，単分子膜法による非対称膜の作成は，神経モデルをより生体系の神経に近づけてゆけることが期待できる。

2.4 単分子膜法を用いた神経膜モデル

ニューロンの興奮機構を解明するために，単一チャンネルを取り出して，その挙動を調べる手段が開発された[7]。Neher と Sakmann[8),9)] は図 6.2.3 に示すようなパッチレコーディング（patch

2 単分子膜の神経モデル

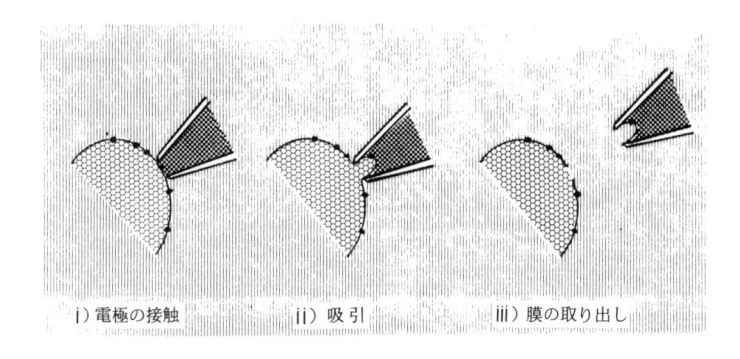

i)電極の接触　　　ii)吸引　　　iii)膜の取り出し

図6.2.3　パッチレコーディング法

recording)という方法を用いてラット筋細胞膜の一部(直径1μm程度)を取り出し，単一の電位型 Na^+ チャンネルの電気的特性を調べた。その結果，チャンネルは"開"または"閉"の二つの状態を取り，"開"状態での電導度は一定であるが，開閉の時期は不規則に行われていることが知られた。この方法は，チャンネル1個だけを調べることができるというだけでなく，リン脂質単分子膜を水面に拡げて二分子膜を作って電気特性を調べたり[10]，脂質ベシクルを含む膜を作ったり[11]することによってチャンネルモデル系を作製する方向にも応用され始めている。

単分子膜法によって非対称膜を作る方法として高木らが開発した方法も，従来の二分子膜研究手段と組み合わせて考えるとき，再現性のある電気特性をもつ神経膜モデルの作成に欠くことができない技術として評価されている[12]。図6.2.4に示したように，穴のあいたテフロン板の両側に同種または異種の単分子膜を拡げておき，一定の圧のもとにテフロン板を下降させて，穴の上に二分子膜を作る方法である。

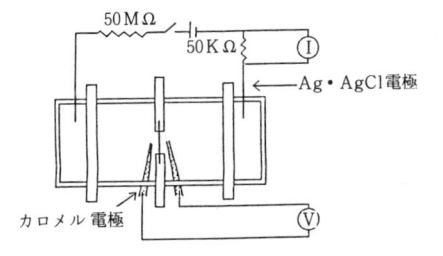

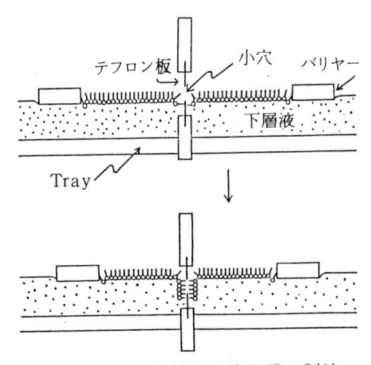

図6.2.4　非対称二分子膜の製法

第6章 単分子膜・薄膜

以上のように脂質分子だけを用いて, 神経モデルを組み立てることを書いてきたが, チャンネルの特性を説明するために, いずれ膜タンパクの役割も解明する必要がでるものと思う。現在, そのための研究を単分子膜法で考えている例は少ないように思えるが, タンパク質単分子膜の表面変性速度の研究[13]や表面でどのような構造になるかに関する研究[14]も大いに必要になってくるであろう。

文　　献

1) T.Ishii, Y.Kuroda, K.Yoshikawa, K.Sakabe, Y.Matsubara, K.Iriyama, *Biochem. Biophys. Res. Commun.*, **123**, 792 (1984)
2) K.Yoshikawa, T.Ishii, Y.Kuroda, K.Iriyama, " 2nd International Conference on Langmuir - Blodgett Films " Schenectady, NY (1985)
3) T.Ishii, Y.Kuroda, K.Suzuki, K.Yoshikawa, Y.Matsubara, K.Iriyama, " 5th International Conference on Surface and Colloid Science " Potsdam, NY (1985)
4) 石井淑夫 他, 第31回コロイドおよび界面化学討論会 (1978)
5) K.Yoshikawa, Y.Matsubara, *J.Am. Chem. Soc.*, **105**, 5967 (1983); *Biophys. Chem.*, **17**, 183 (1983); *J.Am. Chem. Soc.*, **106**, 4423 (1984); *Langmuir*, **1**, 230 (1985)
6) K.Yoshikawa, K.Sakabe, Y.Matsubara, T.Ota, *Biophys. Chem.*, **18**, (1984); *Biophys. Chem.*, **20**, 107 (1984); *Biophys, Chem.*, **21**, 33 (1985)
7) 中村桂子・松原謙一監訳, 「細胞の分子生物学 (上・下) 」, 教育社, (東京)　昭和60年 p.1013
8) E.Neher, B.Sakmann, *Nature*, **260**, 799 (1976)
9) O.P.Hamill, A.Marty, E.Neher, B.Sakmann, F.J.Sigworth, *Pflugers Arch.*, **391**, 85 (1981)
10) R.Coronado, R.Latorre, *Biophys. J.* **43**, 231 (1983)
11) B.A.Suarez-Isla, K.Wan, J.Lindstrom, M.Montal, *Biochem.*, **22**, 2319 (1983)
12) M.Takagi, K.Azuma, U.Kishimoto Ann. Rep. Biol. Works, *Fac. Sci. Osaka Univ.*, **13**, 107 (1965)
13) T.Ishii, M.Muramatsu, *Bull. Chem. Soc., Japan* **43**, 2364 (1970); *ibid* **44**, 679 (1971)
14) T.Ishii, *Applied Optics* **14**, 2143 (1975)

3 単分子膜・薄膜のエレクトロニクスへの応用

十倉好紀*

3.1 はじめに

有機薄膜のエレクトロニクスへの応用に関しては，主として光電変換機能を中心に多くの基礎研究の積み重ねがあり，例えば電子写真における光電荷発生層，輸送層薄膜等[1]すでに実用化の段階にあるものもある。またフタロシアニンやメロシアニン誘導体の薄膜(主に蒸着膜，カースト膜)については，これを金属と透明電極で挾んでサンドイッチ型の太陽電池を構築する試みも報告されている[2]。最近ではこのような研究の流れに加えて古くより知られたラングミュアーブロジェット(LB)法による製膜技術の種々の利点が再評価され，これをエレクトロニクスの分野にも応用しようとする機運が急速に高まっている。ここでは主としてLB膜の応用に話題を限って最近の状況を述べる。

LB膜の電子デバイスへの応用としては，以下に述べるように，現在の無機半導体を基として，その素子形成技術の一部をLB技術で補塡，改良するといった数年以内の現実的応用を目指す方向と，一方，分子素子技術の一環としてLB膜自体に電子的機能性を持たせて将来の応用を計る試みがある。しかし，そのいずれもがLB膜の次のような特長を積極的に利用することを前提としている。すなわち，1) 薄膜の厚さの精密な制御が可能なこと，2) 均一でピンホールが少ないこと，3) 製膜時の温度(室温以下)が低いこと(ただし，水を使うことは欠点になる場合もある。)，4) 化学修飾により機能性(極性，放射線反応性，磁性等)を有する分子をとりこめること，5) 分子配向の制御が可能なこと，等である。

3.2 絶縁性薄膜としての応用

長鎖脂肪酸等LB膜形成に与える多くの有機分子は良い絶縁体であるから，まず最初に考えられるのはこれと上記の1)，2)，3)の特長を生かして，LB膜を絶縁性薄膜として使用することである。実際，Durham大学のG.G.Robertsら[3]は，シリコン，Ⅲ-Ⅴ族等の半導体基板上に累積したLB膜が絶縁層として理想的な特性を示すことを示し，電子のトンネル現象を利用したMIS(Metal-Insulator-Semiconductor)デバイスへの応用を考えた。例えば発光ダイオード(LED)としては現在Ⅲ-Ⅴ族半導体(GaP，GaAsおよび(Ga,In)(P,As)三元，四元混晶)のpn接合を用いた緑-赤-近赤外の波長を出すものがとり揃っている。しかし，これらに加えて青色光をとり出すには，よりバンド・ギャップの大きい(2.5 eV以上)SiC, GaNやZnS, ZnSe等のⅡ-Ⅵ族半導体を用いる必要があるが，発光効率の低いSiCを除いていずれもp型層を形成す

---

* Yoshinori Tokura 東京大学　工学部

ることがむずかしい。この解決手段としては，金属電極（M層）からの正孔注入を利用するMIS型LEDが考案されている。しかし，これらの化合物半導体（S層）はシリコンのような良質の酸化絶縁膜（SiO_2膜）を持たないために，非常に薄くかつ厚さの均一な絶縁層（I層）の形成が困難であった。G.G.Robertsらの試みはこのI層を絶縁性のLB膜（例えばステアリン酸カドミウム，水素フタロシアニン（H_2-Pc）等）で代用しようとするものである。図6.3.1にはAu/H_2Pc（LB膜）/GaPのMIS型緑色LEDの発光効率のLB膜の厚さに対する依存性[4]を示した。I層の膜厚は大きい方が，界面でのエネルギー準位からは有利になるが，厚すぎるとかえって金属層からの正孔トンネリングによる注入の効率が落ちる。図に示した結果によれば，I層のLB膜の膜厚が約6nmの時，効率が最大となっている。これは逆に言えば，LB法のような膜厚の精密な制御が不可欠であることを示している。

同様のMIS型構造を用いれば太陽電池も構築できる。G.G.Robertsら[5]はAu/アントラセン誘導体LB膜/CdTeのMIS型セルを用い，I層のLB膜厚を変化させてショットキー障壁の高さを最適化することによって，Au/CdTe型のI層のないセルに比べて約50％の効率増の結果を得ている。またこの他にも同じくI層にLB膜を用いた電界効果型トランジスター（FET）も試作されている[6]。良質の絶縁性LB膜は酸化絶縁膜を持たない多くの半導体基板上に形成可能であるため，例えば（Hg,Cd）-Teを用いたモノリシックな二次元赤外線検出器[7]など多くの半導体素子の作製に有用である。

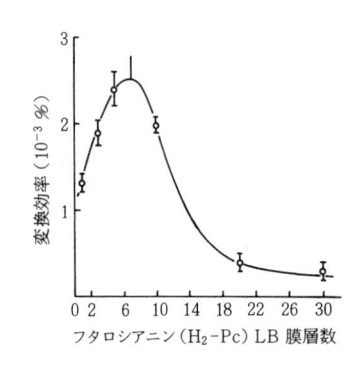

図6.3.1 （Au/H_2Pc LB膜/GaP）発光ダイオードの特性[4]

LB膜を用いたトンネリング・デバイスのもう一つの典型例として，ジョセフソン接合素子への応用がある。二つの超電導体層に数10Å以下の絶縁層を挟んだ場合には，この層を超電導電子対（クーパー対）がトンネルするが，その場合の電流-電圧特性は履歴特性を示すことが知られている（ジョセフソン効果）。この効果を用いた低電力消費型の高速スイッチング素子の実用化が現在真剣に検討されている。図6.3.2には，このトンネリング層にステアリン酸ビニルの単分子層を用いた（Pb-In）/LB膜/（Pb-In）ジョセフソンダイオードの電流電圧特性を示した[8]。G.L.Larkinsら[8]はこの測定結果に基づき，この素子を通常のリソグラフィー技術で小型化すれば，1μW以下の電力で16psec程度の時間でスイッチングが可能であると評価している。LB法は，この点でも大面積基板に一様な超薄膜を付着できる技術として関心を集めている。

3 単分子膜・薄膜のエレクトロニクスへの応用

3.3 リソグラフィー材料としての応用

さて，現在の半導体素子作成技術の向上を目指す上でのもう一つの現実的な応用は，LB膜を用いたリソグラフィー技術である。半導体素子の集積度が飛躍的に向上するにつれ，現在ではサブミクロン・サイズの回路パターンを描くことが要求され始めている。この程度の微細加工になってくると，従来の光学的リソグラフィーでは限界があり，これに代わって電子線リソグラフィー技術が必要となる。これによれば10 nm以下のビーム径による描線がコンピュータ制御で可能となる。しかし実際上の問題として，入射電子線がレジスト裏面の基板に当たって散乱される効果があり，このためレジスト膜が厚い場合にはパターンがぼけてしまう。このような散乱効果のためにパターンの分解能はレジスト膜厚の半分程度となるため，レジスト膜はできるだけ薄くする必要がある。しかし従来のポリメチルメタクリレート等のレジスト膜はスピン法によって塗布するため，1 μm以下の薄膜ではピンホール等の不完全箇所が形成され，サブミクロン・サイズのリソグラフィーには適当でない。この点でも初めに挙げた1），2），4）の条件を満たすLB膜はレジスト材料として非常に有望である。例えば最も単純な長鎖脂肪酸LB膜は，電子線を照射すると昇華し，ポジのレジストとして働く[9]。またω位に二重結合を有するトリコセン酸($CH=CH-(CH_2)_{20}COOH$)は電子線照射により重合し，ネガのレジストとなる[10]。実用上の電子線レジストとしての条件はD_{50}（レジスト膜の半分の厚さまで重合等の変化を得るのに必要な電子線量）が1 $\mu C\ cm^{-2}$以下でコントラスト比(γ)が1.5以上である。これに対し，900Åのω-トリコセン酸 LB膜については$D_{50}=0.45\ \mu C\ cm^{-2}$，$\gamma=3$の値が報告されており[10]，この種のLB膜レジストの実用化が大いに期待できる。しかしなお未反応レジスト除去に用いる反応性プラズマエッチングや化学的エッチングに対する耐性が不足しており，この点での改良が必要である。

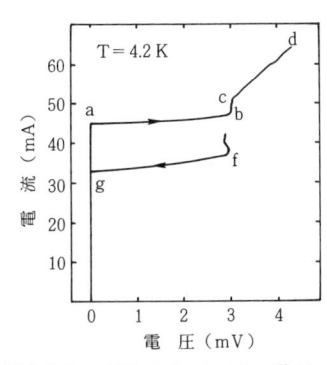

図6.3.2 （Pb-In/ステアリン酸ビニル単分子膜/Pb-In）ジョセフソン素子の電流-電圧特性[8]（a→b→……→f→gの経路で変化させている。）

3.4 電子的機能をもつLB膜

以上は，現在の半導体素子作製の1工程，あるいは構成要素の一部にLB膜の応用を考えた研究例であったが，一方LB膜自体に電子的機能を持たせようとする試みも多くなってきた。斉藤ら[11]はp型の特性をもつメロシアニンのLB膜とn型のクリスタルバイオレットのLB膜とのヘテロpn接合をもつフォト・ダイオードを試作した。その電流-電圧特性を図6.3.3に示した。

225

第6章 単分子膜・薄膜

$2\,\mathrm{mW\,cm^{-2}}$ の光照下で短絡電流 $I_{sc} = 1.6 \times 10^{-10}\,\mathrm{A\,cm^{-2}}$,開放光起電力 $V_{OC} = 0.7\,\mathrm{V}$ を観測している。未だ効率は小さいが,構成分子の軽置換型化等の適当な分子設計により,将来の太陽電池としての応用が注目される。

このような半導性あるいは光伝導性のLB膜を形成する分子の中でも,特にフタロシアニン(Pc)誘導体は注目に値する。Pcは軽置換型あるいはアルキル基なしでも緻密で良質のLB膜を形成することが最近見い出された[12]。Pcの絶縁層としての応用は初めに述べたとおりだが,また鮮かな色調変化を起こすエレクトロクロミック素子としても関心を集めている(次節参照)。Pcの魅力は有機分子としては例外的に熱的に安定なことであり,またd電子を含む中心金属を変えることによって,バンド・ギャップを $0.6\,\mathrm{eV}$ (Mn-Pc)から $2.0\,\mathrm{eV}$ (Cu-Pc等)まで変化させることができ,また磁性等の機能を付与できる可能性もある。また,既に結晶ではハロゲン等のドーピングによる部分酸化によって金属化が達成されている[13]。PcLB膜の現状は,一次構造の同定と機能との関連づけが探究されている段階であるが,高導電性LB膜の可能性も含めて今後の進展が楽しみである。

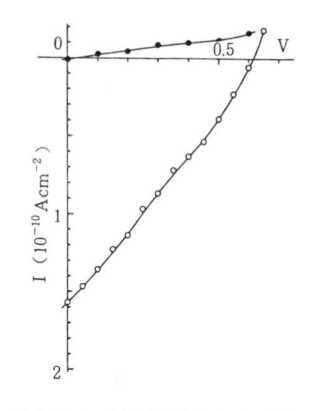

図6.3.3 (Al/クリスタルバイオレットLB膜(n型)/メロシアニンLB膜(p型)/Ag)ダイオードの暗中(・)および $2\,\mathrm{mW\,cm^{-2}}$ 光照射下(○)の電流(I)-電圧(V)特性[11]

その他のLB膜のエレクトロニクスへの応用としては,極性LB膜および磁性LB膜の形成が挙げられる。まず極性LB膜であるが,これは初めにLB膜の長所として5)に挙げた配向性(膜面に垂直な方向)をうまく利用する。例えば,分子自体の極性が大きいが結晶中では反転対称性を持ってしまうような分子でも,LB膜ではX膜やZ膜のように極性方向を一方向に揃えて累積できる。またY膜でも強い極性を持つ分子層と弱い極性しか持たない分子層を交互に累積すれば同じ効果が得られる。このような極性LB膜の応用としては,これを光導波路として波長変換[14]等の非線光学素子とする,あるいは圧電性・焦電性[15]を利用して感熱型の二次元的な赤外線検出器とする等の応用が考えられる。前者は主としてπ電子の励起状態と基底状態の間の永久双極子の差を利用するのに対し,後者は単に基底状態での極性のみを問題とするため,極性LB膜材料としては用途に合った分子設計が必要である。

次に磁性LB膜であるが,これは膜を形成する分子中に磁性を担う遷移金属,希土類金属イオンを含む場合が考えられる。従来,LB膜のような二次元系で,磁気的な秩序が存在するか否か(一次元系では存在しない)は理論的には微妙な問題(モデに依る)とされてきた。M. Pomerantz[16]

3 単分子膜・薄膜のエレクトロニクスへの応用

はステアリン酸マンガンの累積膜の磁気共鳴測定によって，これが2K以下の温度で磁気的秩序相に転移することを見い出した。もし，このような二次元的な磁気的秩序状態が適当なLB膜によって達成されることが確実となれば，種々の応用が期待できる。既に絶縁性のLB膜をジョセフソン接合素子のトンネル層に用いる試みを述べたが，これに磁性LB膜を用いることによってこのメモリー素子の磁気的制御が可能になると言われている。また室温付近での磁気秩序が可能となれば，LB膜の特長を生かした高密度の磁気バブルメモリーや磁気光学効果を利用した光導波路等への応用が期待できる。現在，より高温で磁気秩序を有するLB膜の開発を目指して，鉄イオンを含んだ長鎖脂肪酸やフェロセン誘導体が検討されている。また Mn-Pc が強磁性相を有することを考えあわせると，このような有機金属錯体のLB膜も磁性LB膜として将来有望かもしれない。

文　献

1) 三川礼，艸林成和編 " 高分子半導体 " 講談社（1977）
2) 入山啓二，固体物理，**16**, 96（1981）
3) G. G. Robertz, *Contemp. Phys.*, **25**, 109（1984）
4) J. Batey, M. C. Petty, G. G. Robertz, D. R. Wight, *Electron. Lett.*, **20**, 491（1984）
5) G. G. Robertz, M. C. Petty, I. M. Dharmadasa, Proeedingis of the IEE. Pt 1, *Solid State and Electron Devices*, **128**, 197（1981）
6) G. G. Robertz, K. P. Pande, W. A. Barlow, *ibid*, **2**, 169（1978）
7) K. K. Kan, G. G. Robertz, M. C. Petty, *Thin Solid Films*, **99**, 291（1983）
8) G. L. Larbins, Jr., E. D. Thompson, E. Ortiz, C. W. Burkhart, J. B. Lando, *Thin Solid Films*, **99**, 277（1983）
9) A. N. Broers, M. Pomerantz, *Thin Solid Films*, **99**, 323（1983）
10) A. Barraud, *Thin Solid Films*, **99**, 317（1983）
11) M. Saito, M. Sugi, T. Fukui, S. Iizima, *Thin Sold Films*, **100**, 117（1983）
12) S. Baker, M. C. Petty, G. G. Robertz, M. V. Twigg, *Thin Solid Films*, **99**, 53（1983）
13) B. M. Hoffman, J. Martinsen, L. J. Pace, J. A. Ibers, " Extended Linear Chain Compounds, vol. 3 "（ed. by J. S. Miller）, Plenum Press, New York, and London, （1980）
14) O. A. Aktsipetrov, N. N. Akhmediev, E. D. Mishina, V. R. Novak, *JETP Lett.* **37**, 207（1983）
15) L. M. Blinov, N. V. Dubinin, L. V. Mikiinev, S. G. Yudin, *Thin Solid Films*, **120**, 161（1984）
16) M. Pomerantz, "Phase Transitions in Surface Films," Plenum Press, New York （1980）

第7章 バイオセンサーとその応用

軽部征夫*

1 はじめに

　生体膜では情報伝達や輸送などの際に化学物質の認識を厳密に行っている。例えば味物質を検知する味細胞の細胞膜にはレセプターや脂質膜があり，化学物質の認識を行っている。このような生体膜の分子認識機能を模倣すると化学物質を選択的に検知するセンサーができると思われる。しかし生体膜はきわめて不安定であり，これをそのまま用いて化学物質を検知することはきわめて困難である。一方生体膜と同様の機能を有する人工膜（モデル生体膜）の研究開発が盛んに行われている。例えば生体触媒の酵素は特定の化学物質を認識し，その反応のみを進める。これを水不溶性の高分子膜に固定化すると分子を識別する機能を有する膜を調製できる。生体膜では化学物質が検知されると電気信号に変換され，脳に送られて認識される。生体膜と同様に酵素固定化膜で化学物質を認識したら，これを電気情報に変えるトランスデューサーが必要である。そこで酵素反応によって消費あるいは生成する化学物質を計測する電極や半導体素子などがトランスデューサーとして用いられる。このようにして製作された酵素センサーは味細胞や生体膜をモデルとしたものと考えることができる。一方，生体膜あるいはそれを再構成したモデル膜を用いるセンサーの研究も始まっている。これは生体膜やレセプターと脂質の複合体などを電極や半導体の上に装着したもので，味センサーにおいてセンサーを構築しようとする研究である。このように生体膜はバイオセンサーの開発にとってはアイデアの宝庫である。

　バイオセンサーは分析化学分野における新しい化学計測法として注目されている。ここではバイオセンサーの原理，種類とその応用について述べることにする。

2 酵素センサー

　酵素は特定の化学物質を認識し，その反応を進める。したがって酵素を用いることにより特定の化学物質を分析することができる。このような酵素の特性が着目され，分析化学に用いられだしたのは1940年代からである。現在2000種類以上の酵素が知られており，市販されている酵素も

---

　*　Isao Karube　東京工業大学　資源化学研究所

2 酵素センサー

多い。これらの酵素の多くは臨床検査などに用いられている。

酵素反応で消費される化学物質あるいは生成する化学物質の濃度を物理化学デバイスで測定できれば，これを指標としてもとの基質濃度を測定することができる。たとえば酸化還元酵素のオキシターゼの反応では酸素が消費され，過酸化水素が生成するので，これらの濃度を電極で測定すればこれから基質濃度を求めることができる。測定対象物質によっては加水分解酵素と酸化還元酵素を組み合わせて電極などで計測できるようにする場合もある。

酵素の大部分は水溶性であるため，センサーに用いるためにはこれを水不溶な状態にしなければならない。すなわち酵素を水不溶性膜に固定化する。この場合酵素の固定化量が多く，しかも薄い担体膜が適している。酵素センサーは酵素固定化膜（酵素膜）と電極から構成される。酵素膜は分子識別素子であり，電極はトランスデューサーとして働く。

最初に酵素センサーの原理を提案したのはClarkとLyonsであるが，この原理を具体化したのはUpdikeとHicksである。彼らはグルコースオキシダーゼをポリアクリルアミドゲル膜中に固定化し，これを隔膜酵素電極上に装着して酵素センサーを製作した。このセンサーを試料液中に挿入すると，試料液中のグルコースが酵素膜へ拡散し，ここでグルコースオキシダーゼの作用で酸化されグルコノラクトンが生成する。この反応で酸素が消費されるので，これを酵素膜と密着させてある酸素電極で測定すると電流値の変化からグルコース濃度を求めることができる。一方この反応で過酸化水素も生成するので，これを電極で測定してもグルコース濃度を計測することが可能である。ここで用いる過酸化水素電極は白金電極をアノードとして用い，飽和甘コウ電極に対して＋0.6Vに電位が設定されており，ここで過酸化水素が酸化されると電流値が得られるものである。

全く同様の原理とデバイスで，糖類のスクロース，マルトース，ガラクトース，ラクトースとアルコール，有機酸，アミノ酸，核酸関連化合物などを計測するセンサーが開発されている。これらのセンサーは総てアンペロメトリーに基づくものである。

一方酵素固定化膜とポテンショメトリーに基づく電極を組み合わせた酵素センサーも開発されている。例えば尿素はウレアーゼの作用で加水分解され，アンモニウムイオンと炭酸イオンになる。したがってウレアーゼ固定化膜とアンモニア電極や二酸化炭素電極を組み合わせる尿素センサーを製作することができる。ここで用いたアンモニアガス電極や二酸化炭素電極は複合型ガラス電極とガス透過性膜を組み合わせたもので，最終的には水素イオン濃度を膜電位変化として測定する方式で，ポテンショメトリーに基づく電極である。これと同様にポテンショメトリックなL－アミノ酸，中性脂質，クレアチニン，ペニシリンなどのセンサーが報告されている。

以上述べてきた酵素センサーは単一の化学物質を計測するために開発されたものであるが，多種類の化学物質を同時に計測できるセンサーも要望されている。そこで多機能酵素センサーが開

発されるに至った。魚肉の鮮度を計測するセンサーを例にとり，これを紹介する。

高エネルギー化合物のＡＴＰは魚の死後すみやかに分解され，ＡＤＰ，ＡＭＰ，イノシン-5′-モノホスフェート（ＩＭＰ），イノシン（HxR），ヒポキサンチン（Hx）となり，最終的に尿酸にまで分解される。従来はこれらの核酸関連化合物の濃度比から鮮度が推定されていたが，はん雑な操作を必要とし，測定に3時間以上を要する問題があった。そこで鮮度を推定する多機能センサーが考案されるに至った。魚肉中のＡＴＰ，ＡＤＰ，ＡＭＰは魚の死後急速に消失するので，鮮度値を求めるにはＩＭＰ，HxR，Hxを測定すればよいことがわかり，新たな鮮度指標K_I値が提案されるに至った。

$$K_I = \frac{[HxR] + [Hx]}{[IMP] + [HxR] + [Hx]} \times 100$$

この式からIMP，HxR，Hx濃度を測定すれば鮮度値を算出できる。そこでキサンチンオキシダーゼとヌクレオシドホスホリラーゼの固定化膜とヌクレオチダーゼ固定化膜をクラーク型の酸素電極上に装着してセンサーを製作した（図7.2.1）。このセンサーシステムはIMP，HxR，Hx

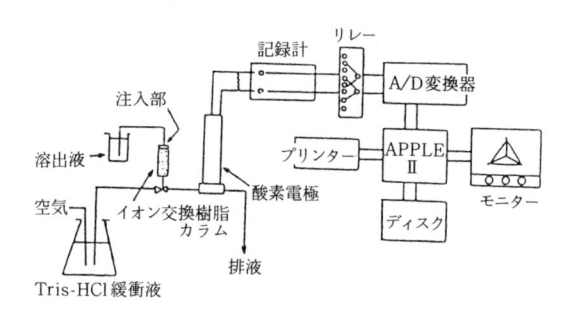

図7.2.1　鮮度測定用多機能酵素センサーシステム

を分離する陰イオン交換樹脂カラムとデータ処理をするコンピュータと多機能酵素センサーから構成されている。このシステムに魚肉抽出液を注入すると3種類の化学物質が計測され，鮮度値が計算される。また3種類の化学物質濃度の比はパターンでモニターテレビ上に表示される。このようにパターン認識することにより鮮度変化をより具体的にとらえられるようになった。

以上酵素センサーの原理，種類とその応用について述べた。現在開発あるいは報告されている酵素センサーの特性をまとめて表7.2.1に示す。すでにグルコース，スクロース，ラクトース，乳酸，L-アミノ酸，尿素，尿酸，α-アミラーゼなどを計測するセンサーは実用化されたり，市販されたりしている。

2 酵素センサー

表 7.2.1 酵素センサーの特性

センサー	酵素	固定化法	電気化学デバイス	安定性（日）	反応時間（分）	測定範囲（mg.l^{-1}）
グルコース	グルコースオキシダーゼ	共有結合法	酸素電極	100	1/6	$1 \sim 5 \times 10^2$
マルトース	グルコアミラーゼ	共有結合法	白金電極	-	6～7	$10^{-2} \sim 10^2$
ガラクトース	ガラクトースオキシダーゼ	吸着法	白金電極	20～40	-	$10 \sim 10^3$
エタノール	アルコールオキシダーゼ	架橋化法	酸素電極	120	1/2	$5 \sim 10^3$
フェノール	チロシナーゼ	包括法	白金電極	-	5～10	$5 \sim 2 \times 10^2$
カテコール	カテコール1,2-オキシゲナーゼ	架橋化法	酸素電極	30	1/2	$5 \times 10^{-2} \sim 10$
ピルビン酸	ピルビン酸オキシダーゼ	吸着法	酸素電極	10	2	$10 \sim 10^3$
尿酸	ウリカーゼ	架橋化法	酸素電極	120	1/2	$10 \sim 10^3$
L-アミノ酸	L-アミノ酸オキシダーゼ	共有結合法	アンモニアイオン電極	70	-	$5 \sim 10^2$
D-アミノ酸	D-アミノ酸オキシダーゼ	包括法	アンモニアイオン電極	30	1	$5 \sim 10^3$
L-グルタミン	グルタミナーゼ	吸着法	アンモニアイオン電極	2	1	$10 \sim 10^4$
L-グルタミン酸	グルタメートデヒドロゲナーゼ	吸着法	アンモニアイオン電極	2	1	$10 \sim 10^4$
L-アスパラギン	アスパラギナーゼ	包括法	アンモニアイオン電極	30	1	$5 \sim 10^3$
L-チロシン	L-チロシンデカルボキシラーゼ	吸着法	炭酸ガス電極	20	1～2	$10 \sim 10^4$
L-リジン	L-リジンカルボキシラーゼ / アミノオキシダーゼ	架橋法	酸素電極	-	1～2	$10^3 \sim 10^4$
L-アルギニン	L-アルギニンデカルボキシラーゼ / アミノオキシダーゼ	架橋化法	酸素電極	-	1～2	$10^3 \sim 10^4$
L-フェニルアラニン	L-フェニルアラニンアンモニアリアーゼ	-	アンモニアガス電極	-	10	$5 \sim 10^2$
L-メチオニン	L-メチオニンアンモニアリアーゼ	架橋化法	アンモニアガス電極	90	1～2	$1 \sim 10^3$
尿素	ウレアーゼ	架橋化法	アンモニアガス電極	60	1～2	$10 \sim 10^3$
コレステロール	コレステロールエステラーゼ	共有結合法	白金電極	30	3	$10 \sim 5 \times 10^3$
中性脂質	リパーゼ	共有結合法	pH電極	14	1	$5 \sim 5 \times 10$
リン脂質	ホスホリパーゼ	共有結合法	白金電極	30	2	$10^2 \sim 5 \times 10^2$
モノアミン	モノアミンオキシダーゼ	包括法	酸素電極	7以上	4	$10 \sim 10^2$
ペニシリン	ペニシリナーゼ	包括法	pH電極	7～14	0.5～2	$10 \sim 10^3$
アミグダリン	β-グルコシダーゼ	吸着法	シアンイオン電極	3	10～20	$10 \sim 10^3$
クレアチニン	クレアチナーゼ	吸着法	アンモニアガス電極	-	2～10	$1 \sim 5 \times 10^3$
過酸化水素	カタラーゼ	包括法	酸素電極	30	2	$1 \sim 10^2$
リン酸イオン	ホスファターゼ / グルコースオキシダーゼ	架橋化法	酸素電極	120	1	$10 \sim 10^3$
硝酸イオン	硝酸レダクターゼ / 亜硝酸レダクターゼ	-	アンモニアイオン電極	-	2～3	$5 \sim 5 \times 10^2$
亜硝酸イオン	亜硝酸レダクターゼ	架橋化法	アンモニアガス電極	120	2～3	$5 \sim 10^3$
硫酸イオン	アリルスルファターゼ	架橋化法	白金電極	30	1	$5 \sim 5 \times 10^3$
水銀イオン	ウレアーゼ	共有結合法	アンモニアガス電極	-	3～4	$1 \sim 10^2$

3 微生物センサー

　微生物は複合酵素系を含んでおり，これを分子識別素子として利用するセンサーが考えられるに至った。微生物機能のうち資化性（特定の有機物を摂取する能力）と代謝機能は分子の識別に利用することができる。

　微生物は好気性微生物と嫌気性微生物に大別される。好気性微生物は酸素を生育に必要とし，

呼吸活性を指標にこの微生物の資化能を測定することができる。また嫌気性微生物は酸素の存在が生育に適さない一群の微生物であり、それが生成する代謝産物を指標としてその資化性を測定することができる。微生物の呼吸活性は酸素電極や二酸化炭素電極で、代謝産物はイオン選択性電極や燃料電池型電極で測定することが可能である。したがって微生物センサーは微生物固定化膜と電極を組み合わせると構成することができる。

微生物センサーは資化性を呼吸活性の変化から測定する原理に基づくもの（呼吸活性測定型）と資化性を代謝産物中の電極活物質（電極で反応あるいは感応する化学物質）を測定する原理に基づくもの（代謝産物測定型）とに大別される。

呼吸活性測定型センサーは一般に好気性微生物固定化膜と酸素電極から構成される。すなわち生存状態の微生物を固定化した膜を隔膜酸素電極上に装着するとセンサーが製作できる。ここで微生物の固定化法によく用いられるのは多孔性セルロース膜やコラーゲン膜である。このセンサーを有機物を含む試料液中に挿入すると化学物質が微生物に拡散し、微生物によって摂取される。微生物が化学物質を資化するとこれを代謝するために呼吸活性が上昇する。これは微生物膜に密着させてある酸素電極で測定することができる。すなわち化学物質の濃度を酸素電極の電流値として測定することができる。

例えば酵母の一種である*Trichosporon brassicae*を多孔性のアセチルセルロース膜に吸着固定化し、これを酸素電極のテフロン膜上に装着し、これをさらにガス透過性膜で被覆してセンサーを製作した。これを図7.3.1に示すフローセル中に挿入してシステムを構成した。このセンサーシステムに緩衝液（pH3）を連続的に移送しておき、これにエタノール含有試料液を注入する。エタノールはガス透過性膜を通って微生物に達し、資化される。したがって、*T. brassicae*の呼吸活性を指標としてエタノール濃度を測定することができる。このセンサーはメタノールや有機酸などには応答せず、きわめて選択性が優れていた。これと同様の原理でグルコース、資化糖、ギ酸、ナイスタチン、アンモニア、BOD、変異原などを計測するセンサーが開発されている。

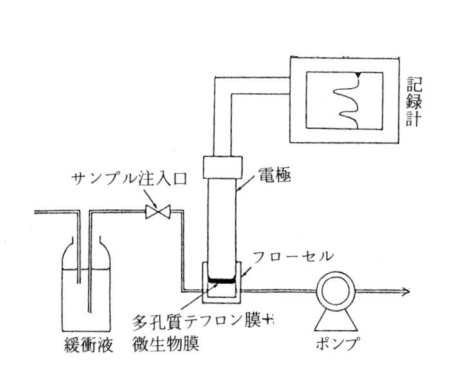

図7.3.1　酢酸センサーシステム

一方、微生物は化学物質を資化すると、各種の電極活物質を生成する。したがってこれらを測定する電極と微生物固定化膜を組み合わせるとセンサーを構成することができる。ここで用いら

れる電極としては燃料電池型電極やイオン選択性電極がある。前者はアノードとして白金電極，カソードとして過酸化銀電極（Ag_2O_2），電解液として0.1Mリン緩衝液を用いたもので，水素やギ酸などがアノードで反応すると電流が得られる一種の燃料電池である。微生物によって生産される電極活物質には水素，ギ酸，還元型補酵素，有機酸，二酸化炭素などがある。この微生物センサーを有機物を含有する試料液中に挿入すると有機物が微生物に拡散し，資化される。これは菌体中で代謝され，電極活物質が生成する。これを微生物膜に密着させた電極で測定し，電流値あるいは電位値としてこれを測定する原理に基づいている。

　例えばこの原理に基づいてグルタミン酸センサーが開発されている。グルタミン酸デカルボキシラーゼはグルタミン酸のα位のカルボキシル基を脱離してγ-アミノ酪酸を生成する酵素である。そこでグルタミン酸デカルボキシラーゼ活性の高い大腸菌をナイロン網に固定化し，これを二酸化炭素電極上に装着して微生物センサーを製作した。この微生物センサーシステムに緩衝液を移送し，これにグルタミン酸含有試料液を注入すると，微生物菌体中の酵素反応で二酸化炭素が生成し，数分間で極大電位値が得られた。この極大電位値とグルタミン酸濃度の対数の間には直線関係が認められ，このセンサーを用いて迅速かつ連続的にグルタミン酸を計測できた。このセンサーと同様の原理でリシン，セファロスポリン，グルタミン，アルギニンなどを計測するセンサーが開発されている。

　すでに述べた微生物センサーでは単一の微生物を分子識別素子として用いた。しかし微生物反応と酵素反応を組み合わせるとさらに多くの化学物質の計測が可能になる。このような発想から考案されたのがハイブリット型微生物センサーである。例えばクレアチニンデイミナーゼはクレアチニンに作用し，N-メチルヒダントインとアンモニアを遊離する。この酵素膜と硝化菌固定化膜をハイブリット化するとクレアチニンをアンペロメトリックに測定することができる。すなわちクレアチニンデイミナーゼ反応で生成したアンモニアは硝化菌によって酸化され，最終的に硝酸になる。この反応で酸素が消費されるので，これを隔膜酸素電極で測定すればもとのクレア

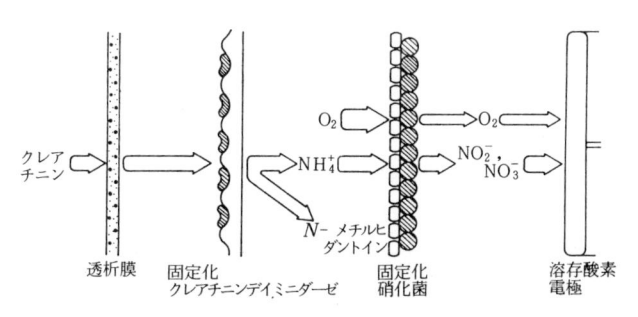

図7.3.2　クレアチニンハイブリッドセンサーの原理

第7章 バイオセンサーとその応用

表7.3.1 微生物センサーの特性

センサー	固定化菌	電気化学デバイス	安定性(日)	応答時間(分)	測定範囲 ($mg \cdot ml^{-1}$)
グルコース	Pseudomonas fluorescens	酸素電極	14	10	$3 \times 10^{-3} \sim 2 \times 10^{-2}$
資化糖	Brevibacterium lactofermentum	酸素電極	20	10	$2 \times 10^{-2} \sim 2 \times 10^{-1}$
酢 酸	Trichosporon brassicae	酸素電極	30	15	$10^{-2} \sim 2 \times 10^{-1}$
アンモニア	硝化細菌	酸素電極	20	5	$3 \times 10^{-3} \sim 5 \times 10^{-2}$
メタノール	未同定菌	酸素電極	30	15	$3 \times 10^{-3} \sim 2 \times 10^{-2}$
エタノール	Trichosporon brassicae	酸素電極	30	15	$3 \times 10^{-3} \sim 3 \times 10^{-2}$
ナイスタチン	Saccharomyces cerevisiae	酸素電極	-	60	$10^{-3} \sim 8 \times 10^{-1}$
発ガン物質	Bacillus subtilis	酸素電極	-	60	$10^{-3} \sim 10^{-2}$
BOD	Trichosporon cutaneum	酸素電極	30	10	$3 \times 10^{-3} \sim 3 \times 10^{-2}$
メタンガス	Methyromonas flagellate	酸素電極	30	0.5	$2 \times 10^{-4} \sim 10^{-1}$
菌 数	-	燃料電池	60	15	$10^3 \sim 10^8$ cell
ビタミンB_1	(Lactobacillus fermenti)	燃料電池	60	360	$10^{-6} \sim 10^{-5}$
ギ 酸	Clostridium butyricum	燃料電池	30	10	$10^{-3} \sim 1$
セファロスポリン	Citrobacter freundi	pH電極	7	10	$6 \times 10^{-2} \sim 5 \times 10^{-1}$
ニコチン酸	Lacrobacillus arabinosus	pH電極	30	60	$5 \times 10^{-3} \sim 10^{-1}$
グルタミン酸	Escherichia coli	炭酸ガス電極	20	5	$8 \times 10^{-3} \sim 8 \times 10^{-1}$
リジン	Escherichia coli	炭酸ガス電極	20	5	$10^{-2} \sim 10^{-1}$
グルタミン	Sarcina fiava	アンモニアガス電極	20	5	$2 \times 10^{-2} \sim 1$
アルギニン	Streptococcus faecium	アンモニアガス電極	10	10	$10^{-2} \sim 2 \times 10^{-1}$
アスパラギン酸	Brevibacterium cacaveri	アンモニアガス電極	20	5	$5 \times 10^{-4} \sim 10^{-1}$

チニンを計測することが可能である（図7.3.2）。その他ウレアーゼ固定化膜と硝化菌固定化膜を用いる尿素センサーも開発されている。

すでに開発あるいは報告されている微生物センサーの特性をまとめて表7.3.1に示す。これらの微生物センサーのうちエタノール，酢酸，グルタミン酸，BOD，アンモニア，亜硝酸などを計測するセンサーは実際に工業プロセスで利用されている。

4 免疫センサー

生体防御機構として知られる免疫反応は抗原（異物）と抗体との特異的な複合体の形成を特徴としている。この免疫反応を利用してタンパク質，ホルモン，薬物などを測定する免疫分析法が開発されており，臨床検査分野で盛んに利用されている。一般に免疫分析法では放射性物質で標識された抗体が用いられるが，安全性に問題がある。そこで非放射性標識剤を用いる免疫センサーが考案されるに至った。免疫センサーは抗原あるいは抗体固定化膜と電極から構成される。しかし，これを血清などに適用すると血清中の成分が非特異的に吸着し，正確な抗原あるいは抗体濃度を求めることは難しいことがわかった。

一方新しい原理に基づく免疫センサーシステムの開発も積極的に行われている。例えばラテッ

4 免疫センサー

クス粒子を用い，これに抗原あるいは抗体を固定化したイムノラテックスを利用するシステムが開発されている。すなわちイムノラテックスの凝集を指標として抗原あるいは抗体濃度を求めるシステムである。しかし，血清中の抗原あるいは抗体濃度が低いときはイムノラテックスが凝集するまでに時間を要する問題点があった。しかし反応液に電気パルスを印加すると凝集反応が促進されることが見い出された。そこでラテックスの凝集を二次元イメージセンサーで測定するバイオイメージセンサーシステムが開発された（図7.4.1）。すなわち凝集状態をイメージセンサーで測定し，コンピュータを用いて凝集率が算出された。これから抗原あるいは抗体濃度が容易

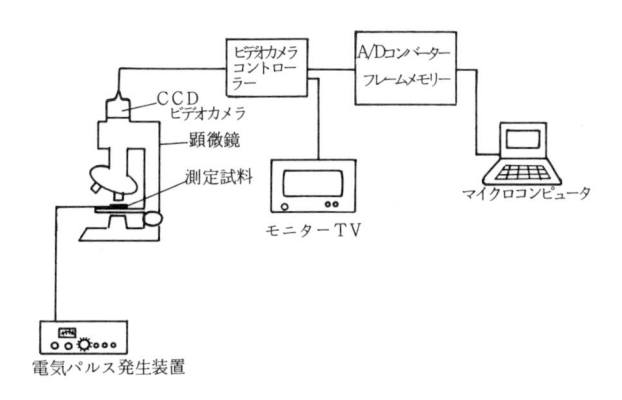

図7.4.1 バイオイメージセンサーシステム

に求められることがわかった。そこでこのシステムをガン細胞の識別に適用することにした。モルモットの肝ガン細胞をモデルとして選び，これに特異的なモノクローナル抗体を反応させ，引き続き補体を反応させると細胞が破壊され，細胞像の輝度が変化する。これをイメージセンサーシステムで測定するとガン細胞と正常細胞を明確に識別することができた。

また，ゆらぎ現象を利用した全く新しい原理に基づく免疫センサーシステムの開発も行われている。例えば免疫グロブリンを測定する場合，これの抗体（抗IgG）をペルオキシダーゼで標識する。これらを反応させて抗原抗体複合体を形成させる。この反応液にルミノールと過酸化水素を添加するとペルオキシダーゼの作用で発光が起こる。この発光スペクトルを分析すると抗原抗体複合体の発光スペクトルと遊離の抗体の発光スペクトルを分離することができる。すなわち両者の発光スペクトルのゆらぎが異なるために起こる現象で，これを利用すると免疫グロブリンをの発光スペクトルのゆるぎが異なるために起こる現象で，これを利用すると免疫グロブリンを 10^{-10} M ぐらいまで測定することができる。しかも従来の免疫分析法の問題点であった遊離抗体と結合抗体の分離操作（ＢＦ分離）を必要としない利点もある。

さらにレーザーゆらぎを利用したセンサーシステムの開発も進められている。抗体あるいは抗原を利用したイムノラテックスにレーザー光線を照射し，抗原抗体反応によって生成する微凝集粒子による散乱光をホモダイン的に検知し，出力の強度ゆらぎのパワースペクトル密度から抗原あるいは抗体濃度を測定する原理に基づいている。

以上筆者らの研究している免疫センサーシステムについて述べてきたが，免疫反応を発光量やエンタルピー変化を指標として計測するシステムの開発も行われている。

5 マイクロバイオセンサー

バイオセンサーを集積化したり，多機能化したりするためにはトランスデューサーは微小な方がよい。そこで半導体素子や半導体の加工技術を利用して製作した微小酸素電極や微小過酸化水素電極が注目されるに至った。例えばイオン感応性電界効果型トランジスター (Ion sensitive field effect transister, ISFET) は図 7.5.1 に示すようにきわめて微小である。このISFETと反応によってpH変化を生じるような酵素を組み合わせるとマイクロバイオセンサーを製作することができる。ここで用いたISFETの窒化シリコン表面にポリビニルブチラール膜をコーテングし，この膜にアルデヒドを反応させて酵素を固定化する。例えばこの膜にウレアーゼを固定化する

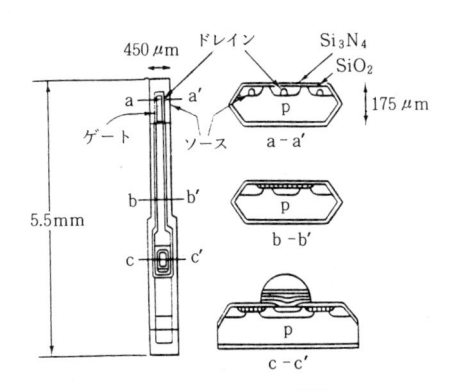

図 7.5.1 ISFET

と尿素センサーを製作することができる。このセンサーを尿素を含む試料液中に入れるとウレアーゼによって尿素が分解され，アンモニウムイオンが生成する。これにもとづいてISFETのゲート電圧が変化し，これから尿素濃度を測定することができる。

一方ISFETはpH変化を生じるような酵素反応にしか適用できなかった。そこで半導体の加工技術を利用して微小な酸素センサーと過酸化水素センサーが製作された。まずシリコンの異方性エッチングを利用して微小なクラーク型の酸素センサーが製作された。このマイクロ酸素センサーで溶存酸素を測定することができた。そこで，このセンサーのテフロン膜上にグルコースオキシダーゼ固定化膜を装着したところ，この微小酵素センサーでグルコースを測定できることがわかった。さらに過酸化水素を測定するためのチップも製作された。蒸着法で窒化シリコン上に2

本の金電極を形成させ,この電極間に0.5Vの電圧を印加したところ,過酸化水素を測定できることがわかった。この電極上にγ-アミノプロピルトリエトキシシランとグルタルアルデヒドを蒸着させ,これを化学修飾し,これにグルコースオキシダーゼを固定化した。このマイクロセンサーでグルコースを迅速に計測できることがわかった。このようにシリコンの加工技術を利用して製作した微小電極を用いてアンペロメトリックなマイクロバイオセンサーの開発が可能となった。

6 おわりに

以上バイオセンサーの原理,種類とその応用について述べてきた。ここでは省略したが分子識別素としてオルガネラ,レセプター,動・植物細胞や組織を用いるセンサーも開発されている。また電極や半導体素子以外のトランスデューサーを用いるセンサの開発も行われている。例えば生体素子とサーミスターを組み合わせたバイオサーミスター,生体素子と発光反応を組み合わせたホトバイオセンサーなどが知られており,新しい原理に基づくセンサーが続々登場している。

一方,バイオセンサーは,1) 直接試料液を分析できる,2) 着色試料への適用も可能,3)簡単,迅速な測定ができる,4) 選択性が優れている,5) オンラインで用いることができるなど多くの長所を有している。したがってバイオセンサーの研究開発は世界的に盛んに行われており,将来は高度に知能化されたバイオセンサーがINSと結びついて種々の分野に利用されるようになるであろう。

文　献

1) 鈴木周一（編）"バイオセンサー"講談社サイエンティフィク（1984）
2) 軽部征夫,田中渥夫,松野隆一（福井三郎編）"バイオリアクター" p.143（1985）
3) I. Karube, "Biotechnology & Genetic Engineering Reviews" Vol. 6, p.313 Intercept Ltd.（1984）

第8章　生体膜と情報処理

品川嘉也*，広瀬智道**

1　はじめに

　本書のような「膜デザイン」に関する書物の中で，生体膜に一章を割く意味は明らかであろう。即ち，生体膜の構造や機能のうちで解明の進んでいる部分は，既に再構成や人工合成の対象となっているのであり，逆に，再構成と人工合成によって生体膜の分子メカニズムが明らかにされようとしている部分である。したがって，生体膜のメカニズムが明らかになっている部分について述べることは重複をさけられない。しかし，生体膜には，まだ未知の部分が多くあり，それらは再構成や人工合成の挑戦を待っている分野である。

　それ故，本章では，メカニズムが未解明の分野について述べることになる。ただし生体膜の諸分野を概観するだけで一冊の書物になるわけであるから，本章で取り上げることができるのは，二，三の例に過ぎないので，私共がよく知っているという意味で，私達の研究室での実験例も加えさせていただくことにする。また，生理学的意義が大きい機能であっても，定量的研究の進んでいない領域は再構成や人工合成の挑戦を受けつけないであろう。そういう分野については生理学書を見ていただくことにして，少なくとも基本的な数式はわかっている分野を選ぶことにして，膜デザインへのおさそいとしたい。

2　膜透過と情報処理

　生体膜は，二重三重の意味で生体情報処理の最も基本的で重要な部分を担っている。細胞機能の大部分は，細胞膜が担っているといっても過言ではない。ここで生体機能を"情報"という観点から見直し，膜との関係を整理しておくのもムダではあるまい。

2.1　膜の選択透過性に基づく非平衡状態

　生体は熱力学的平衡から遠く離れた状態を保っている，それが"生きている"ということでも

---

* Yoshiya Shinagawa　　日本医科大学　第1生理学教室
** Tomomichi Hirose　　日本医科大学　第1生理学教室

ある。平衡から遠く離れた系は，平衡状態に対して情報を持っている。淡水魚は，淡水よりもずっと塩濃度の高い血液を持っているし，海水中の魚は逆に海水よりも淡い血液を持っている。外界と異なる濃度を保持する役割の一つは，膜の選択性である。ほとんどすべての生体膜は塩への透過性が低いが，それは淡水魚では塩を失わないようにするためである。ということができるし，海水魚では塩の侵入を防ぐためであるといういい方をすることができる。

選択透過性を持った膜は，それ自体フルイの役を果たし，特定の物質を選び出して情報を作ることができる。また，非平衡状態を永く保つことにより情報を保持することもできる。ただし，フルイの役をするためには，ふるうための力が必要であることに注意しなければならない。力としては，静水圧，濃度，浸透圧，電圧，温度などの勾配が主なものである。

2.2 能動輸送による情報の産生

ルームクーラーは，エネルギーを消費して温度差を作り出す装置であるが，ほとんどすべての細胞膜には，エネルギーを使って溶質の濃度差を作り出すメカニズムが備わっている。これを能動輸送と呼ぶ。各種の細胞膜に見られる Na-K ポンプは，K^+ イオンを細胞内に汲み込み，Na^+ イオンを排出して，細胞外液との間に濃度差を作り出す。この濃度差による拡散力を利用して各種の物質を汲み上げたり（二次能動輸送），電気信号を発生させたり（興奮性膜）することができる。ミトコンドリア膜は水素イオンの濃度差を作り，そのプロトン駆動力を利用して ATP を合成する。

これらのポンプの分子機構には未知の部分が多い，人工的に再構成できたという例もまだ聞かないわけであるが，人工的合成によって能動輸送機構を研究することはチャレンジングな領域であろう。また，これが実現すれば人工膜に巨大な新用途を拓くことになろう。例えば，イオンの能動輸送によって，細胞は濃淡電池を形成している。100 Å の厚さの細胞膜を隔て，＞0.1 V 程度の電位差を形成しているのであるが，これを人工的に実現できれば，軽量で無公害の電池となる。また発熱量が小さいのでバイオコンピュータの電源として各所に組み込むことができるはずである。

2.3 興奮性膜による情報の伝達

神経細胞膜と筋細胞膜は，パルス状の活動電位を発生することにより情報の伝達を行っている。これは細胞膜内外のイオン濃度差を利用して，イオンの膜透過性を急激に変化させることにより，電流を流し膜電位を大きく変動させるものである。この膜興奮も人工的に再構成できていないが，電気回路として見ると，活動電位の持続時間が 1 ミリ秒の程度，伝達速度は最高 100 m/sec の程度で人工素子に較べて大部見劣りする。これは生体電気現象がイオンの移動を利用しているため

で，人工素子が電子の運動を使っているのと本質的に動作の速度が異なる。すなわちイオンは電子に較べて数千倍以上も質量が重く，かつ溶液中を移動するため速いサイクルタイムは得られない。したがって，興奮性膜そのものをバイオチップとして利用するのはあまり意味がない。むしろセンサーと組み合わせて微細な変化を検出するのにむいていると思われる。感覚細胞は，感覚神経システムの出発点となる神経細胞と見ることができ，環境の物理化学的変化を感知すると電気的変化を生じて，次の細胞に信号を伝える。通常感知した刺激の強さに比例した数の活動電位が伝えられるので，これを人工的に再構成できれば定量的センサーとして優れたものが作られるであろう。

3 赤血球膜の glucose 透過

Glucose は多くの細胞にとって基本的なエネルギー源であり，血液中の glucose（血糖）を細胞内に取り込む透過性の制御は重要な問題である。多くの細胞ではインシュリンが，glucose の膜透過を制御している。すなわち細胞膜に存在するインシュリン受容体が，インシュリンと結合すると凝集が解けて4量体 $\alpha_2\beta_2$ となり，その中央に glucose の通るチャネルが形成される。その分子機構は既に解明されているので成書で見ていただくことにして，ここではインシュリン非感受性の細胞について述べてみたい。インシュリン受容体は多くの細胞に見出されているが，生理的には作動していない組織もある。

脳，腎尿細管，小腸粘膜および赤血球はインシュリン感受性を持たない担体によって glucose 輸送が行われている。このうち腎尿細管と小腸粘膜については知られてきているが，脳についてはまだ数式化できるほどにはまとまっていない。ここでは私達の研究している赤血球膜を例にとることにする。

1952年に W. F. Widdas [1] が赤血球膜の glucose 輸送の担体モデルを発表したのが，インシュリン非感受性細胞での定式化の始まりと見ることができる。彼は胎盤での糖輸送の定式を参照して，担体が glucose と結合する割合 θ を，

$$\theta = \frac{C}{K_m + C} \qquad (1)$$

のように表わした，ここにCは glucose 濃度，K_m は定数である。これは Langmuir の吸着式から導かれたものであるが，酵素反応の Michaelis-Menten 式と同型である。(1)式の型は担体輸送の式として広く用いられるようになった。輸送速度は，担体と溶質の結合する割合 θ に比例すると考えられる。Glucose 低濃度域では(1)式は実験とよく合い，$K_m = 0.007\,\mathrm{M}$ くらいになる。しかし glucose 濃度が 0.03 M を越えると(1)式からはずれてくる。

3 赤血球膜のglucose透過

筆者らは，等張（0.3M）glucose液と等張NaCl等量混合液中でヒト赤血球が著しい容積増加を示し，溶血に致ることを見出した[2),3)]。この糖輸送は，Na^+をK^+やLi^+に置き換えても起こるが二価イオンでは代用できない。また，容積増加速度とglucose濃度の関係をHill plotにとると図8.3.1のように$n=2$に近く，glucose 2分子が1分子の担体に結合していることになる。同時に$K_m=0.084$Mに増大し，一価陽イオンも2個同時に結合していることが示される。この生理的意味は，低濃度域では(1)式に従う担体が1分子のglucoseと一個の陽イオンと結合して輸送を行っているのに対して，高濃度域では担体が2分子重合して二量体となり2分子のglucoseと二個の陽イオン結合するようになるためK_mが増大して輸送速度が落ちると解釈できる[4)]。すなわちアロステリック阻害の一種で，高濃度のglucoseが細胞内に透過するのを遅くしている。

この高濃度glucoseの透過はヒト赤血球のみで観測され，他の動物ではカニクイザルの赤血球で見られるのみである[2)]，これはアロスチリック阻害がさらに完全で担体の重合が進み，実際上glucose透過が起こらなくなっているためである。

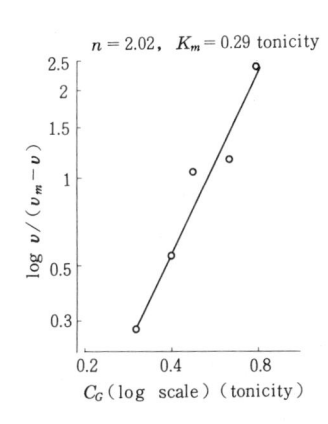

ヒト赤血球のGlucose uptakeによる容積変化の初速度vを，最大速度v_mに対して$\log v/(v_m-v)$をとり，glucose濃度C_Gの対数に対してプロット（Hill plot）．直線の勾配からHill係数$n=2.02$，縦軸の値がゼロとなるC_Gが平衡定数K_mが求まる。

図8.3.1

$n=2.02$, $K_m=0.29$ tonicity

縦軸: $\log v/(v_m-v)$
横軸: C_G (log scale) (tonicity)

この型の非電解質の膜透過は，次のような連立微分方程式で表わすことができる[5)]。

$$\frac{dv}{dt} = L(\Delta P - Cn + \frac{X}{V} + \frac{\sigma S}{V} - \sigma Ce) \quad (2)$$

$$\frac{ds}{dt} = \omega(\frac{Ce^n}{K_1+Ce^n} - \frac{(S/V)^m}{K_2+(S/V)^m}) + \overline{C}s(1-\sigma)\frac{dv}{dt} \quad (3)$$

$$\overline{C}s = \frac{Eo}{2}(\frac{Ce^n}{K_1+Ce^n} + \frac{(S/V)^m}{K_2+(S/V)^m}) \quad (4)$$

ここにVは細胞容積，Lは容積流の比例係数，ΔPは静水圧差でこの場合は膜の張力で作り出される．Cnは外液中の非透過物質の濃度，Xは内液中の非透過物質の総量，σは反撥係数，Sは内液での透過物質の総量，Ceは外液中でのその濃度である．ωは溶質流の比例係数，K_1は膜の外表面での担体と溶質の解離定数，K_2は膜の内表面での解離定数，nは膜の外表面での担体の価数，mは内表面での価数である．Csは透過性溶質の膜内での平均濃度，Eoは担体の総量である．

能動輸送は$K_1 \neq K_2$または$n \neq m$で起こるが，これまで赤血球では観察されていない。

(2), (3), (4)式は赤血球だけでなく小腸粘膜や腎尿細管での glucose 輸送も再現することができる[5),6)]．さらに興味あることは，この連立微分方程式が limit cycle 解を持ち[5),7)]，生体膜振動の基礎を示唆するだけでなく，人工膜でこれを再構築できれば種々の応用があると思われる．

4 上皮小体のイオン透過

上皮小体は甲状腺の傍にある小さな内分泌腺で，血液中のCa^{++}イオンの減少を感知してカルシウムを動員するホルモン（上皮小体ホルモン，parathormone，PTH）を分泌する，生命に不可欠の器官である．センサーと調節器を兼ねた器官で，人工素子を考える上でも示唆に富んでいる．

上皮小体細胞のCa^{++}濃度検出は，外液中のCa^{++}イオン濃度が低下すると，細胞膜電位の脱電位という形で起こる．すなわち，上皮小体細胞は，正常血漿のCa^{++}イオン濃度である 2.5 mM Ca^{++} 以上の外液に対して約 -20 mV 程度の負の電位差を持っているが，Ca^{++}イオン濃度が 1 mM に低下すると約 -60 mV に電位差が深くなる（図 8.4.1）．僅か 1.5 mM の濃度変化に対して，膜電位は 3 倍に変化し，これによって上皮小体ホルモンが分泌されるのである．このように環境の僅かな変動に対して鋭い反応を示すのは，当然，協同現象を利用しているのであって，人工センサーを設計する上にも参考になると思われる．

上皮小体細胞の膜電位が何によって決定されているかを調べるため，外液のイオン濃度を変えて膜電位を測定した[8)]．

1) 外液 1.0 mM Ca^{++} 存在下で K^+ イオン濃度を変えると，K^+ 濃度の対数にほぼ比例した脱分極が見られる（図 8.4.2）．K^+ 濃度を 10 倍にしたときの電位変化は約 30 mV で，K^+ 平衡電位の約 1/2 であるが，これは後述の二価イオン電位によるものと思われる．これに対して，Na^+，Cl^- 等の一価イオン濃度を変化させても膜電位にほとんど変化は見られなかった．

2) 外液 2.5 mM Ca^{++} 存在下で K^+ イオン濃度を変えて膜電位を測定したときも，K^+濃度の対数に比例した脱分極が見られるが，膜電位の絶対値は 20 mV 以下で，K^+濃度を 10 倍にしたときの電位変化も 10 mV 以下である（図 8.4.2 の

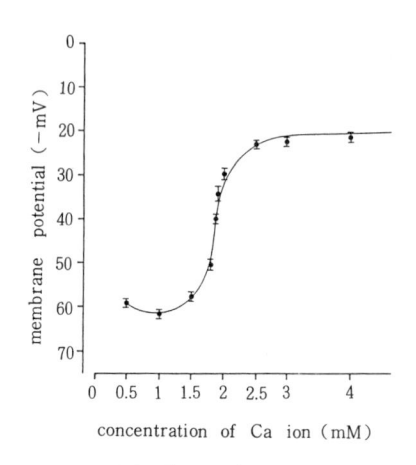

マウス上皮小体細胞の膜電位をカルシウムイオン濃度の関数として表示．Ca^{2+} 2.5 mM から 1 mM の間に急激な脱分極を示すシグモイド曲線が得られる．

図 8.4.1

4 上皮小体のイオン透過

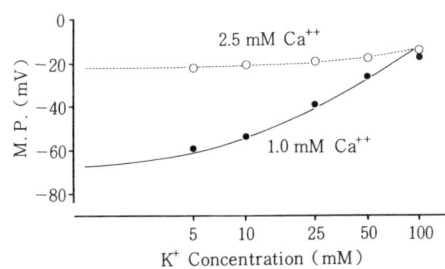

外液K⁺イオン濃度を変化させたときの上皮小体細胞膜電位，●は外液中 Ca²⁺ 1 mM 存在下での実測値，実線はGoldman式を拡張した品川の式[9),10)]による理論値，○は外液 Ca²⁺ 2.5 mM 存在下での実測値，破線は品川の式による理論値。

図 8.4.2

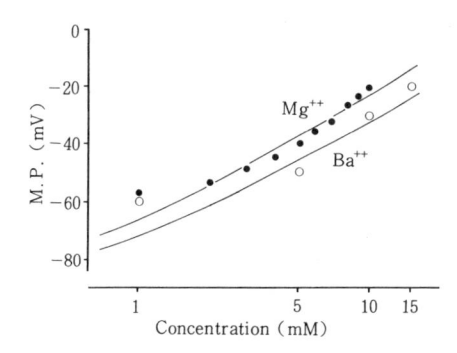

外液 Mg²⁺ イオン濃度を変化させたときの上皮小体細胞膜電位（●）と同じく Ba²⁺ イオン濃度を変化させたときの膜電位（○），実線は品川の式[9),10)]による理論値。

図 8.4.3

破線）。なお，この高カルシウム濃度域でも Na⁺, Cl⁻ 等の一価イオンの膜電位に対する影響は見られなかった。

3） Ca⁺⁺イオン非存在下で Mg⁺⁺ イオンまたは Ba⁺⁺ イオンを 1 mM から徐々に増加させていくと膜電位は -60 mV 付近から約 -20 mV まで脱分極する（図8.4.3）。これを二価イオンの作る膜電位 E と考えると，

$$E = \frac{RT}{2F} \ln \frac{[\mathrm{Mg}]}{[\mathrm{M}]} \qquad (5)$$

と表わせる。ただし R は気体定数，T は絶対温度，F は Faraday 定数，$[\mathrm{Mg}]$ は外液の二価イオン濃度，$[\mathrm{M}]$ は細胞内液の二価イオン濃度である。$[\mathrm{Mg}]=1$ mM で $E=-55.8$ mV をあてはめると，10 mM で -25 mV となりかなり実測に近い。バリウムについて見ると $[\mathrm{Ba}]=10$ mM でほぼ実測値に一致する。しかし，$[\mathrm{M}]=72$ mM となるのでいかにも過大であるが，二価イオン電位が膜電位の重要な部分を占めることが推測される。

4） Ca⁺⁺イオンは前述のように 1.0～2.5 mM の間で急激なシグモイド曲線を描いて脱分極を生じる（図8.4.1）。Sr⁺⁺イオンも同型の急激な脱分極を生じるが，変化域は 2.5～5 mM と高濃度側にずれる。

以上の結果を総合すると，上皮小体細胞の膜電位は K⁺ イオン平衡電位，二価イオン電位のいずれも単独では説明できず，一価イオンと二価イオンの共存する時の膜電位式を考慮しなければならないことがわかる。また Ca⁺⁺ および Sr⁺⁺ イオンによる急激な変化は，膜の状態変化を思わせるものである。

一価イオンと二価イオンが混在する場合に，Goldman式を拡張した品川の式[9),10)]

$$E = \frac{RT}{F} \ln \frac{P_1(\alpha C_1^{\mathrm{II}} - C_1^{\mathrm{I}}) + \sqrt{D}}{2 P_1 \alpha C_1^{\mathrm{II}} + 8 P_2 C_2^{\mathrm{II}}} \qquad (6)$$

$$D = P_1^2 (C_1^{\mathrm{I}} - \alpha C_1^{\mathrm{II}})^2 + 4 (P_1 C_1^{\mathrm{I}} + 4 P_2 C_2^{\mathrm{I}})(P_1 C_1^{\mathrm{II}} + 4 P_2 C_2^{\mathrm{II}}) \qquad (7)$$

をあてはめてみると,$P_{\mathrm{K}}/P_{\mathrm{Mg}} = 0.5$とおいてマグネシウム濃度を変化させたときの膜電位を再現できる。バリウムについても$P_{\mathrm{K}}/P_{\mathrm{Ba}} = 0.67$で実測値と一致する。ただし$P_1$は一価イオンの膜透過係数で本節ではK$^+$イオンに対する$P_{\mathrm{K}}$を考えている。$P_2$は二価イオンの膜透過係数,$C_1$,$C_2$はそれぞれ一価イオン,二価イオンの濃度,添字Ⅰ,Ⅱは膜をはさんでの液相を表わしている。αは膜の表面電位をψとして

$$\alpha = \exp(-F\psi/RT) \qquad (8)$$

と表わされ,$\alpha = 0$のときGoldmanの原式に一致する。$\alpha = 0.7 \sim 1.0$で実測値に一致し,表面電位はそう大きな値を持たない。

品川の式をCa^{++},K$^+$共存の場合にあてはめると図8.4.2の理論曲線のように,1.0 mMCa^{++}存在下でK$^+$濃度を変えた場合は$P_{\mathrm{K}}/P_{\mathrm{Ca}} = 0.33$であるのに対して,2.5 mMCa^{++}存在下では0.067,となり,5分の1に変化する。低カルシウム域でK$^+$平衡電位に近いことを考え併せると,これは主としてP_{K}の変化による。すなわち,カルシウム濃度が低下するとK$^+$イオンの透過性が増大し,K$^+$平衡電位に近づくと見られる。Ca^{++}イオンが生理的濃度の2.5 mMから1.0 mMに下がる間にP_{K}は5倍に増大するわけである。Sr^{++}に対しても同様に4 mMSr^{++}のとき$P_{\mathrm{K}}/P_{\mathrm{Sr}} = 0.88$,3 mMSr^{++}のとき0.4と$P_{\mathrm{K}}$が5倍大きくなる。

これが上皮小体のカルシウム・センサーとしての機能があり,脱分極によって上皮小体ホルモンが分泌される。

5 膜の協同現象

ヒト赤血球膜の糖輸送で,glucoseの高濃度域で担体の重合が起こりアロステリック阻害が起こるのも一種の協同現象と見られる。生体膜での情報処理は,協同現象によってなされることが多い。協同現象はシグモイド曲線で表わされることが多く,転移の鋭さはHill-plotから得られるHill係数nで表現される。$n = 1$のときは協同性がなく,nの値が大きいほど協同性が大であると判断される。

前節で例にとった上皮小体の細胞膜電位について見よう。図8.4.2のCa^{++}イオン濃度と膜電位の関係をHill plotすると図8.5.1のようになり$n = 20$という大きな協同性が見られる。Sr^{++}についても同様のn値が得られ,平衡定数K(2分の1飽和$X = 1/2$となる点の濃度)が異なり,

5 膜の協同現象

膜との親和性は Ca^{++} より低いが協同性は同程度であることを示している。これに対して Mg^{++} は $n=1$ でほとんど協同性はない。

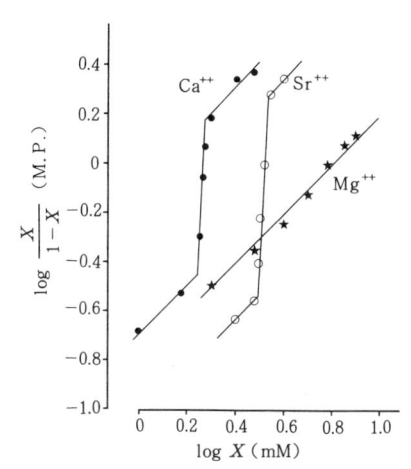

図8.5.1

Ca^{2+}(●), Sr^{2+}(○)および Mg^{2+}(★)各イオン濃度を変化させたときの膜電位を膜電位の飽和値に対する比 X で表わした Hill plot. 曲線の最大勾配から Hill 定数が得られ Ca^{2+}, Sr^{2+} に対して 20, Mg^{2+} に対して1である. 縦軸ゼロの値に対する濃度が反応の平衡定数 K を与え, Ca^{2+}, Sr^{2+}, Mg^{2+} の順に親和性が小さくなることを示す.

文　献

1) Widdas, W. F, *J. Physiol.*, **118**, 23 (1952) *J. Physiol*, **127**, 318 (1955)
2) Uyesaka, N., Shinagawa, Y., Shinagawa, Yasuko, Shio, H., 6th Int, Biophys, Cong. Abstr. 138 (1978)
3) 上坂伸宏, 品川嘉也, 生物物理, **19**, 79 (1979)
4) 品川嘉也, 河野貴美子, 日本生理誌, **46**, 243 (1984)
5) 品川嘉也, 膜, **8**, 204 (1983)
6) Shinagawa, Y. Uyesaka, N., Shinagawa, Yasuko, Kameyama, A., Ohsawa, K. and Hoshi, T., *J. Physiol, Soc, Jpn.*, **44**, 316 (1982)
7) Shinagawa, Y. and Shinagawa, Yasuko, 3rd Int. Cong, Cell Biol. Abstr. **341** (1984)
8) Hirose, T., Kikuchi, H., Fukushima, M. and Shinagawa, Y., 3rd Int. Cong. Cell Biol. Abstr, **341** (1984)
9) 品川嘉也, 日本生理誌, **33**, 650 (1971)
10) 品川嘉也, 膜, **1**, 176 (1976)

Ⅲ　酵素・生体膜デザインの展望

Ⅲ 酵素・生体膜デザインの展望

戸田不二緒*

　酵素の働きに代表される，生体反応，生体機能の特異性は，科学者にとって永い間の脅威であると同時に，人間の力によってのその機能と反応性の再現は，夢であった。
　また，日本の化学工業は，オイルショック以来，大量生産を主体とした重化学工業から，しだいに，より付加価値の高いファインケミストリー，スペシャルケミストリーの比重を高めてきた。それに伴い，化学工業で行われる化学反応の質を変化し，より選択性，特異性の高い反応の重要性がますます大きくなり，それに伴い，酵素反応の特異性，選択性が注目され，これを利用するようになっている。
　近年，生産化学工学の進歩によって，新たに単離・解析された酵素は，化学工業の一部の分野において，利用され，それを利用したプロセスが実用化されている。また遺伝子工学を利用した安価な酵素の大量生産も近い将来実現したあかつきには，酵素を適用したプロセスも飛躍的に増加するものと予測されている。
　このような酵素も，工業的に使用される場合，不安定である，有機溶媒中で使用できない，など多くの欠点を持っている。そこで人工酵素がこれらの欠点をなくすものとして考えられた。酵素は一例で，生体機能を利用する時は多かれ少なかれ，天然物の欠点があり，人工生体機能の必要性が要求され，生体機能のシミュレーション，バイオミメティックケミストリー等の考え方が出てきた。
　これは，天然のものとまったく同じものを人工的に作るのではなく，異なった素材で機能のみ似たものを作ろうとするもので，これはちょうど人が空を飛ぶ鳥を見て，鳥そのものを作るのでなく，その機能を，新しい素材を用いて模倣し，最終的には鳥には不可能な，人が持物を運ぶことのできる飛行機を作り上げたのと同じ考えである。
　生体反応，機能の模倣の問題点は，その特異性の再現にある。
　これは次の二つに分けて考えられる。
　　①分子の認識
　　②反応性・機能の発現

---

* Fujio Toda　東京工業大学　工学部

①の分子認識の問題の解決には，かぎとかぎ穴の関係のように，分子を認識するものであるから，特別な立体構造を持った化合物や分子集合体，膜の界面などを利用が考えられる。現在，一般的に，クラウンエーテル，シクロファン，シクロデキストリン等で代表される，大環状有機化合物を用いた分子認識の研究が行われているが，無機化合物であるゼオライトや層間化合物等の利用を重要であり，これら包接，ホスト，ゲストの化学の進歩によって，生体機能に近い分子認識の実現も可能となろう。

分子集合体である膜での分子認識の試みは，Jacob, Sagir によって行われた。これはガラス表面に疎水性の長鎖アルキル基を持った単分子膜を生成させ，これを鋳型にすることによって分子認識を試みたものである。これは考え方として非常に興味が深いが，認識力としては現在の所大きいものではない。

次いで②の反応性の発現の方法論としては，酵素の反応機構や構造のデータベースをもとに，活性基の種類，その位置，立体的関係を知る必要が初めである。

次にこれらの知識を統合し，設計図を組立てる。またいかなる素材を用いるべきかを考えた後，これらの素子を最適位置に置くような分子設計を行う必要がある。

しかし，分子レベルでの分子設計には限度があり，反応のフィードバックコントロールや反応性の非線形の発現には，より高次の分子設計が必要であり，次のような段階が考えられる。

　①分子レベル
　②分子集合体レベル
　③細胞レベル

これらの考え方で，生体機能を持ったものを構築する場合，素材をどのように選んだらよいのだろうか。

これには次のように二つに大別できる。

　①天然物と同じ素材を用いる。例えば，人工酵素では，ポリペプチドを用いる。
　②新素材としてクラウンエーテル，シクロデキストリン等を用いる。

①の主体は，酵素をポリマーで修飾した固定化酵素である。

これはすでに広く，工業化プロセスで使用されており，多くの解説もあるのでここでは除くが，遺伝子操作によって酵素内の目的のアミノ酸を的確に変換して新しい人工酵素を作るという考え方が重要になろう。

一般に酵素は永い年月によって進化してできてきたもので，最も優れた触媒であると考えられているが，これは生体内の反応条件でのことであり，工業的な使用条件としては，問題点が多く，改良の余地が多い。この改良を遺伝子操作の方法で人工的に進化を行わせることによって，新しい人工酵素を作ることが可能である。

Sigalらはβ-lactamaseの活性中心のセリンを遺伝子操作の手法でシステインに変換したものを作ったが，活性は1/30しかなかった。しかしセリン酵素をSH酵素に変換することに成功した。

　また*Bacillus stearotheromphilus*のチロシルt-RNA合成酵素と補酵素ATPの分子間相互作用の立体化学的検討から51位のThrをProに置換することによって，ATPに対する親和性が100倍に増強された合成酵素が遺伝子操作によって作り出された。

　このような遺伝子操作による酵素の改良法は，今後，耐熱酵素等の合成に多くの試みがなされるものと思われる。

　このような研究をサポートするものとして重要なものは人工知能やExpert Systemによるタンパク質の高次構造の予測，酵素の活性中心の予測であろう。

　生体機能の再現にはコンピュータを利用したExpert Systemの構築が重要であろう。

　生体機能を再現するという立場から見た生体膜は非常に興味深いものである。それは生体のエネルギー変換，生体の情報処理，運動，免疫等のものが，なんらかの形で生体膜と深い関連を持っているからである。

　この生体膜はSingerとNicolsonの流動モザイクモデルのように，タンパク質等がリン脂質の二分子膜の内に浮んでいて二次元的に大きな自由度を持っているというものである。このようなタンパク質が自由度を持ってリン脂質中に非対称に存在していることが，電子，分子の膜を通しての移動において，非線形的・非対称的な移動の，もととなっており，これらが分子デバイス等の応用に注目されている。

　これら生体膜のモデルとしてのL-B膜，リポソーム等がバイオエレクトロニックスに関連し注目され，今後ますます発展するものと思われる。

《CMC テクニカルライブラリー》発行にあたって

　弊社は、1961年創立以来、多くの技術レポートを発行してまいりました。これらの多くは、その時代の最先端情報を企業や研究機関などの法人に提供することを目的としたもので、価格も一般の理工書に比べて遙かに高価なものでした。

　一方、ある時代に最先端であった技術も、実用化され、応用展開されるにあたって普及期、成熟期を迎えていきます。ところが、最先端の時代に一流の研究者によって書かれたレポートの内容は、時代を経ても当該技術を学ぶ技術書、理工書としていささかも遜色のないことを、多くの方々が指摘されています。

　弊社では過去に発行した技術レポートを個人向けの廉価な普及版《CMC テクニカルライブラリー》として発行することとしました。このシリーズが、21世紀の科学技術の発展にいささかでも貢献できれば幸いです。

2000年12月

株式会社　シーエムシー出版

人 工 酵 素 と 生 体 膜　　　　　　　(B700)

1985年 9月25日　初　版　第1刷発行
2003年 8月18日　普及版　第1刷発行

編　集　　戸田 不二緒　　　　Printed in Japan
発行者　　島　健太郎
発行所　　株式会社　シーエムシー出版
　　　　　東京都千代田区内神田１－４－２（コジマビル）
　　　　　電話 03（3293）2061

〔印刷　株式会社創英〕　　　　　　　　© F. Toda, 2003

定価は表紙に表示してあります。
落丁・乱丁本はお取替えいたします。

ISBN4-88231-807-5　C3043

☆本書の無断転載・複写複製（コピー）による配布は、著者および出版社の権利の侵害になりますので、小社あて事前に承諾を求めて下さい。

CMCテクニカルライブラリー のご案内

透明導電性フィルム
監修／田畑三郎
ISBN4-88231-780-X　　　　　　　B673
A5判・277頁　本体3,800円＋税（〒380円）
初版1986年8月　普及版2002年12月

構成および内容：透明導電性フィルム・ガラス概論／［材料編］ポリエステル／ポリカーボネート／ＰＥＳ／ポリピロール／ガラス／金属蒸着フィルム／［応用編］液晶表示素子／エレクトロルミネッセンス／タッチパネル／自動預金支払機／圧力センサ／電子機器包装／ＬＣＤ／エレクトロクロミック素子／プラズマディスプレイ　他
執筆者：田畑三郎／光谷雄二／磯松則夫　他25名

高分子の難燃化技術
監修／西沢　仁
ISBN4-88231-779-6　　　　　　　B672
A5判・427頁　本体4,800円＋税（〒380円）
初版1996年7月　普及版2002年11月

構成および内容：各産業分野における難燃規制と難燃製品の動向（電気・電子部品／鉄道車両／電線・ケーブル／建築分野における難燃化／自動車・航空機・船舶・繊維製品等）／有機材料の難燃現象の理論／各種難燃剤の種類、特徴と特性（臭素系・塩素系・リン系・酸化アンチモン系・水酸化アルミニウム・水酸化マグネシウム　他
執筆者：西沢仁／冠木公明／吉川高雄　他15名

種苗工場システム
編集／高山眞策
ISBN4-88231-778-8　　　　　　　B671
A5判・214頁　本体2,900円＋税（〒380円）
初版1992年3月　普及版2002年11月

構成および内容：種苗生産技術の現状と種苗工場の展望／種苗工場開発の社会的・技術的背景／種苗生産の基礎（組織培養による分化発育の制御・さし木接ぎ木の生理）／種苗工場技術システム／バイオテクノロジーによる種苗工場のプロセス化／種苗工場と対象植物／地球環境問題と種苗工場／種苗の法的保護の現状（特許法の保護対象）　他
執筆者：高山眞策／塚田元尚／原田久　他13名

圧電材料とその応用
監修／塩﨑　忠
ISBN4-88231-777-X　　　　　　　B670
A5判・293頁　本体4,000円＋税（〒380円）
初版1987年12月　普及版2002年11月

構成および内容：圧電材料の製造法／圧電セラミックス／高分子・複合圧電材料／セラミック圧電材料・電歪材料／弾性表面波フィルタ／水晶振動子／狭帯域二重モードSAWフィルタ／圧力・加速度センサ・超音波センサ／超音波診断装置／超音波顕微鏡／走査型トンネル顕微鏡／赤外撮像デバイス／圧電アクチュエータ　他
執筆者：塩﨑忠／佐藤弘明／川島宏文　他14名

海洋生物資源の有効利用
編集／内藤　敦
ISBN4-88231-775-3　　　　　　　B668
A5判・260頁　本体3,600円＋税（〒380円）
初版1986年3月　普及版2002年10月

構成および内容：海洋生物資源の有効活用（海洋生物由来の生理活性物質他）／海洋微生物（海生菌の探索・分離・培養他）／海洋酵母／海洋放線菌他／海洋植物と生理活性物質（多彩な海の植物・海藻由来の生理活性物質）／海洋動物由来の生理活性物質（海産プロスタノイドと抗腫瘍活性）／深層水利用技術　他
執筆者：多賀信夫／平田義正／中山大樹　他20名

多層薄膜と材料開発
編集／山本良一
ISBN4-88231-774-5　　　　　　　B667
A5判・238頁　本体3,200円＋税（〒380円）
初版1986年7月　普及版2002年10月

構成および内容：積層化によって実現される材料機能／層状物質…自然界にある積層構造（インタカレーション効果・各種セパレータ）／金属多層膜（非晶質人工格子・多層構造の配線材料）／セラミック多層膜／半導体超格子－多層膜（バンド構造の制御・超周期効果）／有機多層膜（電子機能・光機能性材料・化学機能材料）他
執筆者：山本良一／吉川明静／山本寛　他13名

植物遺伝子工学と育種技術
監修／山口彦之
ISBN4-88231-773-7　　　　　　　B666
A5判・270頁　本体3,800円＋税（〒380円）
初版1986年2月　普及版2002年9月

構成および内容：植物の形質転換と育種への応用／植物の形質転換の基礎技術（プロトプラストの調製法・細胞融合法・遺伝子組換え）／形質転換細胞の育種応用技術（培養法・選抜法・特性同定法）／細胞融合による育種研究の実際（タバコ・トマト　他）／植物ベクターによる遺伝子導入の実際／植物遺伝子のクローニング／植物育種の将来
執筆者：山口彦之／長尾照義／熊谷義博　他31名

動物細胞培養技術と物質生産
監修／大石道夫
ISBN4-88231-772-9　　　　　　　B665
A5判・265頁　本体3,400円＋税（〒380円）
初版1986年1月　普及版2002年9月

構成および内容：培養動物細胞による物質生産の現状と将来／動物培養細胞による生産技術／大量培養技術／生産有用物質の分離精製における問題点／有用物質生産の現状（ウロキナーゼ・モノクローナル抗体・α型インターフェロン・β型インターフェロン・γ型インターフェロン・インターロイキン2・B型肝炎ワクチン・OH-1・CSF・TNF）　他
執筆者：大石道夫／岡本祐之／羽倉明　他29名

※ 書籍をご購入の際は、最寄りの書店にご注文いただくか、
㈱シーエムシー出版のホームページ（http://www.cmcbooks.co.jp/）にてお申し込み下さい。

CMCテクニカルライブラリー のご案内

ポリマーセメントコンクリート／ポリマーコンクリート
著者／大濱嘉彦・出口克宣
ISBN4-88231-770-2　B663
A5判・275頁　本体3,200円＋税（〒380円）
初版1984年2月　普及版2002年9月

構成および内容：コンクリート・ポリマー複合体（定義・沿革）／ポリマーセメントコンクリート（セメント・セメント混和ポリマー・消泡剤・骨材・その他の材料）／ポリマーコンクリート（結合材・充てん剤・骨材・補強剤）／ポリマー含浸コンクリート（防水性および耐凍結融解性・耐薬品性・耐摩耗性および耐衝撃性・耐熱性および耐火性・難燃性・耐候性　他）／参考資料　他

繊維強化複合金属の基礎
監修／大蔵明光・著者／香川　豊
ISBN4-88231-769-9　B662
A5判・287頁　本体3,800円＋税（〒380円）
初版1985年7月　普及版2002年8月

構成および内容：繊維強化金属とは／概論／構成材料の力学特性（変形と破壊・定義と記述方法）／強化繊維とマトリックス（強さと統計・確率論）／強化機構／複合材料の強さを支配する要因／新しい強さの基準／評価方法／現状と将来動向（炭素繊維強化金属・ボロン繊維強化金属・SiC繊維強化金属・アルミナ繊維強化金属・ウイスカー強化金属）　他

ハイブリッド複合材料
監修／植村益次・福田　博
ISBN4-88231-768-0　B661
A5判・334頁　本体4,300円＋税（〒380円）
初版1986年5月　普及版2002年8月

構成および内容：ハイブリッド材の種類／ハイブリッド化の意義とその応用／ハイブリッド基材（強化材・マトリックス）／成形と加工／ハイブリッドの力学／諸特性／応用（宇宙機器・航空機・スポーツ・レジャー）／金属基ハイブリッドとスーパーハイブリッド／軟質軽量心材をもつサンドイッチ材の力学／展望と課題　他
執筆者：　植村益次／福田博／金原勲　他10名

光成形シートの製造と応用
著者／赤松　清・藤本健郎
ISBN4-88231-767-2　B660
A5判・199頁　本体2,900円＋税（〒380円）
初版1989年10月　普及版2002年8月

構成および内容：光成形シートの加工機械・作製方法／加工の特徴／高分子フィルム・シートの製造方法（セロファン・ニトロセルロース・硬質塩化ビニル）／製造方法の開発（紫外線硬化キャスティング法）／感光性樹脂（構造・配合・比重と屈折率・開始剤）／特性および応用／関連特許／実験試作法　他

高分子のエネルギービーム加工
監修／田附重夫／長田義仁／嘉悦　勲
ISBN4-88231-764-8　B657
A5判・305頁　本体3,900円＋税（〒380円）
初版1986年4月　普及版2002年7月

構成および内容：反応性エネルギー源としての光・プラズマ・放射線／光による高分子反応・加工（光重合反応・高分子の光崩壊反応・高分子表面の光改質法・光硬化性塗料およびインキ・光硬化接着剤・フォトレジスト材料・光計測　他）プラズマによる高分子反応・加工／放射線による高分子反応・加工（放射線照射装置　他）
執筆者：　田附重夫／長田義仁／嘉悦勲　他35名

機能性色素の応用
監修／入江正浩
ISBN4-88231-761-3　B654
A5判・312頁　本体4,200円＋税（〒380円）
初版1996年4月　普及版2002年6月

構成および内容：機能性色素の現状と展望／色素の分子設計理論／情報記録用色素／情報表示用色素（エレクトロクロミック表示用・エレクトロルミネッセンス表示用）／写真用色素／有機非線形光学材料／バイオメディカル用色素／食品・化粧品用色素／環境クロミズム色素　他
執筆者：　中村振一郎／里村正人／新村勲　他22名

コーティング・ポリマーの合成と応用
ISBN4-88231-760-5　B653
A5判・283頁　本体3,600円＋税（〒380円）
初版1993年8月　普及版2002年6月

構成および内容：コーティング材料の設計の基礎と応用／顔料の分散／コーティングポリマーの合成（油性系・セルロース系・アクリル系・ポリエステル系・メラミン系・尿素系・ポリウレタン系・シリコン系・フッ素系・無機系）／汎用コーティング／重防食コーティング／自動車・木工・レザー　他
執筆者：　桐生春雄／増田初蔵／伊藤義勝　他13名

バイオセンサー
監修／軽部征夫
ISBN4-88231-759-1　B652
A5判・264頁　本体3,400円＋税（〒380円）
初版1987年8月　普及版2002年5月

構成および内容：バイオセンサーの原理／酵素センサー／微生物センサー／免疫センサー／電極センサー／FETセンサー／フォトバイオセンサー／マイクロバイオセンサー／圧電素子バイオセンサー／医療／発酵工業／食品／工業プロセス／環境計測／海外の研究開発・市場　他
執筆者：　久保いずみ／鈴木博章／佐野恵一　他16名

※書籍をご購入の際は、最寄りの書店にご注文いただくか、㈱シーエムシー出版のホームページ（http://www.cmcbooks.co.jp/）にてお申し込み下さい。

CMCテクニカルライブラリー のご案内

カラー写真感光材料用高機能ケミカルス
－写真プロセスにおける役割と構造機能－
ISBN4-88231-758-3　　　　　　　　　B651
A5判・307頁　本体3,800円＋税（〒380円）
初版1986年7月　普及版2002年5月

構成および内容：写真感光材料工業とファインケミカル／業界情勢／技術開発動向／コンベンショナル写真感光材料／色素拡散転写法／銀色素漂白法／乾式銀塩写真感光材料／写真用機能性ケミカルスの応用展望／増感系・エレクトロニクス系・医薬分野への応用 他
執筆者：新井厚明／安達慶一／藤田眞作 他13名

セラミックスの接着と接合技術
監修／速水諒三
ISBN4-88231-757-5　　　　　　　　　B650
A5判・179頁　本体2,800円＋税（〒380円）
初版1985年4月　普及版2002年4月

構成および内容：セラミックスの発展／接着剤による接着／有機接着剤・無機接着剤・超音波はんだ／メタライズ／高融点金属法・銅化合物法・銀化合物法・気相成長法・厚膜法／固相液相接着／固相加圧接着／溶融接合／セラミックスの機械的接合法／将来展望 他
執筆者：上野力／稲垣光正／門倉秀公 他10名

ハニカム構造材料の応用
監修／先端材料技術協会・編集／佐藤　孝
ISBN4-88231-756-7　　　　　　　　　B649
A5判・447頁　本体4,600円＋税（〒380円）
初版1995年1月　普及版2002年4月

構成および内容：ハニカムコアの基本・種類・主な機能・製造方法／ハニカムサンドイッチパネルの基本設計・製造・応用／航空機／宇宙機器／自動車における防音材料／鉄道車両／建築マーケットにおける利用／ハニカム溶接構造物の設計と構造解析、およびその実施例 他
執筆者：佐藤孝／野口元／田所真人／中谷隆 他12名

ホスファゼン化学の基礎
著者／梶原鳴雪
ISBN4-88231-755-9　　　　　　　　　B648
A5判・233頁　本体3,200円＋税（〒380円）
初版1986年4月　普及版2002年3月

構成および内容：ハロゲンおよび疑ハロゲンを含むホスファゼンの合成／$(NPCl_2)_3$から部分置換体$N_3P_3Cl_{6-n}R_n$の合成／$(NPR_2)_3$の合成／環状ホスファゼン化合物の用途開発／$(NPCl_2)_3$の重合／$(NPCl_2)_n$重合体の構造とその性質／ポリオルガノホスファゼンの性質／ポリオルガノホスファゼンの用途開発 他

二次電池の開発と材料
ISBN4-88231-754-0　　　　　　　　　B647
A5判・257頁　本体3,400円＋税（〒380円）
初版1994年3月　普及版2002年3月

構成および内容：電池反応の基本／高性能二次電池設計のポイント／ニッケル-水素電池／リチウム系二次電池／ニカド蓄電池／鉛蓄電池／ナトリウム-硫黄電池／亜鉛-臭素電池／有機電解液系電気二重層コンデンサ／太陽電池システム／二次電池回収システムとリサイクルの現状 他
執筆者：髙村勉／神田基／山木準一 他16名

プロテインエンジニアリングの応用
編集／渡辺公綱／熊谷　泉
ISBN4-88231-753-2　　　　　　　　　B646
A5判・232頁　本体3,200円＋税（〒380円）
初版1990年3月　普及版2002年2月

構成および内容：タンパク質改変諸例／酵素の機能改変／抗体とタンパク質工学／キメラ抗体／医薬と合成ワクチン／プロテアーゼ・インヒビター／新しいタンパク質作成技術とアロプロテイン／生体外タンパク質合成の現状／タンパク質工学におけるデータベース 他
執筆者：太田由己／榎本淳／上野川修一 他13名

有機ケイ素ポリマーの新展開
監修／櫻井英樹
ISBN4-88231-752-4　　　　　　　　　B645
A5判・327頁　本体3,800円＋税（〒380円）
初版1996年1月　普及版2002年1月

構成および内容：現状と展望／研究動向事例（ポリシラン合成と物性／カルボシラン系分子／ポリシロキサンの合成と応用／ゾルーゲル法とケイ素系高分子／ケイ素系高耐／生体外夕熱性高分子材料／マイクロパターニング／ケイ素系感光材料）／ケイ素系高耐熱性材料へのアプローチ 他
執筆者：吉田勝／三治敬信／石川満夫 他19名

水素吸蔵合金の応用技術
監修／大西敬三
ISBN4-88231-751-6　　　　　　　　　B644
A5判・270頁　本体3,800円＋税（〒380円）
初版1994年1月　普及版2002年1月

構成および内容：開発の現状と将来展望／標準化の動向／応用事例（余剰電力の貯蔵／冷凍システム／冷暖房／水素の精製・回収システム／Ni・MH二次電池／燃料電池／水素の動力利用技術／アクチュエーター／水素同位体の精製・回収／合成触媒）
執筆者：太田時男／兜森俊樹／田村英雄 他15名

※書籍をご購入の際は、最寄りの書店にご注文いただくか、㈱シーエムシー出版のホームページ（http://www.cmcbooks.co.jp/）にてお申し込み下さい。

CMCテクニカルライブラリーのご案内

メタロセン触媒と次世代ポリマーの展望
編集／曽我和雄
ISBN4-88231-750-8　　　　　　　　　　B643
A5判・256頁　本体 3,500円＋税（〒380円）
初版 1993年8月　普及版 2001年12月

構成および内容：メタロセン触媒の展開（発見の経緯／カミンスキー触媒の修飾・担持・特徴）／次世代ポリマーの展望（ポリエチレン／共重合体／ポリプロピレン）／特許からみた各企業の研究開発動向　他
執筆者：柏典夫／潮村哲之助／植木聡　他4名

バイオセパレーションの応用
ISBN4-88231-749-4　　　　　　　　　　B642
A5判・296頁　本体 4,000円＋税（〒380円）
初版 1988年8月　普及版 2001年12月

構成および内容：食品・化学品分野（サイクロデキストリン／甘味料／アミノ酸／核酸／油脂精製／γ-リノレン酸／フレーバー／果汁濃縮・清澄化　他）／医薬品分野（抗生物質／漢方薬効成分／ステロイド発酵の工業化）／生化学・バイオ医薬分野　他
執筆者：中村信之／菊池啓明／宗像豊尅　他26名

バイオセパレーションの技術
ISBN4-88231-748-6　　　　　　　　　　B641
A5判・265頁　本体 3,600円＋税（〒380円）
初版 1988年8月　普及版 2001年12月

構成および内容：膜分離（総説／精密濾過膜／限外濾過法／イオン交換膜／逆浸透膜）／クロマトグラフィー（高性能液体／タンパク質のHPLC／ゲル濾過／イオン交換／疎水性／分配吸着　他）／電気泳動／遠心分離／真空・加圧濾過／エバポレーション／超臨界流体抽出　他
執筆者：仲川勤／水野高志／大野省太郎　他19名

特殊機能塗料の開発
ISBN4-88231-743-5　　　　　　　　　　B636
A5判・381頁　本体 3,500円＋税（〒380円）
初版 1987年8月　普及版 2001年11月

構成および内容：機能化のための研究開発／特殊機能塗料（電子・電気機能／光学機能／機械・物理機能／熱機能／生態機能／放射線機能／防食／その他）／高機能コーティングと硬化法（造膜法／硬化法）
◆**執筆者**：笠松寛／鳥羽山満／桐生春雄／田中丈之／荻野芳夫

バイオリアクター技術
ISBN4-88231-745-1　　　　　　　　　　B638
A5判・212頁　本体 3,400円＋税（〒380円）
初版 1988年8月　普及版 2001年12月

構成および内容：固定化生体触媒の最新進歩／新しい固定化法（光硬化性樹脂／多孔質セラミックス／絹フィブロイン）／新しいバイオリアクター（酵素固定化分離機能膜／生成物分離／多段式不均一系／固定化植物細胞／固定化ハイブリドーマ）／応用（食品／化学品／その他）
◆**執筆者**：田中渥夫／飯田高三／牧島亮男　他28名

ファインケミカルプラントＦＡ化技術の新展開
ISBN4-88231-747-8　　　　　　　　　　B640
A5判・321頁　本体 3,400円＋税（〒380円）
初版 1991年2月　普及版 2001年11月

構成および内容：総論／コンピュータ統合生産システム／ＦＡ導入の経済効果／要素技術（計測・検査／物流／ＦＡ用コンピュータ／ロボット）／ＦＡ化のソフト（粉体プロセス／多目的バッチプラント／パイプレスプロセス）／応用例（ファインケミカル／食品／薬品／粉体）　他
◆**執筆者**：高松武一郎／大島榮次／梅田富雄　他24名

生分解性プラスチックの実際技術
ISBN4-88231-746-X　　　　　　　　　　B639
A5判・204頁　本体 2,500円＋税（〒380円）
初版 1992年6月　普及版 2001年11月

構成および内容：総論／開発展望（バイオポリエステル／キチン・キトサン／ポリアミノ酸／セルロース／ポリカプロラクトン／アルギン酸／ＰＶＡ／脂肪族ポリエステル／糖類／ポリエーテル／プラスチック化木材／油脂の崩壊性／界面活性剤）／現状と今後の対策　他
◆**執筆者**：赤松清／持田晃一／藤井昭治　他12名

環境保全型コーティングの開発
ISBN4-88231-742-7　　　　　　　　　　B635
A5判・222頁　本体 3,400円＋税（〒380円）
初版 1993年5月　普及版 2001年9月

構成および内容：現状と展望／規制の動向／技術動向（塗料・接着剤・印刷インキ・原料樹脂）／ユーザー（VOC排出規制への具体策・有機溶剤系塗料から水系塗料への転換・電機・環境保全よりみた木工塗装・金属缶）／環境保全への合理化・省力化ステップ　他
◆**執筆者**：笠松寛／中村博忠／田邉幸男　他14名

※書籍をご購入の際は、最寄りの書店にご注文いただくか、㈱シーエムシー出版のホームページ(http://www.cmcbooks.co.jp/)にてお申し込み下さい。

◆ CMCテクニカルライブラリー のご案内

強誘電性液晶ディスプレイと材料
監修／福田敦夫
ISBN4-88231-741-9　　　　　　　　B634
A5判・350頁　本体3,500円＋税（〒380円）
初版1992年4月　普及版2001年9月

構成および内容：次世代液晶とディスプレイ／高精細・大画面ディスプレイ／テクスチャーチェンジパネルの開発／反強誘電性液晶のディスプレイへの応用／次世代液晶化合物の開発／強誘電性液晶材料／ジキラル型強誘電性液晶化合物／スパッタ法による低抵抗ITO透明導電膜　他
◆執筆者：李継／神辺純一郎／鈴木康　他36名

高機能潤滑剤の開発と応用

ISBN4-88231-740-0　　　　　　　　B633
A5判・237頁　本体3,800円＋税（〒380円）
初版1988年8月　普及版2001年9月

構成および内容：総論／高機能潤滑剤（合成系潤滑剤・高機能グリース・固体潤滑と摺動材・水溶性加工油剤）／市場動向／応用（転がり軸受用グリース・OA関連機器・自動車・家電・医療・航空機・原子力産業）
◆執筆者：岡部平八郎／功刀俊夫／三嶋優　他11名

有機非線形光学材料の開発と応用
編集／中西八郎・小林孝嘉
　　　中村新男・梅垣真祐
ISBN4-88231-739-7　　　　　　　　B632
A5判・558頁　本体4,900円＋税（〒380円）
初版1991年10月　普及版2001年8月

構成および内容：〈材料編〉現状と展望／有機材料／非線形光学特性／無機系材料／超微粒子系材料／薄膜，バルク，半導体系材料〈基礎編〉理論・設計／測定／機構〈デバイス開発編〉波長変換／EO変調／光ニュートラルネットワーク／光パルス圧縮／光ソリトン伝送／光スイッチ　他
◆執筆者：上官崇文／野上隆／小谷正博　他88名

超微粒子ポリマーの応用技術
監修／室井宗一
ISBN4-88231-737-0　　　　　　　　B630
A5判・282頁　本体3,800円＋税（〒380円）
初版1991年4月　普及版2001年8月

構成および内容：水系での製造技術／非水系での製造技術／複合化技術〈開発動向〉乳化重合／カプセル化／高吸水性／フッ素系／シリコーン樹脂〈現状と可能性〉一般工業分野／医療分野／生化学分野／化粧品分野／情報分野／ミクロゲル／PP／ラテックス／スペーサ　他
◆執筆者：川口春馬／川瀬進／竹内勉　他25名

炭素応用技術

ISBN4-88231-736-2　　　　　　　　B629
A5判・300頁　本体3,500円＋税（〒380円）
初版1988年10月　普及版2001年7月

構成および内容：炭素繊維／カーボンブラック／導電性付与剤／グラファイト化合物／ダイヤモンド／複合材料／航空機・船舶用CFRP／人工歯根材／導電性インキ・塗料／電池・電極材料／光応答／金属炭化物／炭窒化チタン系複合セラミックス／SiC・SiC-W　他
◆執筆者：嶋崎勝乗／遠藤守信／池上繁　他32名

宇宙環境と材料・バイオ開発
編集／栗林一彦
ISBN4-88231-735-4　　　　　　　　B628
A5判・163頁　本体2,600円＋税（〒380円）
初版1987年5月　普及版2001年8月

構成および内容：宇宙開発と宇宙利用／生命科学／生命工学〈宇宙材料実験〉融液の凝固におよぼす微少重力の影響／単相合金の凝固／多相合金の凝固／高品位半導体単結晶の育成と微少重力の利用／表面張力誘起対流実験／SL-1の実験結果／半導体の結晶成長／金属凝固／流体運動　他
◆執筆者：長友信人／佐藤温重／大島泰郎　他7名

機能性食品の開発
編集／亀和田光男
ISBN4-88231-734-6　　　　　　　　B627
A5判・309頁　本体3,800円＋税（〒380円）
初版1988年11月　普及版2001年9月

構成および内容：機能性食品に対する各省庁の方針と対応／学界と民間の動き／機能性食品への発展が予想される素材／フラクトオリゴ糖／大豆オリゴ糖／イノシトール／高機能性健康飲料／ギムネマ・シルベスタ／企業化する問題点と対策／機能性食品に期待するもの　他
◆執筆者：大山超／稲葉博／岩元睦夫／太田明一　他21名

植物工場システム
編集／高辻正基
ISBN4-88231-733-8　　　　　　　　B626
A5判・281頁　本体3,100円＋税（〒380円）
初版1987年11月　普及版2001年6月

構成および内容：栽培作物別工場生産の可能性／野菜／花き／薬草／穀物／養液栽培システム／カネコのシステム／クローン増殖システム／人工種子／馴化装置／キノコ栽培技術／種苗生産／栽培装置とシステム／施設園芸の高度化／コンピュータ利用　他
◆執筆者：阿部芳巳／渡辺光男／中山繁樹　他23名

※　書籍をご購入の際は、最寄りの書店にご注文いただくか、
㈱シーエムシー出版のホームページ（http://www.cmcbooks.co.jp/）にてお申し込み下さい。

CMCテクニカルライブラリーのご案内

液晶ポリマーの開発
編集／小出直之
ISBN4-88231-731-1　　B624
A5判・291頁　本体3,800円＋税（〒380円）
初版1987年6月　普及版2001年6月

構成および内容：〈基礎技術〉合成技術／キャラクタリゼーション／構造と物性／レオロジー〈成形加工技術〉射出成形技術／成形機械技術／ホットランナシステム技術〈応用〉光ファイバ用被覆材／高強度繊維／ディスプレイ用材料／強誘電性液晶ポリマー　他
◆執筆者：浅田忠裕／鳥海弥和／茶谷陽三 他16名

イオンビーム技術の開発
編集／イオンビーム応用技術編集委員会
ISBN4-88231-730-3　　B623
A5判・437頁　本体4,700円＋税（〒380円）
初版1989年4月　普及版2001年6月

構成および内容：イオンビームと個体との相互作用／発生と輸送／装置／イオン注入による表面改質技術／イオンミキシングによる表面改質技術／薄膜形成表面被覆技術／表面除去加工技術／分析評価技術／各国の研究状況／日本の公立研究機関での研究状況　他
◆執筆者：藤本文範／石川順三／上條栄治 他27名

エンジニアリングプラスチックの成形・加工技術
監修／大柳康
ISBN4-88231-729-X　　B622
A5判・410頁　本体4,000円＋税（〒380円）
初版1987年12月　普及版2001年6月

構成および内容：射出成形／成形条件／装置／金型内流動解析／材料特性／熱硬化性樹脂の成形／樹脂の種類／成形加工の特徴／成形加工法の基礎／押出成形／コンパウンティング／フィルム・シート成形／性能データ集／スーパーエンプラの加工に関する最近の話題　他
◆執筆者：高野菊雄／岩橋俊之／塚原裕 他6名

新薬開発と生薬利用II
監修／糸川秀治
ISBN4-88231-728-1　　B621
A5判・399頁　本体4,500円＋税（〒380円）
初版1993年4月　普及版2001年9月

構成および内容：新薬開発プロセス／新薬開発の実態と課題／生薬・漢方製剤の薬理・薬効（抗腫瘍薬・抗炎症・抗アレルギー・抗菌・抗ウイルス）／天然素材の新食品への応用／生薬の品質評価／民間療法・伝統薬の探索と評価／生薬の流通機構と需給　他
◆執筆者：相山律夫／大島俊幸／岡田稔 他14名

新薬開発と生薬利用I
監修／糸川秀治
ISBN4-88231-727-3　　B620
A5判・367頁　本体4,200円＋税（〒380円）
初版1988年8月　普及版2001年7月

構成および内容：生薬の薬理・薬効／抗アレルギー／抗菌・抗ウイルス作用／新薬開発のプロセス／スクリーニング／商品の規格と安定性／生薬の品質評価／甘草／生姜／桂皮素材の探索と流通／日本・世界での生薬素材の探索／流通機構と需要／各国の薬用植物の利用と活用　他
◆執筆者：相山律夫／赤須通範／生田安喜良 他19名

ヒット食品の開発手法
監修／太田静行・亀和田光男・中山正夫
ISBN4-88231-726-5　　B619
A5判・278頁　本体3,800円＋税（〒380円）
初版1991年12月　普及版2001年6月

構成および内容：新製品の開発戦略／消費者の嗜好／アイデア開発／食品調味／食品包装／官能検査／開発のためのデータバンク〈ヒット食品の具体例〉果汁グミ／スーパードライ〈ロングヒット食品開発の秘密〉カップヌードル／エバラ焼き肉のたれ／減塩醤油　他
◆執筆者：小杉直輝／大形進／川合信行 他21名

バイオマテリアルの開発
監修／筏義人
ISBN4-88231-725-8　　B618
A5判・539頁　本体4,900円＋税（〒380円）
初版1989年9月　普及版2001年5月

構成および内容：〈素材〉金属／セラミックス／合成高分子／生体高分子〈特性・機能〉力学特性／細胞接着能／血液適合性／骨組織結合性／光屈折・酸素透過性〈試験・認可〉滅菌法／表面分析法〈応用〉臨床検査系／歯科系／心臓外科系／代謝系　他
◆執筆者：立石哲也／藤沢章／澄田政哉 他51名

半導体封止技術と材料
著者／英一太
ISBN4-88231-724-9　　B617
A5判・232頁　本体3,400円＋税（〒380円）
初版1987年4月　普及版2001年7月

構成および内容：〈封止技術の動向〉ICパッケージ／ポストモールドとプレモールド方式／表面実装〈材料〉エポキシ樹脂の変性／硬化／低応力化／高信頼性VLSIセラミックパッケージ〈プラスチックチップキャリヤ〉構造／加工／リード／信頼性試験〈GaAs〉高速論理素子／GaAsダイ／MCV〈接合技術と材料〉TAB技術／ダイアタッチ　他

※書籍をご購入の際は、最寄りの書店にご注文いただくか、㈱シーエムシー出版のホームページ（http://www.cmcbooks.co.jp/）にてお申し込み下さい。

CMCテクニカルライブラリー のご案内

トランスジェニック動物の開発
著者／結城 惇
ISBN4-88231-723-0　　　　　　B616
A5判・264頁　本体 3,000 円＋税（〒380 円）
初版 1990 年 2 月　普及版 2001 年 7 月

構成および内容：誕生と変遷／利用価値〈開発技術〉マイクロインジェクション法／ウイルスベクター法／ES 細胞法／精子ベクター法／トランスジーンの発現／発現制御系〈応用〉遺伝子解析／病態モデル／欠損症動物／遺伝子治療モデル／分泌物利用／組織，臓器利用／家畜／課題〈動向・資料〉研究開発企業／特許／実験ガイドライン　他

水処理剤と水処理技術
監修／吉野善彌
ISBN4-88231-722-2　　　　　　B615
A5判・253頁　本体 3,500 円＋税（〒380 円）
初版 1988 年 7 月　普及版 2001 年 5 月

構成および内容：凝集剤と水処理プロセス／高分子凝集剤／生物学的凝集剤／濾過助剤と水処理プロセス／イオン交換体と水処理プロセス／有機イオン交換体／排水処理プロセス／吸着剤と水処理プロセス／水処理分離膜と水処理プロセス

◆執筆者：三上八州家／鹿野武彦／倉根隆一郎　他 17 名

食品素材の開発
監修／亀和田光男
ISBN4-88231-721-4　　　　　　B614
A5判・334頁　本体 3,900 円＋税（〒380 円）
初版 1987 年 10 月　普及版 2001 年 5 月

構成および内容：〈タンパク系〉大豆タンパクフィルム／卵タンパク〈デンプン系と畜血液〉プルラン／サイクロデキストリン〈新甘味料〉フラクトオリゴ糖／ステビア〈健食新素材〉ＥＰＡ／レシチン／ハーブエキス／コラーゲン　キチン・キトサン　他

◆執筆者：中島庸介／花岡讓一／坂井和夫　他 22 名

老人性痴呆症と治療薬
編集／朝長正徳・齋藤 洋
ISBN4-88231-720-6　　　　　　B613
A5判・233頁　本体 3,000 円＋税（〒380 円）
初版 1988 年 8 月　普及版 2001 年 4 月

構成および内容：記憶のメカニズム／記憶の神経的機構　老人性痴呆の発症機構／遺伝子・染色体の異常／脳機構に影響を与える生体内物質／神経伝達物質／甲状腺ホルモン　スクリーニング法／脳循環・脳代謝試験／予防・治療へのアプローチ　他

◆執筆者：佐藤昭夫／黒澤美枝子／浅香昭雄　他 31 名

感光性樹脂の基礎と実用
監修／赤松 清
ISBN4-88231-719-2　　　　　　B612
A5判・371頁　本体 4,500 円＋税（〒380 円）
初版 1987 年 4 月　普及版 2001 年 5 月

構成および内容：化学構造と合成法／光反応／市販されている感光性樹脂モノマー，オリゴマーの概況／印刷版／感光性樹脂凸版／フレキソ版／塗料／光硬化型塗料／ラジカル重合型塗料／インキ／UV 硬化システム／UV 硬化型接着剤／歯科衛生材料　他

◆執筆者：吉村 延／岸本芳男／小伊勢雄次　他 8 名

分離機能膜の開発と応用
編集／仲川 勤
ISBN4-88231-718-4　　　　　　B611
A5判・335頁　本体 3,500 円＋税（〒380 円）
初版 1987 年 12 月　普及版 2001 年 3 月

構成および内容：〈機能と応用〉気体分離膜／イオン交換膜／透析膜／精密濾過膜〈キャリア輸送膜の開発〉固体電解質／液膜／モザイク荷電膜／機能性カプセル膜〈装置化と応用〉酸素富化膜／水素分離膜／浸透気化法による有機混合物の分離／人工腎臓／人工肺　他

◆執筆者：山田純男／佐田俊勝／西田 治　他 20 名

プリント配線板の製造技術
著者／英 一太
ISBN4-88231-717-6　　　　　　B610
A5判・315頁　本体 4,000 円＋税（〒380 円）
初版 1987 年 12 月　普及版 2001 年 4 月

構成および内容：〈プリント配線板の原材料〉〈プリント配線基板の製造技術〉硬質プリント配線板／フレキシブルプリント配線板／プリント回路加工技術〉フォトレジストとフォト印刷／スクリーン印刷〈多層プリント配線板〉構造／製造法／多層成型〈廃水処理と災害環境管理〉高濃度有害物質の廃棄処理　他

汎用ポリマーの機能向上とコストダウン

ISBN4-88231-715-X　　　　　　B608
A5判・319頁　本体 3,800 円＋税（〒380 円）
初版 1994 年 8 月　普及版 2001 年 2 月

構成および内容：〈新しい樹脂の成形法〉射出プレス成形（SPモールド）／プラスチックフィルムの最新製造技術〈材料の高機能化とコストダウン〉超高強度ポリエチレン繊維／耐候性のよい耐衝撃性 PVC〈応用〉食品・飲料用プラスチック包装材料／医療材料向けプラスチック材料　他

◆執筆者：浅井治海／五十嵐聡／高木否都志　他 32 名

※ 書籍をご購入の際は、最寄りの書店にご注文いただくか、
㈱シーエムシー出版のホームページ（http://www.cmcbooks.co.jp/）にてお申し込み下さい。

CMCテクニカルライブラリー のご案内

クリーンルームと機器・材料
ISBN4-88231-714-1　　　　　　　　B607
A5判・284頁　本体3,800円+税（〒380円）
初版1990年12月　普及版2001年2月

構成および内容：〈構造材料〉床材・壁材・天井材／ユニット式〈設備機器〉空気清浄／温湿度制御／空調機器／排気処理機器材料／微生物制御〈清浄度測定評価（応用別）〉医薬(GMP)／医療／半導体〈今後の動向〉自動化／防災システムの動向／省エネルギ／清掃(維持管理) 他
◆執筆者：依田行夫／一和田眞次／鈴木正身 他21名

水性コーティングの技術
ISBN4-88231-713-3　　　　　　　　B606
A5判・359頁　本体4,700円+税（〒380円）
初版1990年12月　普及版2001年2月

構成および内容：〈水性ポリマー各論〉ポリマー水性化のテクノロジー／水性ウレタン樹脂／水系UV・EB硬化樹脂〈水性コーティング材の製法と処法化〉常温乾燥コーティング／電着コーティング〈水性コーティング材の周辺技術〉廃水処理技術／泡処理技術 他
◆執筆者：桐生春雄／鳥羽山満／池林信彦 他14名

レーザ加工技術
監修／川澄博通
ISBN4-88231-712-5　　　　　　　　B605
A5判・249頁　本体3,800円+税（〒380円）
初版1989年5月　普及版2001年2月

構成および内容：〈総論〉レーザ加工技術の基礎事項〈加工用レーザ発振器〉CO2レーザ〈高エネルギービーム加工〉レーザによる材料の表面改質技術〈レーザ化学加工・生物加工〉レーザ光化学反応による有機合成〈レーザ加工周辺技術〉〈レーザ加工の将来〉他
◆執筆者：川澄博通／永井治彦／末永直行 他13名

臨床検査マーカーの開発
監修／茂手木皓喜
ISBN4-88231-711-7　　　　　　　　B604
A5判・170頁　本体2,200円+税（〒380円）
初版1993年8月　普及版2001年1月

構成および内容：〈腫瘍マーカー〉肝細胞癌の腫瘍／肺癌／婦人科系腫瘍／乳癌／甲状腺癌／泌尿器腫瘍／造血器腫瘍〈循環器系マーカー〉動脈硬化／虚血性心疾患／高血圧症〈糖尿病マーカー〉糖質／脂質／合併症〈骨代謝マーカー〉〈老化度マーカー〉他
◆執筆者：岡崎伸生／有吉寛／江崎治 他22名

機能性顔料
ISBN4-88231-710-9　　　　　　　　B603
A5判・322頁　本体4,000円+税（〒380円）
初版1991年6月　普及版2001年1月

構成および内容：〈無機顔料の研究開発動向〉酸化チタン・チタンイエロー／酸化鉄系顔料〈有機顔料の研究開発動向〉溶性アゾ顔料（アゾレーキ）〈用途展開の現状と将来展望〉印刷インキ／塗料〈最近の顔料分散技術と顔料分散機の進歩〉顔料の処理と分散性 他
◆執筆者：石村安雄／風間孝夫／服部俊雄 他31名

バイオ検査薬と機器・装置
監修／山本重夫
ISBN4-88231-709-5　　　　　　　　B602
A5判・322頁　本体4,000円+税（〒380円）
初版1996年10月　普及版2001年1月

構成および内容：〈DNAプローブ法-最近の進歩〉〈生化学検査試薬の液状化-技術的背景〉〈蛍光プローブと細胞内環境の測定〉〈臨床検査用遺伝子組み換え酵素〉〈イムノアッセイ装置の現状と今後〉〈染色体ソーティングとDNA診断〉〈アレルギー検査薬の最新動向〉〈食品の遺伝子検査〉他
◆執筆者：寺岡宏／髙橋豊三／小路武彦 他33名

カラーPDP技術
ISBN4-88231-708-7　　　　　　　　B601
A5判・208頁　本体3,200円+税（〒380円）
初版1996年7月　普及版2001年1月

構成および内容：〈総論〉電子ディスプレイの現状〈パネル〉AC型カラーPDP／パルスメモリー方式DC型カラーPDP〈部品加工・装置〉パネル製造技術とスクリーン印刷／フォトプロセス／露光装置／PDP用ローラーハース式連続焼成炉〈材料〉ガラス基板／蛍光体／透明電極材料 他
◆執筆者：小島健博／村上宏／大塚晃／山本敏裕 他14名

防菌防黴剤の技術
監修／井上嘉幸
ISBN4-88231-707-9　　　　　　　　B600
A5判・234頁　本体3,100円+税（〒380円）
初版1989年5月　普及版2000年12月

構成および内容：〈防菌防黴剤の開発動向〉〈防菌防黴剤の相乗効果と配合技術〉防菌防黴剤の併用効果／相乗効果を示す防菌防黴剤／相乗効果の作用機構〈防菌防黴剤の製剤化技術〉水和剤／可溶化剤／発泡製剤〈防菌防黴剤の応用展開〉繊維用／皮革用／塗料用／接着剤用／医薬品用 他
◆執筆者：井上嘉幸／西村民男／高麗寛記 他23名

※書籍をご購入の際は、最寄りの書店にご注文いただくか、
㈱シーエムシー出版のホームページ(http://www.cmcbooks.co.jp/)にてお申し込み下さい。

CMCテクニカルライブラリーのご案内

快適性新素材の開発と応用
ISBN4-88231-706-0　　　　　　　　B599
A5判・179頁　本体 2,800 円＋税（〒380 円）
初版 1992 年 1 月　普及版 2000 年 12 月

構成および内容：〈繊維編〉高風合ポリエステル繊維（ニューシルキー素材）／ピーチスキン素材／ストレッチ素材／太陽光蓄熱保温繊維素材／抗菌・消臭繊維／森林浴効果のある繊維〈住宅編、その他〉セラミックス人造木材／圧電・導電複合材料による制振新素材／調光窓ガラス　他
◆執筆者：吉田敬一／井上裕光／原田隆司　他 18 名

高純度金属の製造と応用
ISBN4-88231-705-2　　　　　　　　B598
A5判・220頁　本体 2,600 円＋税（〒380 円）
初版 1992 年 11 月　普及版 2000 年 12 月

構成および内容：〈金属の高純度化プロセスと物性〉高純度化法の概要／純度表〈高純度金属の成形・加工技術〉高純度金属の複合化／粉体成形による高純度金属の利用／高純度銅の線材化／単結晶化・非晶化／薄膜形成／応用展開の可能性〉高耐食性鋼材および鉄材／超電導材料／新合金／固体触媒〈高純度金属に関する特許一覧〉　他

電磁波材料技術とその応用
監修／大森豊明
ISBN4-88231-100-3　　　　　　　　B597
A5判・290頁　本体 3,400 円＋税（〒380 円）
初版 1992 年 5 月　普及版 2000 年 12 月

構成および内容：〈無機系電磁波材料〉マイクロ波誘電体セラミックス／光ファイバ〈有機系電磁波材料〉ゴム／アクリルナイロン繊維〈様々な分野への応用〉医療／食品／コンクリート構造物診断／半導体製造／施設園芸／電磁波接着・シーリング材／電磁波防護服　他
◆執筆者：白崎信一／山田朗／月岡正至　他 24 名

自動車用塗料の技術
ISBN4-88231-099-6　　　　　　　　B596
A5判・340頁　本体 3,800 円＋税（〒380 円）
初版 1989 年 5 月　普及版 2000 年 12 月

構成および内容：〈総論〉自動車塗装における技術開発〈自動車に対するニーズ〉〈各素材の動向と前処理技術〉〈コーティング材料開発の動向〉防錆対策用コーティング材料〈コーティングエンジニアリング〉塗装装置／乾燥装置〈周辺技術〉コーティング材料管理　他
◆執筆者：桐生春雄／鳥羽山満／井出正／岡裏二　他 19 名

高機能紙の開発
監修／稲垣　寛
ISBN4-88231-097-X　　　　　　　　B594
A5判・286頁　本体 3,400 円＋税（〒380 円）
初版 1988 年 8 月　普及版 2000 年 12 月

構成および内容：〈機能紙用原料繊維〉天然繊維／化学・合成繊維／金属繊維〈バイオ・メディカル関係機能紙〉動物関連用／食品工業用〈エレクトリックペーパー〉耐熱絶縁紙／導電紙／情報記録用紙／電解記録紙〈湿式法フィルターペーパー〉ガラス繊維濾紙／自動車用濾紙　他
◆執筆者：尾鍋史彦／篠木孝典／北村孝雄　他 9 名

新・導電性高分子材料
監修／雀部博之
ISBN4-88231-096-1　　　　　　　　B593
B5判・245頁　本体 3,200 円＋税（〒380 円）
初版 1987 年 2 月　普及版 2000 年 11 月

構成および内容：〈基礎編〉ソリトン，ポーラロン，バイポーラロン：導電性高分子における非線形励起と荷電状態／イオン注入によるドーピング／超イオン導電体（固体電解質）〈応用編〉高分子バッテリー／透明導電性高分子／導電性高分子を用いたデバイス／プラスチックバッテリー　他
◆執筆者：A. J. Heeger／村田恵三／石黒武彦　他 11 名

導電性高分子材料
監修／雀部博之
ISBN4-88231-095-3　　　　　　　　B592
B5判・318頁　本体 3,800 円＋税（〒380 円）
初版 1983 年 11 月　普及版 2000 年 11 月

構成および内容：〈導電性高分子の技術開発〉〈導電性高分子の基礎理論〉共役系高分子／有機一次元導電体／光伝導性高分子／導電性複合高分子／Conduction Polymers〈導電性高分子の応用技術〉導電性フィルム／透明導電性フィルム／導電性ゴム／導電性ペースト　他
◆執筆者：白川英樹／吉野勝美／A. G. MacDiamid　他 13 名

クロミック材料の開発
監修／市村　國宏
ISBN4-88231-094-5　　　　　　　　B591
A5判・301頁　本体 3,000 円＋税（〒380 円）
初版 1989 年 6 月　普及版 2000 年 11 月

構成および内容：〈材料編〉フォトクロミック材料／エレクトロクロミック材料／サーモクロミック材料／ピエゾクロミック金属錯体〈応用編〉エレクトロクロミックディスプレイ／液晶表示とクロミック材料／フォトクロミックメモリメディア／調光フィルム　他
◆執筆者：市村國宏／入江正浩／川西祐司　他 25 名

※ 書籍をご購入の際は、最寄りの書店にご注文いただくか、㈱シーエムシー出版のホームページ (http://www.cmcbooks.co.jp/) にてお申し込み下さい。